建筑工程施工职业技能培训教材

# 木　工

建筑工程施工职业技能培训教材编委会　组织编写

赵王涛　主编

中国建筑工业出版社

**图书在版编目（CIP）数据**

木工/建筑工程施工职业技能培训教材编委会组织
编写. —北京：中国建筑工业出版社，2015.11
建筑工程施工职业技能培训教材
ISBN 978-7-112-18505-4

Ⅰ.①木… Ⅱ.①建… Ⅲ.①建筑工程-木工-技术
培训-教材 Ⅳ.①TU759.1

中国版本图书馆 CIP 数据核字（2015）第 227935 号

　　本书是根据国家有关建筑工程施工职业技能标准，结合全国建设行业全面实行建设职业技能岗位培训的要求编写的。以木工职业资格三级的要求为基础，兼顾一、二级和四、五级的要求。全书主要分为两大部分，第一部分为理论知识，第二部分为操作技能。第一部分理论知识分为三章，分别是：基础知识，专业知识，相关知识。第二部分操作技能分为三章，分别是：工具设备的使用和维护，木工操作实务，安全生产与创新指导。

　　本书注重突出职业技能教材的实用性，对基础知识、专业知识和相关知识需要掌握、熟悉、了解的部分都有适当的编写，尽量做到图文结合，简明扼要，通俗易懂，避免教科书式的理论阐述、公式推导和演算。本书可作为当前建筑工程施工职业技能鉴定和考核的培训教材，适合建筑工人自学使用，也可供大中专学生参考使用。

责任编辑：刘　江　范业庶
责任设计：张　虹
责任校对：姜小莲　党　蕾

建筑工程施工职业技能培训教材
# 木　工
建筑工程施工职业技能培训教材编委会　组织编写
赵王涛　主编

\*

中国建筑工业出版社出版、发行（北京西郊百万庄）
各地新华书店、建筑书店经销
霸州市顺浩图文科技发展有限公司制版
北京富生印刷厂印刷

\*

开本：787×1092毫米　1/16　印张：13¼　字数：318千字
2016年1月第一版　　2016年1月第一次印刷
定价：**35.00**元
ISBN 978-7-112-18505-4
（27760）

# 建筑工程施工职业技能培训教材
## 编 委 会

（按姓氏笔画排序）

| | | | | | |
|---|---|---|---|---|---|
| 王立越 | 王春策 | 王瑞珏 | 艾伟杰 | 卢德志 | 田　斌 |
| 代保民 | 白　慧 | 乔波波 | 严伟讯 | 李　波 | 李小燕 |
| 李东伟 | 李志远 | 李桂振 | 何立鹏 | 张囡囡 | 张庆丰 |
| 张胜良 | 张晓艳 | 陆静文 | 季东波 | 岳国辉 | 宗廷博 |
| 赵王涛 | 赵泽红 | 郝智磊 | 段雅青 | 黄曙亮 | 曹安民 |
| 鹿　山 | 彭前立 | 焦俊娟 | 阚咏梅 | 薛　彪 | |

# 前　言

根据最新颁布的有关建筑工程施工职业技能标准的要求，本书以木工职业要求三级为基础，兼顾一、二级和四、五级的要求，按照编写标准分为两大部分编写，第一部分为理论知识，第二部分为操作技能。木工理论知识、操作技能的编写，是按照有关建筑工程施工职业技能标准的要求，结合全国建设行业全面实行建设职业技能岗位培训的要求编写的木工操作人员培训教材。木工属于专业技能作业人员，因此，更好地理解和掌握一定建筑理论、工艺操作、工料计算、材料器具及安全技术是十分必要的，不仅对工作质量是必要的保障，也是对工作安全、社会资源的重要保障。

本教材第一部分理论知识共分为三章，第一章基础知识，主要内容包括：房屋构造、力学、识图、绘图、审图及施工技术交底等基本施工知识；第二章专业知识，主要内容包括：木材性能与防腐、木材干燥、木材含水率、人造板、新材料、粘接材料、木工设备、模板、门窗、五金、楼梯、工艺知识、工料计算及组织协调等；第三章相关知识，主要内容包括：机械机具、检测工具、测量仪器、质量验收、季节施工、施工质量通病的预防、施工预算、工程管理、班组管理、安全管理等。第二部分操作技能，共分为三章，第四章工具设备的使用和维护，主要内容包括：检测工具、工具修理及机械设备的维护使用技能；第五章木工操作实务，主要内容包括：选配料、画线打眼、刨料开榫、测量放线、操作工艺、大样、样板制作及地板、门窗、木结构、模板、木工计算、施工组织与交叉配合等工作技能；第六章安全生产与创新指导，主要内容为安全生产防护、预案编制及文明施工和新材料及新工艺的介绍。

本教材注重突出职业技能教材的实用性及木工工种的技术操作指导性，对基础知识、专业知识和相关技能知识需要掌握、熟悉、了解的部分都有适当的编写，尽量做到图文结合，简明扼要，通俗易懂。本书可作为当前职工技能鉴定和考核的培训教材，适合建筑工人自学使用，也可供大中专学生参考使用。

本教材是由赵王涛主编，由薛彪、郝智磊、王瑞珏、段雅青、严伟讯、宗廷博、李桂振、季东波、何立鹏、李东伟等同志参加编写。

由于我们编写木工培训教材水平有限，加之因时间仓促，因此教材中难免存在不足和错误，诚恳地希望专家和广大读者批评指正。

# 目　录

## 第一部分　理论知识

# 第二部分　操作技能

# 第一部分

# 理论知识

# 第一章 基础知识

## 第一节 房屋构造

### 一、工业建筑构造的分类和组成

**1. 建筑分类**

建筑按其功能可分为建筑物和构筑物。

(1) 建筑物：供人们在其中生产、生活或其他活动的房屋或场所。

(2) 构筑物：人们不在其中生产、生活的建筑，如水塔、电塔、烟囱、桥梁、堤坝、屯仓等。

**2. 建筑物的分类**

建筑物可以按其功能性质、某些特征和规律分类。如按使用功能，又可以分为工业建筑、民用建筑等。

**3. 建筑物的分级**

(1) 建筑物的耐久年限：主要根据建筑物的重要性和建筑物的质量标准而定，是作为建设投资、建筑设计和选用材料的重要依据。共分为四级，即 100 年、50 年、25 年、5 年。

(2) 建筑物的耐火等级：是根据建筑物构件的燃烧性能和耐火极限确定的，等级越高耐火等级越低。

**4. 工业建筑的基本构造组成及其作用**

工业建筑为供人们从事各类工业生产活动的各种建筑物、构筑物的总称。通常将这些生产用的建筑物称为工业厂房。从事工业生产的房屋主要包括生产厂房、辅助生产用房以及为生产提供动力的房屋，这些房屋往往成为"厂房"或"车间"。直接为生产服务的房屋是指为工业生产存储原料、半成品和成品的仓库，存储修理车辆的用房，这些房屋均属工业建筑的范畴。

(1) 按建筑层数分类

1) 单层厂房：指层数为一层的厂房，它主要用于重型机械制造工业、冶金工业等重工业。这类厂房的特点是设备体积大、重量重、厂房内以水平运输为主（图 1-1）。

2) 多层厂房：常见的层数为 2~6 层。其中双层厂房广泛应用于化纤工业、机械制造工业等。多层厂房多应用于电子工业、食品工业、化学工业、精密仪器工业等轻工业。这类厂房的特点是设备较轻、体积较小、工厂的大型机床一般放在底层，小型设备安装在楼层上，厂房内部的垂直运输以电梯为主，水平运输以电瓶车为主。建在城市中的多层厂房，能满足城市规划布局的要求，可丰富城市景观，节约用地面积，在厂房面积相同的情况下，四层的厂房造价为最经济（图 1-2）。

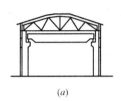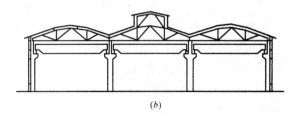

图 1-1　单层厂房剖面图

（a）单跨；（b）多跨

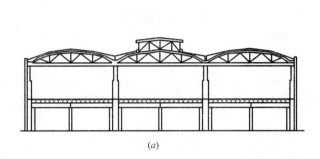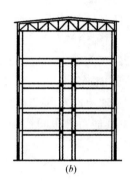

图 1-2　多层厂房剖面图

（a）双层厂房剖面图；（b）5 层厂房剖面图

3）层数混合的厂房：厂房由单层跨和多层跨组合而成，多用于热电厂、化工厂等。高大的生产设备位于中间的单跨内，边跨为多层（图 1-3）。

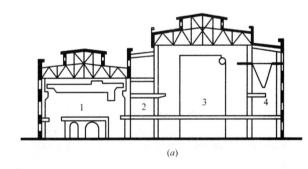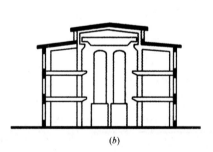

图 1-3　层次混合厂房

（a）热电厂；（b）化工车间

1—汽机间；2—除氧间；3—锅炉间；4—煤斗间

（2）按用途分类

1）主要生产厂房：在这类厂房中进行生产工艺流程的全部生产活动，一般包括从备料、加工到装配的全部过程。所谓生产工艺流程是指产品从原材料——半成品——成品的全过程，如钢铁厂的烧结、焦化、炼铁、炼钢车间。

2）辅助生产厂房：为主要生产厂房服务的厂房，如机械修理、工具等车间。

3）动力用厂房：为主要生产厂房提供能源的场所，如发电站、锅炉房、煤气站等。

4）储存用房屋：为生产提供存储原料、半成品、成品的仓库，如炉料、砂料、油料、半成品、成品库房等。

5）运输用房屋：为生产或管理用车辆的存放与检修的房屋，如汽车库、消防车库、电瓶车库等。

6）其他：如解决厂房给水、排水问题的水泵房、污水处理站等。

（3）按生产状况分类

1）冷加工车间：在常温状态下进行生产，如机械加工车间、金工车间等。

2）热加工车间：在高温和熔化状态下进行生产，可能散发大量余热、烟雾、灰尘、有害气体，例如铸工、锻工、热处理车间。

3）恒温恒湿车间：在恒温（20℃左右）、恒湿（相对湿度在50％～60％）条件下进行生产的车间，如精密机械车间、纺织车间等。

4）洁净车间：要求在保持高度洁净的条件下进行生产，防止大气中灰尘及细菌的污染，如集成电路车间、精密仪表加工及装配车间等。

5）其他特种车间：如有爆炸可能性、有大量腐蚀物、有放射性散发物、防微震、防电磁波干扰等车间。

（4）生产车间的组成

以单层厂房为例，房屋的组成系指单层厂房内部生产房间的组成，生产车间是工厂生产的一个管理单位，它一般由四个部分组成：

1）生产工段，是加工产品的主体部分；

2）辅助工段，是为生产工段服务的部分；

3）工房部分，是存放原料、材料、半成品、成品的地方；

4）行政办公生活用房。

每一幢厂房不一定都包括上述四个部分，其组成应根据生产的性质、规模、总平面布置等因素来确定。

（5）构件的组成

1）承重结构

单层厂房承重结构有墙承重结构和骨架承重结构两种类型。当厂房的跨度、高度及吊车吨位较小时（$Q<5t$），可采用墙承重结构。目前，大多数厂房跨度大、高度较高，吊车吨位也大，所以常用骨架承重结构，这是因为这种结构受力合理，建筑设计灵活，施工方便，工业化程度较高。在这种结构中，我国广泛采用横向排架结构，如图1-4所示是典型的装配式钢筋混凝土结构的单层厂房，它包括下列承重构件：

① 横向排架是由基础、柱、屋架（或屋面梁）组成，它承受厂房的各种荷载。

② 纵向连系构件是由基础梁、连系梁、圈梁、吊车梁组成。它与横向排架构成骨架，保证厂房的整体性和稳定性；纵向构件承受作用在山墙上的风荷载及吊车纵向制动力，并将它传递给柱子。

③ 为了保证厂房的刚度，还设置屋架支撑、柱间支撑等支撑系统。

2）围护结构

单层厂房的外围护结构包括外墙、屋顶、地面、门窗、天窗等。

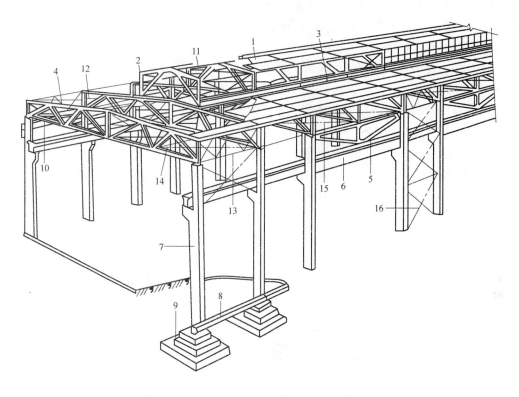

图 1-4　单层厂房构建部位示意图

1—屋面板；2—天窗架；3—天窗侧板；4—屋架；5—托架；6—吊车梁；7—柱子；8—基础梁；
9—基础；10—连系梁；11—天窗支撑；12—屋架上弦横向支撑；13—屋架垂直支撑；
14—屋架下弦横向支撑；15—屋架下弦纵向支撑；16—柱间支撑

3）其他

如散水、地沟（明沟或暗沟）、坡道、吊车梯、室外消防梯、内部隔墙等。

**二、民用建筑构造与主要组成**

民用建筑为供人们生活、居住、从事各种文化福利活动的房屋。按其用途不同，有以下两类：

居住建筑：供人们生活起居用的建筑物，如住宅、宿舍、宾馆、招待所。

公共建筑：供人们从事社会性公共活动的建筑和各种福利设施的建筑物，如各类学校、图书馆、影剧院等。

**1. 民用建筑按建筑构造的材料划分**

（1）砖木结构：这类房屋的主要承重构件用砖、木构成。其中竖向承重构件如墙、柱等采用砖砌，水平承重构件的楼板、屋架等采用木材制作。这种结构形式的房屋层数较少，多用于单层房屋。

（2）砖混结构：建筑物的墙、柱用砖砌筑，梁、楼板、楼梯、屋顶用钢筋混凝土制作，成为砖—钢筋混凝土结构。这种结构多用于层数不多（六层以下）的民用建筑及小型工业厂房，是目前广泛采用的一种结构形式。

（3）钢筋混凝土结构：建筑物的梁、柱、楼板、基础全部用钢筋混凝土制作。梁、楼板、柱、基础组成一个承重的框架，因此也称框架结构。墙只起围护作用，用砖砌筑。此结构用于高层或大跨度房屋建筑中。

（4）钢结构：建筑物的梁、柱、屋架等承重构件用钢材制作，墙体用砖或其他材料制成。此结构多用于大型工业建筑。

**2. 按照建筑高度及楼层数量分类**

（1）低层建筑，主要指1～3层的住宅建筑。

（2）多层建筑，主要指4～6层的住宅建筑。

（3）中高层建筑，主要指7～9层的住宅建筑。

（4）高层建筑，指10层以上的住宅建筑和总高度大于24m的公共建筑及综合性建筑。

（5）超高层建筑，高度超过100m的住宅或公共建筑均为超高层建筑。

**3. 民用建筑的组成**

一幢民用建筑，一般是由基础、墙（或柱）、楼板层及地坪层（楼地层）、屋顶、楼梯和门窗等主要部分组成，如图1-5所示。

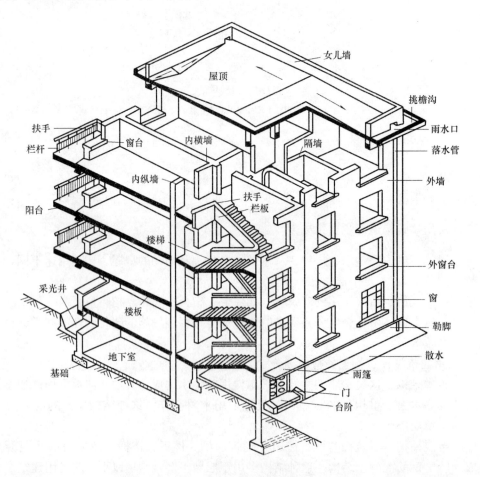

图1-5　民用建筑构造组成

（1）基础：建筑最下部的承重构件，承担建筑的全部荷载，并下传给地基。因此，基础必须具有足够的强度，并能抵御地下各种有害因素的侵蚀。

（2）墙体和柱：墙体是建筑物的承重和围护构件。在框架承重结构中，柱是主要的竖向承重构件。作为承重构件的外墙，其作用是抵御自然界各种因素对室内的侵袭；内墙主要起分割空间及包装舒适环境的作用。框架或排架结构的建筑物中，柱起承重作用，墙仅起维护作用。因此，要求墙体具有足够的强度、稳定性，保温、隔热、防水、防火、耐久及经济等性能。

（3）屋顶：是建筑顶部的承重和围护构件，一般由屋面层、保温（隔热）层和承重结构三部分组成。抵抗风、雨、雪霜、冰雹等的侵袭和太阳辐射热的影响；又要承受风雪荷载及施工、检修等屋顶荷载，并将这些荷载传给墙或柱。故屋顶应具有足够的强度、刚度及防水、保温、隔热等性能。

（4）楼地层：是楼房建筑中的水平承重构件，包括底层地面和中间的楼板层。按房间层高将整幢建筑物沿水平方向分为若干层；楼板层承受家具、设备和人体荷载以及本身的自重，并将这些荷载传给墙或柱；同时对墙体起着水平支撑的作用。因此要求楼板层应具有足够的抗弯强度、刚度和隔声性能，对有水浸蚀的房间，还应有防潮、防水的性能。

（5）楼梯：楼房建筑的垂直交通设施，供人们平时上下和紧急疏散时使用。故要求楼梯具有足够的通行能力，并且防滑、防火，能保证安全使用。

（6）门窗：门主要用作内外交通联系及分隔房间，窗的主要作用是采光和通风，门窗属于非承重构件。处于外墙上的门窗又是围护构件的一部分，要满足热工及防水的要求；某些有特殊要求的房间，门、窗应具有保温、隔声、防火的能力。

建筑的次要组成部分：包括附属的构件和配件，如阳台、雨篷、台阶、散水、通风道等。

# 第二节　力　　学

## 一、力学的基本概念

力是物体间相互的机械作用，从物体的运动状态和物体的形状上看，力对物体的作用效应可分为下面两种。

外效应：力使物体的运动状态发生改变。

内效应：力使物体的形状发生变化（变形）。

物体间力的作用是相互的，相互作用力在任何情况下都是大小相等，方向相反，作用在不同物体上。两物体相互作用时，施力物体同时也是受力物体，反之，受力物体也是施力物体。

二力平衡原理：刚体在两个力作用下平衡的充分必要条件是此二力大小相等，方向相反，作用线重合。

国际单位制中力的单位是牛顿，简称牛，用 N 表示。

力的三要素：大小、方向、作用点。

组成机械与结构的零、构件，统称为构件。构件尺寸与形状的变化称为变形。

变形分为两类：外力解除后能消失的变形称为弹性变形；外力解除后不能消失的变

形，称为塑性变形或残余变形。

在一定外力作用下，构件突然发生不能保持其原有平衡形式的现象，称为失稳。

保证构件正常或安全工作的基本要求：①强度，即抵抗破坏的能力；②刚度，即抵抗变形的能力；③稳定性，即保持原有平衡形式的能力。

剪力是指构件受弯时，横截面上其作用线平行于截面的内力。

弯矩是受力构件截面上的内力矩的一种，即垂直于横截面的内力系的合力偶矩。对于结构中的梁，当构件区段下侧受拉时，我们称此区段所受弯矩为正弯矩；当构件区段上侧受拉时，我们称此区段所受弯矩为负弯矩（图 1-6）。

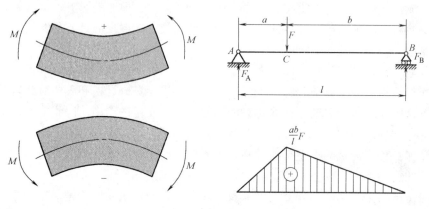

图 1-6　正负弯矩

横截面形心 C（即轴线上的点）在垂直于 $x$ 轴方向的线位移，称为该截面的挠度，用 $w$ 表示（图 1-7）。

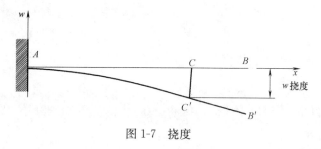

图 1-7　挠度

横截面对其原来位置的角位移，称为该截面的转角，用 $\theta$ 表示（图 1-8）。

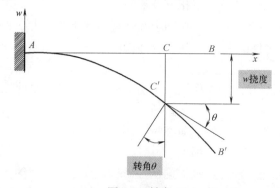

图 1-8　转角

梁变形后的轴线称为挠曲线。挠曲线方程为

$$w = f(x)$$

式中，$x$ 为梁变形前轴线上任一点的横坐标；$w$ 为该点的挠度。

## 二、力学的一般计算

拉伸与压缩时，正应力 $\sigma$ 按下式计算

$$\sigma = \frac{F_N}{A}$$

式中，$F_N$ 为轴力；$A$ 为杆的横截面面积；$\sigma$ 的符号与轴力 $F_N$ 的符号相同。当轴力为正号时（拉伸），正应力也为正号，称为拉应力；当轴力为负号时（压缩），正应力也为负号，称为压应力。

强度条件：

$$\sigma_{max} = \frac{F_{Nmax}}{A} \leqslant [\sigma]$$

扭转时：

$$\tau_\rho = \frac{T\rho}{I_p}$$

式中　$T$——横截面上的扭矩；

　　　$\rho$——求应力的点到圆心的距离；

　　　$I_p$——横截面对圆心的极惯性矩。

$$\tau_{max} = \frac{T\rho_{max}}{I_p} = \frac{T}{W_t}$$

其中，$W_t$ 称为抗扭截面系数，单位为 $mm^3$ 或 $m^3$。

强度条件：

$$\tau_{max} = \frac{T_{max}}{W_t} \leqslant [\tau]$$

剪力判定：

$$F_s = \sum_{i=1左(右)}^{n} F_i$$

左侧梁段：向上的外力引起正值的剪力，向下的外力引起负值的剪力。

右侧梁段：向下的外力引起正值的剪力，向上的外力引起负值的剪力。

弯矩判定：

$$M = \sum_{i=1左(右)}^{n} F_i a_i + \sum_{k=1左(右)}^{m} M_k$$

不论在截面的左侧或右侧，向上的外力均将引起正值的弯矩，而向下的外力则引起负值的弯矩。

左侧梁段：顺时针转向的外力偶引起正值的弯矩；

　　　　　逆时针转向的外力偶引起负值的弯矩。

右侧梁段：逆时针转向的外力偶引起正值的弯矩；

　　　　　顺时针转向的外力偶引起负值的弯矩。

纯弯曲时横截面上正应力的计算公式：

$$\sigma = \frac{My}{I_z}$$

式中　$M$——梁横截面上的弯矩；

$\quad\quad y$——梁横截面上任意一点到中性轴的距离；

$\quad\quad I_z$——梁横截面对中性轴的惯性矩。

强度条件：

$$\sigma_{\max}=\frac{M_{\max}}{W}\leqslant[\sigma]$$

纯弯曲时曲率与弯矩的关系：

$$\frac{1}{\rho}=\frac{M}{EI}$$

通常，对于简支梁跨中挠度取值选用：$w_{\max}=\dfrac{5ql^4}{384EI}$

刚度条件：

$$w_{\max}\leqslant[w],\theta_{\max}\leqslant[\theta]$$

式中 $[w]$ 和 $[\theta]$ 是构件的许可挠度和转角。

### 三、力学在木结构构件运用中的一般理论知识

#### 1. 木材的力学性能

木材的受拉性能：顺纹强、横纹低。

木材的顺纹受压性能：塑性变形能力强，受压强于受拉。

木材的受弯性能：受拉区不同于受压区应力分布。

木材的承压性能：顺纹承压≤顺纹受压（承压：利用表面互相接触传递压力）。

木材的受剪性能：截纹受剪≥顺纹受剪≥横纹受剪。

木结构，即以木材为主制作的结构。它具有轻质高强；易于制作安装等优点。同时，它也具有力学各向异性，天然缺陷影响无其强度；防火防腐朽能力及耐久性较差，变形较大等缺点。不应采用木材的地区：火灾高发区、高温影响较大、强腐蚀性环境。

结构用木材：承重构件宜选用针叶材，如红松、云杉、冷杉等；重要的木制连接件应采用细密、直纹、无节和无其他缺陷且耐腐蚀的硬质阔叶材，如榆树材、槐树材、桦树材等。

结构用材选择要依据材质等级和含水率。

#### 2. 轴心受拉和轴心受压构件

轴心受拉构件的承载能力，应按下式验算：

$$\frac{N}{A_n}\leqslant f_t$$

式中　$f_t$——木材顺纹抗拉强度设计值（N/mm²）；

$\quad\quad N$——轴心受拉构件拉力设计值（N）；

$\quad\quad A_n$——受拉构件的净截面面积（mm²）。计算 $A_n$ 时应扣除分布在 150mm 长度上的缺口投影面积。

轴心受压构件的承载能力，应按下列公式验算：

按强度验算：

$$\frac{N}{A_n} \leqslant f_c$$

按稳定验算：

$$\frac{N}{\varphi A_0} \leqslant f_c$$

式中 $f_c$——木材顺纹抗压强度设计值（N/mm²）；

　　$N$——轴心受压构件拉力设计值（N）；

　　$A_n$——受压构件的净截面面积（mm²）；

　　$A_0$——受压构件截面的计算面积（mm²）；

　　$\varphi$——轴心受压构件稳定系数。

**3. 受弯构件**

受弯构件的抗弯承载能力，应按下式验算：

$$\frac{M}{W_n} \leqslant f_m$$

式中 $f_m$——木材抗弯强度设计值（N/mm²）；

　　$M$——受弯构件弯矩设计值（N·mm）；

　　$W_n$——受弯构件的净截面抵抗矩（mm²）。

受弯构件的抗剪承载能力，应按下式验算：

$$\frac{VS}{Ib} \leqslant f_v$$

式中 $f_v$——木材顺纹抗剪强度设计值（N/mm²）；

　　$V$——受弯构件剪力设计值（N）；

　　$I$——构件的全截面惯性矩（mm⁴）；

　　$b$——构件的截面宽度（mm）；

　　$S$——剪切面以上的截面面积对中性轴的面积矩（mm³）。

# 第三节　识　图

## 一、建筑图纸分类以及构配件代号

**1. 建筑图纸的分类**

建筑图纸根据其表达的形式和用途的不同，主要分以下几种：建筑总平面图、建筑平面图、立面图、剖面图、建筑施工图、结构施工图、电气施工图、暖通施工图、给水排水施工图、景观施工图、市政管网施工图、二次深化设计图等。

（1）建筑总平面图

主要表明新建筑平面形状、层数、室内外地面标高，新建道路、绿化、场地等的布置情况，并表明原有建筑、道路、绿化等和新建筑的相互关系以及环境保护方面的要求。

（2）建筑平面图

表示建筑的平面形式、大小尺寸、房间布置、建筑入口、门厅及楼梯布置的情况，表明墙、柱的位置、厚度和所用材料以及门窗的类型、位置等情况。主要图纸有首层平面图、二层或标准层平面图、顶层平面图、屋顶平面图等。其中屋顶平面图是在房屋的上方，向下作屋顶外形的水平正投影而得到的平面图。

（3）建筑立面图

主要表现建筑的外貌形状，反映屋面、门窗、阳台、雨篷、台阶等的形式和位置，建筑垂直方向各部分高度，建筑的艺术造型效果和外部装饰做法等。在施工中，建筑立面图主要是作建筑外部装修的依据。

（4）建筑剖面图

主要表示建筑在垂直方向的内部布置情况，反映建筑的结构形式、分层情况、材料做法、构造关系及建筑竖向部分的高度尺寸等。

（5）建筑施工图

主要用来作为施工定位放线、内外装饰做法的依据，同时也是结构施工图和设备施工图的依据。建筑施工图包括设备说明和建筑总平面图、建筑平面图、立体图、剖面图等基本图纸以及墙身剖面图、楼梯、门窗、台阶、散水、浴厕等详图和材料做法的说明。

（6）结构施工图

结构施工图是关于承重构件的布置，使用的材料，形状、大小及内部构造的工程图样，是承重构件以及其他受力构件施工的依据。主要包括结构总说明、基础布置图、承台配筋图、地梁布置图、各层柱布置图、各层柱配筋图、各层梁配筋图、屋面梁配筋图、楼梯屋面梁配筋图、各层板配筋图、屋面板配筋图、楼梯大样、节点大样等。

（7）电气施工图

电气施工图是关于建筑用电线路的布置，使用的材料、规格、位置的工程图样，是结构预埋以及后期安装施工的依据。

（8）暖通施工图

暖通施工图是用来表达建筑采暖和通风系统的布置及设备安装的系统图纸，主要包括室内外采暖系统图及供风排风系统图。

（9）给水排水施工图

给水排水施工图是用来表达建筑给水和排水系统的布置及设备安装的系统图纸，主要包括室内污水排放、室内给水系统图及室外雨水排放系统图，以及小区内雨水和污水管道与市政管网接头等。

（10）景观施工图

景观施工图是整个小区配套的园林绿化、景观设施的布置位置、规格尺寸以及详细做法，包括绿化的位置、树木品种以及附属景观的要求等。

（11）深化设计图纸

深化设计图纸是为了更细致、准确地表达施工意图，为优化施工工艺和符合正常建筑及结构设计的条件下对相应的图纸进行深化设计，多用于外立面、门窗、幕墙、室外工程及装饰装修等。

**2. 图纸中的构配件代号**

建筑构配件分建筑构件和建筑配件两大部分。

建筑构件是组成一个房屋的主要部件形式，主要有：

柱：框架柱，独立柱，构造柱，混凝土短肢柱，圆柱，L形柱；砖柱，混凝土柱，木柱。

梁：框架梁，连系梁，过梁，圈梁，挑梁，弧形梁；钢梁，木梁，混凝土梁。

板：现浇板，预制平板，预制空心板；钢筋混凝土板，木板。

墙：砖墙，混凝土墙，屋面女儿墙，轻质隔墙。

门：实木门，夹板门，钢质门。

窗：钢窗，木窗，铝合金窗，塑钢窗。

建筑构配件代号见表 1-1。

建筑构配件代号　　　　　　　　　表 1-1

| 类型 | 代号 | 类型 | 代号 | 类型 | 代号 |
|---|---|---|---|---|---|
| 框架柱 | KZ | 连梁 | LL | 过压继电器线圈 | KV |
| 框支柱 | KZZ | 暗梁 | AL | 接触器主触点 | KM |
| 芯柱 | XZ | 边框梁 | BKL | 行程开关常开触点 | SQ |
| 梁上柱 | LZ | 非框架梁 | L | 断路器 | QF |
| 剪力墙上柱 | QZ | 悬挑梁 | XL | 电流互感器 | TA |
| 约束边缘暗柱 | YAZ | 井字梁 | JZL | 电压互感器 | TV |
| 约束边缘端柱 | YDZ | 内门 | NM | 生活给水管 | J |
| 约束边缘翼墙(柱) | YYZ | 外门 | WM | 热水给水管 | RJ |
| 约束边缘转角墙(柱) | YJZ | 防火门 | FM | 废水管 | F |
| 构造边缘端柱 | GDZ | 检修门 | JM | 污水管 | W |
| 构造边缘暗柱 | GAZ | 平开门 | PM | 雨水管 | Y |
| 构造边缘翼墙(柱) | GYZ | 推拉门 | TM | 压力污水管 | YW |
| 构造边缘转角墙(柱) | GJZ | 防火窗 | FC | 空气处理机 | AHU |
| 非边缘暗柱 | AZ | 保温窗 | BC | 冷却塔 | C. T |
| 扶壁柱 | FBZ | 落地窗 | LC | 排风机 | EAF |
| 楼层框架梁 | KL | 百叶窗 | YC | 排风口 | EAG |
| 屋面框架梁 | WKL | 继电器线圈 | KA | 防火阀 | F. D |
| 框支梁 | KZL | 过流继电器线圈 | KI | 热交换机 | HX |

## 二、建筑施工图、结构图和构配件标准图

### 1. 建筑施工图

建筑施工图是用以表示房屋的总体布局、内外形状、平面布置、建筑构造等的图纸，包括首页（图纸目录、设计总说明等）、总平面图、平面图、立面图、剖面图和详图等。

（1）总平面图反映新设计的建筑物的位置、朝向及其与原有建筑及周边地形、绿化、道路的相互关系（图 1-9）。

（2）建筑平面图实际是房屋的一个水平剖面图，主要表达房屋建筑的平面形状、房间布置、内外交通联系以及墙、柱、门窗等构配件的位置、尺寸等内容（图 1-10）。

（3）立面图。建筑的立面图，是一栋建筑物的四周外观造型的图样。按建筑各立面的朝向绘制图形，称为东、南、西、北立面图。立面图主要表明建筑物的外部形状、立面尺寸、屋顶形式、门窗洞口位置等（图 1-11）。

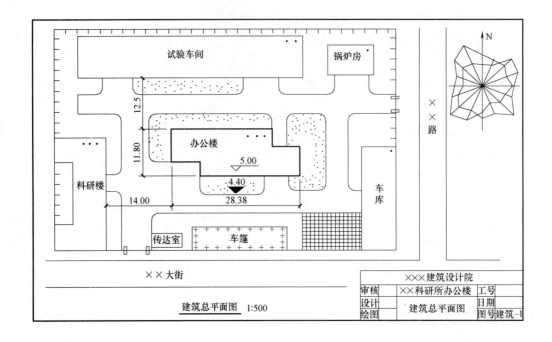

图 1-9　总平面图例

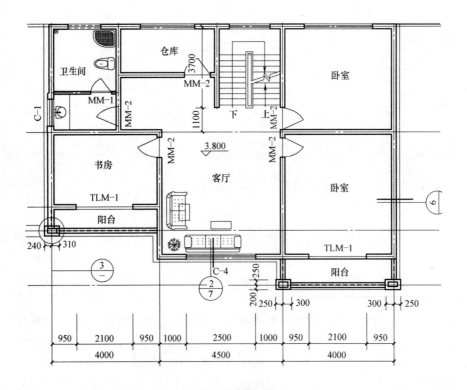

图 1-10　平面图

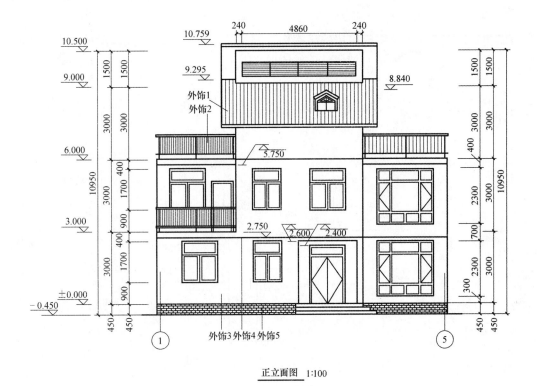

正立面图 1:100

图 1-11 立面图

（4）剖面图。剖面图是以假想的平面，把建筑物沿垂直方向切开，剖切后的相对应的投影图称为剖面图（图 1-12）。

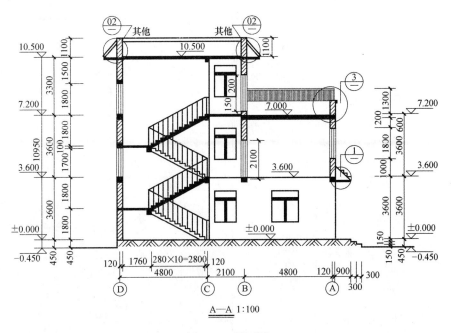

A—A 1:100

图 1-12 剖面图

### 2. 结构施工图

结构施工图主要表达组成房屋的结构构件的平面布置，构件定位、标高，结构形状、大小、材料、配筋等，是房屋结构施工的依据（图 1-13）。

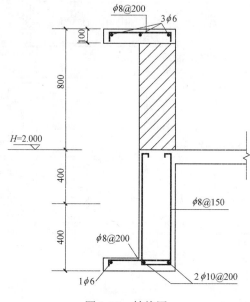

图 1-13　结构图

### 3. 构配件标准图

部分建筑构配件标准图见表 1-2。

表 1-2

构件标准图

| 序号 | 名称 | 图例 | 备注 | 序号 | 名称 | 图例 | 备注 |
|---|---|---|---|---|---|---|---|
| 1 | 墙体 | | 应加注文字或填充图例表示墙体材料，或在项目建筑设计说明中给予说明 | 3 | 单扇门（包括平开或单面弹簧） | | 1. 图例中剖面图左为外、右为内，平面图下为外、上为内<br>2. 立面图上开启方向线交角的一侧为安装合页的一侧,实线为外开、虚线为内开 |
| 2 | 坡道 | | 上图为长坡，下图为门口坡道 | 4 | 双扇门（包括平开或单面弹簧） | | |

| 序号 | 名称 | 图例 | 备注 | 序号 | 名称 | 图例 | 备注 |
|---|---|---|---|---|---|---|---|
| 5 | 平面高差 | 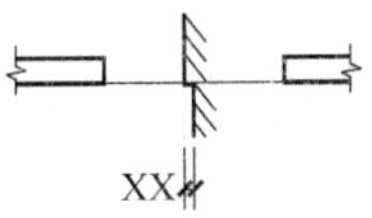 | 适用于高差小于100mm的两个地面或楼面相接处 | 9 | 单扇双面弹簧门 | 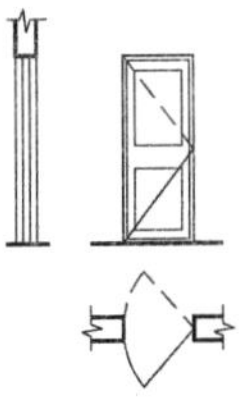 | 3. 平面图上门线应90°或45°开启,开启弧线宜画出<br>4. 立面图上的开启线在一般设计图中可不表示,在详图或室内设计图上应表示 |
| 6 | 孔洞 |  | | 10 | 双扇双面弹簧门 | 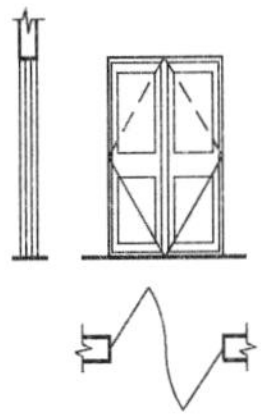 | |
| 7 | 坑槽 |  | | 11 | 新建的窗 | 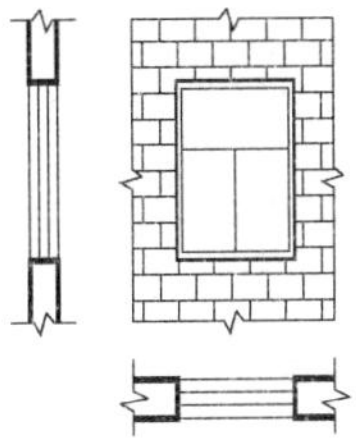 | 小比例绘图时,平、剖面窗线可用单粗实线表示 |
| 8 | 空门洞 | 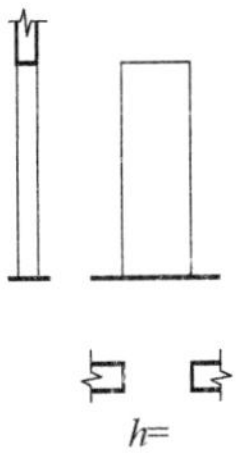 | h为门洞高度 | 12 | 竖向卷帘门 | 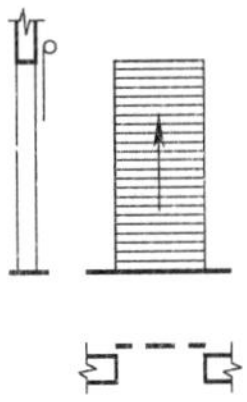 | 1. 图左为外、右为内,平面图下为外、上为内<br>2. 立面形式按实际情况绘制 |

### 三、建筑详图与节点详图

**1. 建筑详图**

鉴于在平面、立面、剖面图中的小比例,房屋上许多构造无法表示清楚,为满足施工要求,在建筑图中常用较大比例绘制若干局部详图,用以描述这些部位的形状、尺寸、材料、做法等要素,这种详图称之为建筑详图,亦可称作一般详图。

**2. 节点详图**

为了表达房屋某一细部构造做法和材料组成的详图,称为节点构造详图,简称为节点详图,如檐口、窗台、勒脚、明沟等,节点详图属于建筑详图的一类。对于节点详图,应明确标注出详图符号,以便对照查阅。

建筑节点详图是建筑细部的施工图,是对建筑平面、立面、剖面等基本图样的深化和补充,是建筑工程的细部施工、建筑构配件的制作及编制预算的依据(表1-3)。

| 符号画法 | 符号标法 | 说明 |
|---|---|---|
| **局部放大索引符号**<br><br>1. 圆直径为 10mm；<br>2. 引出线及圆均用细实线绘制 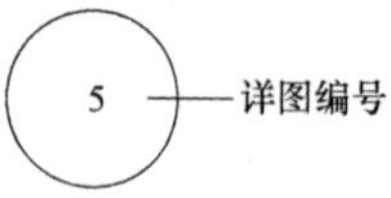<br><br>⑤—详图编号 | 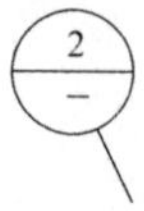 ②／— | 索引详图与索引图在同一张图纸内 |
| | 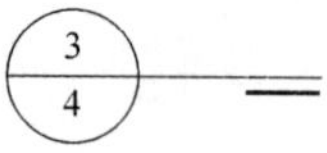 ③／④　— | 分母表示详图所在图纸编号，分子表示详图编号 |
| | 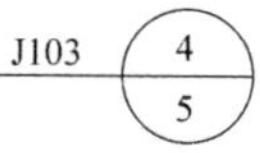 J103　④／⑤ | 采用标准图集第 103 册第 5 页第 4 个详图 |
| **局部剖视索引符号**<br><br>1. 圆直径为 10mm；<br>2. 引出线及圆为细线绘制；<br>3. 引出线一侧为剖视方向；<br>4. 剖切位置用粗实线绘制 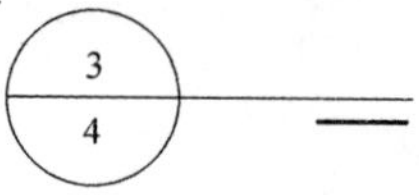<br><br>③／④　— | 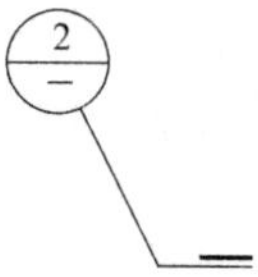 ②／— | 详图与索引图在同一张图纸内 |
| | 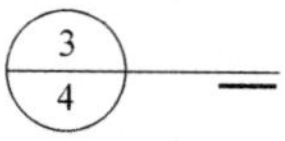 ③／④　— | 分母表示详图所在图纸编号，分子表示详图编号 |
| | 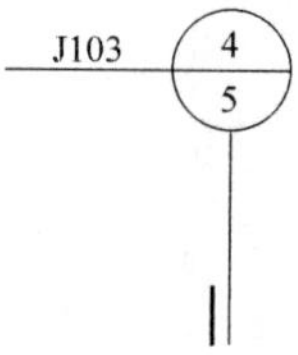 J103　④／⑤ | 采用标准图集第 103 册第 5 页第 4 个详图 |
| **详图符号**<br><br>1. 圆直径为 14mm；<br>2. 圆使用粗实线绘制 | 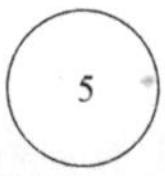 ⑤ | 详图与索引图在同一张图纸内 |
| | 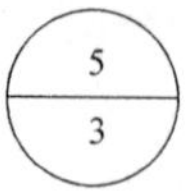 ⑤／③ | 分母表示索引符所在图纸编号，分子表示详图编号 |

**四、与本工种有关的各类详图**

（1）表示局部构造的详图，如外墙身详图、楼梯详图、阳台详图、门窗详图等。

（2）表示房屋设备的详图，如卫生间、厨房、实验室内设备的位置及构造等。

（3）表示房屋特殊装修部位的详图，如吊顶、花饰等。

建筑上的节点详图是用来反映节点处构件代号、连接材料、连接方法以及施工安装等方面内容，更重要的是表达节点处配置的受力钢筋或构造钢筋的规格、型号、性能和数量，如图 1-14 所示。

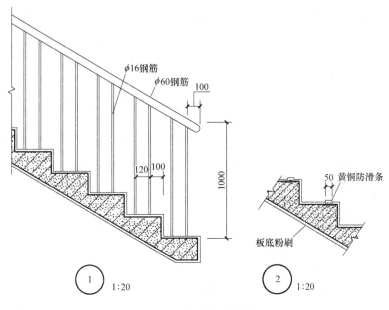

图 1-14　楼梯布点详图

### 五、模板、木制品施工图与构造图

#### 1. 结构模板支设施工图

墙、柱模板支设应在钢筋绑扎和隐蔽验收后进行，根据截面尺寸和高度进行设计，保证模板及其支撑体系有足够的强度、刚度、稳定性，进而保证混凝土施工质量。为保证浇筑墙体的垂直度，在浇筑下层楼地面时预埋钢筋，在支设墙体模板时用钢管从底部、中部和顶部分别连接预埋钢筋和水平钢管作为斜撑来保证墙体垂直度，如图 1-15 所示。

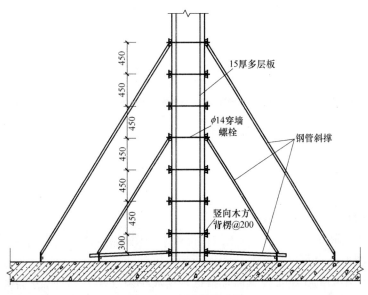

图 1-15　内墙模板支设

**2. 木制品构造图**

以木结构为主的我国古建筑，是世界建筑的瑰宝，以庑殿殿堂建筑为例，宋称为"五脊殿"，清称为"四阿殿"，在中国古建筑性质体系定型后，庑殿建筑是中古房屋建筑中，等级最高的一种建筑形式。庑殿建筑木构架主要分为正身和山面两大部分，如图 1-16 所示。

正身部分是指除房屋两端的梢间（或尽间）以外的所有开间部分，这部分的木构架同硬（悬）山建筑基本相同，也是由进深轴线方向一排排相同的木排架和横向枋、檩木等构件连接而成，只是它的开间可以更多些，房屋进深可以更大一些。

山面部分是指房屋两端的两个梢间（或尽间）部分，这两端山面也是用梁、枋、檩等木构件与正身木构架连接而成。

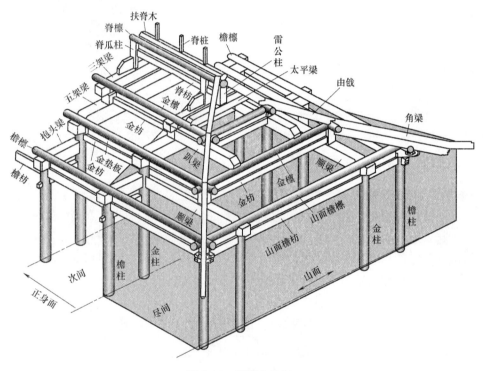

图 1-16　庑殿木构架

# 第四节　绘　　图

## 一、大样图的绘制方法

（1）打开运行 AutoCAD 软件；

（2）在模板空间里，先按照 1∶1 的比例绘制出图纸的内容；

（3）根据图框及内容来确定各个大样图的位置和适当比例；

（4）确定好绘图的比例及位置后，根据视窗大小来设置文字、尺寸的大小，调整好各个大样图及对应的文字和尺寸；

（5）完善图框的相关的信息，包括标题、图号、比例、绘制人、版本号、图例等；

（6）整理好电子文档，填写图框左边的表格；

（7）备份。

## 二、计算机绘图的方法

使用 Auto CAD 绘图方法：

（1）根据绘图需要，建立图层（包括轴线、墙线、门窗线、标注等）和选择线型及颜色。

（2）选择到轴线图层开始绘制轴线（使用"L"命令），先绘制东西方向轴线，后绘制南北方向轴线；根据所绘制建筑物长宽确定轴线长度。

（3）标注轴线编号，从西至东依次标注为①～⑨，从南至北依次标注为Ⓐ～Ⓩ。

（4）将图层选择到墙体层，根据墙体位置，在轴线上绘制墙线（可以采用偏移命令，也可采用双线命令）。

（5）开门洞和窗洞，按照细部尺寸偏移轴线，分解墙线，用修剪命令开门洞和窗洞。

（6）画门窗，若门窗数量少，可以直接用 line 命令画线绘图，若门窗数量多，可以先绘制一个标准门窗，并将它们分别创建为图块，然后在门窗洞口处插入图块。

（7）绘制楼梯、搁板、洞口，使用填充功能完善其他细部。

（8）标注尺寸及文字，以先细部后整体的原则，先标注第一道尺寸，后标注整体尺寸。

（9）插入图框，按照出图要求插入图框，并完善标签栏。

（10）保存图纸，关闭系统。

# 第五节　审　核　图　纸

## 一、图纸审核的程序、方法

（1）先整体后局部查看图纸目录。

（2）仔细阅读设计说明，设计说明中的施工工艺是否符合现场实际要求。

（3）查看柱子轴线位置标注是否合理，轴线是否明确，尺寸及尺寸界线是否清楚。

（4）平面图、立面图、剖面图是否一一对应。

（5）图纸中各个施工工艺是否符合规范，是否可以实现。

（6）设计中是否满足使用功能，符合使用功能的要求。

（7）图纸中的各个施工工艺是否符合国家标准，是否与设计说明对应，有没有存在矛盾的地方，选材利用是否合理。

（8）对于图纸中所标注的材料，查看使用位置是否合理，材料的特性是否符合本工艺中的使用要求及年限。

（9）整理图纸问题，参加图纸会审，并将讨论的纪要记录在图纸会审记录表中，填写图纸会审确认单，施工单位各级技术负责人应着重界面管理，处理好各专业的衔接，上级技术部门负责检查下级单位之间的衔接，本单位和外单位的界面衔接可联系建设单位协调处理。

**二、本工种图纸的审核要领**

就建筑图来说，木工要看的图纸主要是建施和结施，同时需要将安装部分的图纸作为参照，以核对预留孔洞及其他空间。一般先看平面图，参照立面图，按照图中标注出的节点索引及剖面索引，根据索引去看相应的剖面图和节点详图。

图纸审核应注意的问题：

（1）查看图纸目录，看是否有错、碰、漏现象。

（2）重点审核细部尺寸、各轴线尺寸，并校核建筑物的总尺寸，以及特殊工艺的节点详图，必要时需要进行专项深化设计，另外，需重点关注易出错、易通病部位。

（3）检查各类图纸间尺寸及设备空间有无矛盾，标高是否一致，描述是否清晰，深化是否对应，是否有悖强规，以及详图是否可操作等，并应对图纸上不清楚或遗漏之处做好记录，以便在图纸会审时提出。

（4）从有利于工程施工、有利于保证建筑质量、有利于工程美观、有利于降本增效的方面提出改进意见。

（5）必须经常了解和掌握设计变更通知单的内容，及时标注，不可疏忽，以防出现差错。

# 第六节　施工技术交底

**一、施工技术交底概念**

施工技术交底是指在某一单位工程开工前，或一个分项工程施工前，由相关专业技术人员向参与施工的人员进行的技术性交代，其目的是使施工人员对工程特点、技术质量要求、施工方法与措施和安全等方面有一个较详细的了解和一致的施工方向，以便于科学地组织施工，避免出现技术质量等事故的发生。

**二、施工技术交底程序**

（1）开会：把相关小组召集到一起，召开专项交底会议，准备齐全完整的会议资料。

（2）交底：将梳理好的交底内容向参会人员宣贯，并讲解本交底涉及的重难点及过程中应该注意事项，确保管理及操作人员没有疑问，必要时对重点节点和要求复印分发，保证后期施工的准确。

（3）签字：交底完成所有到场的人员均需签字备忘，必要时可留置影像资料。

（4）存档：将全体参会人员签字的交底分类保存归档，方便后期管理及责任跟踪。

**三、施工技术交底要点**

（1）交底的编写应在施工组织设计或施工方案编制以后并通过评审后进行，施工组织设计或施工方案中的有关内容纳入施工技术交底中。

（2）交底的编写应集思广益，综合多方面意见，提高质量，保证可行，便于实施。

（3）施工技术交底是针对现场操作人员进行的，所以交底必须简洁易懂，具有结合现场实际的可操作性。

（4）凡是工程或交底中没有或不包括的内容，一律不得照抄规范和规定。

（5）文字要简练、准确，不能有误，字迹要清晰、交接手续要健全。

（6）交底需要补充或变更时应编写补充或变更交底。

（7）叙述内容应尽可能使用肯定语，以便检查与实施。

### 四、施工技术交底的方式

（1）书面技术交底：把交底的内容和技术要求写成书面形式，向班组长和全体有关人员交底，交底人和接受人在交底完成以后，分别在交底书上签字。这种交底形式内容明确，交底效果好，是一般最常用的交底形式。

（2）会议交底：通过召开有关人员会议，把交底内容向到会者传达，主持人除了把交底内容向到会人员交底外，与会者也可以通过讨论、补充、使交底的内容更加完善。

（3）挂牌交底：将交底的主要内容、质量要求写在标牌上，挂在操作场所，这种方法适用于操作内容、操作人员固定的分项工程。

（4）口头交底：适用于人员较少，操作时间短，工作内容较简单的项目。

（5）样板交底：为了使操作者不但掌握一定的质量指标数据，而且还要有更直观的感性认识，可组织操作水平较高的工人先做样板，经质量检查合格后，作为后期施工的参照样板予以交底。

# 第二章 专 业 知 识

## 第一节 木 材

### 一、常用木材规格、缺陷

#### 1. 木板材规格

木材是建造建筑、构件、家具的必需材料，木工常用木材大致可分为：细木工板、胶合板、集成材板、刨花板、密度板、饰面板、澳松板等。

（1）细木工板：细木工板俗称大芯板，是由两片单板中间胶压拼接木板而成。主要规格为 2440mm×1220mm×18mm、2440mm×1220mm×15mm。

（2）胶合板：家具常用材料之一是一种人造板。一组单板通常按相邻层木纹方向互相垂直组坯胶合而成的板材。主要规格为 2440mm×1220mm×3mm、440mm×1220mm×5mm、2440mm×1220mm×9mm。

（3）集成材：又称集成指接材。是同一种木材经锯材加工脱脂、烘蒸干燥后根据需求的不同规格，由小块板材通过指接胶拼接、经高温热压一次定型而成。主要规格为 2440mm×1220mm×12mm、2440mm×1220mm×15mm、2440mm×1220mm×18mm。

（4）刨花板：为优质木材或小径木材经切削后经干燥加胶、加压而成。主要规格为 2440mm×1220mm×12mm、2440mm×1220mm×15mm、2440mm×1220mm×18mm。

（5）密度板：英文也称纤维板。是将木材、树枝等物体放在水中浸泡后经热磨、铺装、热压而成。常见规格为 2440mm×1220mm×3mm 、2440mm×1220mm×5mm、2440mm×1220mm×9mm。

（6）饰面板：装饰饰面板是将天然木材或人造木刨切成一定厚度的薄片粘附于胶合板表面上，然后热压而成的一种材料。主要规格为 2440mm×1220mm×2.5mm、2440mm×1220mm×2.7mm、2440mm×1220mm×3.0mm、2440mm×1220mm×3.6mm。

（7）三聚氰胺板：简称三氰板，全称是三聚氰胺浸渍胶膜纸饰面人造板。主要规格为 2440mm×1220mm×9mm、2440mm×1220mm×12mm、2440mm×1220mm×15mm、2440mm×1220mm×18mm。

（8）澳松板：采用单一树种作为原料木材，该树种就是辐射松，具有纤维柔细、色泽浅白的特点。主要规格为 2440mm×1220mm×3mm、2440mm×1220mm×5mm、2440mm×1220mm×9mm、2440mm×1220mm×12mm、2440mm×1220mm×15mm、2440mm×1220mm×18mm。

#### 2. 缺陷

木材的优点很多，但也有其缺陷，常见的木材缺陷有：木材的腐烂、木材的变形和木节三大缺陷，对木材的缺陷做适当的处理，是生产物美价廉、经久耐用家具的重要环节。

（1）木材的腐烂与预防

木材不仅含有水分，而且含有有机物质，如淀粉、糖分等，这些有机物质是菌类生长的营养品，如果对木材处理不当，菌类就要繁殖，使木材腐烂。

防止木材腐烂的办法：

1）木材含水量应保持在18%以下，这样可以限制细菌的生长。

2）木材要放在通风良好的地方，根据各地气候和干湿度的不同，也可采取适当方法，使木材达到干燥程度。

3）家具刷油是防腐、防湿的好办法。

（2）木材的变形

木材在干燥的过程中，一般纵向收缩很小，横向收缩明显，如果处理不当，就会产生翘曲、裂缝等现象。

1）翘曲。由于木材在干燥过程中，各部分受热温度不均，空气流通不畅，造成水分蒸发不均而形成翘曲。这种翘曲，一般可以补救，补救办法是，让木材吸足水分，就会恢复原状。但有的木村由于本身结构不均匀，纹理不均匀，收缩不一致而形成的翘曲无法改变。

2）裂缝。裂缝的原因是木材在干燥过程中，由于周围温度较高或者受到曝晒，产生不均匀的收缩而引起的，知道裂缝的原因，便可注意防止了。

3）蜂窝形裂缝。蜂窝形裂缝的产生，是由于木材外表比内部干燥速度快，使外表产生一种膜壳，这种膜壳阻止了内部水分的蒸发。如果温度继续升高，内部水分产生蒸汽，由于蒸汽压力增大而击破膜壳，产生蜂窝形裂缝。如果温度下降后，经长时间内部水分慢慢干掉，则会产生蜂窝形的空隙。

（3）木节

木节分为活节和死节，由树木的活枝条或枯死枝条在树干中形成。树干在生长过程中，木节与树干一起生长的为活节。活节与周围的木质全部紧密相连，质地坚硬，结构正常。死节是树枝早已枯死或腐烂，树木继续生长而形成，死节与周围的木质脱离或部分脱离。

不论活节还是死节，都破坏了木材的完整性，影响木材的强度，因此，使用木材时必须注意木节的位置，要量材使用，以免影响木制品的质量。

**二、常用木材种类识别**

树木是大自然馈赠于人类的珍贵财富，它除能调节人类生存环境外，也为人类的建设生产提供了丰富的材料，世界上树木种类庞杂，性能各异。我国幅员辽阔，木材种类亦为繁多，其中不乏珍贵稀有品种，下面简单介绍几种木工常用的木材种类。

**1. 榉木**

榉木属榆种，产于江、浙等地，别名榉榆或大叶榆。木材坚实，色泽优美，用途极广，颇为贵重，其老龄木材带赤色故名"血榉"，又叫红榉。它比一般木材坚实，但不能算是硬木，故老匠师及明式家具的真正爱好者都很重视，榉木材质坚硬，色纹优美，有很美丽的大花纹，层层如山峦重叠，被木工称之为"宝塔纹"。

## 2. 香樟木

香樟木有一种很好闻类似有樟脑的香味，有不规则的纵裂纹，生于山坡、溪边，多栽培，主产长江以南及西南各地。木材块状大小不一，表面红棕色至暗棕色，横断面可见年轮，质重而硬，味清凉，有辛辣感，香樟木有治疗祛风湿，通经络，止痛，消食的功效。

## 3. 楠木

楠木中比较著名的品种可分三种：一是香楠，木微紫而带清香，纹理也很美观，二是金丝楠，木纹里有金丝，是楠木中最好的一种，更为难得的是，有的楠木材料结成天然山水人物花纹；三是水楠，木质较软，多用其制作家具。楠木属樟科，种类很多，常用于建筑及家具的主要是雅楠和紫楠，前者为常绿大乔木，产于四川雅安、灌县一带，后者别名金丝楠，产浙江、安徽、江西及江苏南部，楠木的色泽淡雅匀称，伸缩变形小，易加工，耐腐朽，是软性木材中最好的一种。

## 4. 椴木

椴木的白木质部分通常颇大，呈奶白色，逐渐并入淡至棕红色的心材，有时会有较深的条纹，这种木材具有精细均匀纹理及模糊的直纹。椴木机械加工性良好，容易用手工工具加工，因此是一种上乘的雕刻材料，钉子、螺钉及胶水固定性较好，经砂磨、染色及抛光能获得良好的平滑表面，干燥快速，且变形小、老化程度低，干燥时收缩率颇大，但尺寸稳定性良好，椴木重量轻，质地软，强度比较低，属于抗蒸汽弯曲能力不良的一类木材，白木质易受常见家具甲虫蛀食，可渗透防腐剂处理。

## 5. 水曲柳

其树质略硬、纹理直、结构粗、花纹美丽、耐腐、耐水性较好，易加工但不易干燥，韧性大，胶接、油漆、着色性能均好，具有良好的装饰性能，是目前家具、室内装饰用得较多的木材。

## 6. 柳桉

材质轻重适中，纹理直或斜而交错，结构略粗，易于加工，胶接性能良好，干燥过程中稍有翘曲和开裂现象。

## 7. 杨木

杨木是我国北方常用的木材，其质细软，性稳，价廉易得，常作为榆木家具的附料和大漆家具的胎骨在古家具上使用。

## 8. 核桃楸

其木材有光泽，纹理直或斜，结构略粗，干燥速度慢，但不易翘曲，木材韧性好，易加工，切削面光滑，弯曲、油漆、胶接性能良好，钉着力强。

## 9. 黄菠萝

其木材有光泽，纹理直，结构粗，年轮明显均匀，材质松软、易干燥，加工性能良好，材色花纹均很美观，油漆和胶接性能良好，钉着力中等，不易劈裂，耐腐性好，是高级家具、胶合板用材。

## 10. 花梨木

材质坚硬，纹理斜，结构中等，耐腐蚀，不易干燥，切削面光滑，涂饰、胶合性较好。

**11. 紫檀**

材质坚硬，纹理斜，结构粗，耐久性强，有光泽，切削面光滑。

**12. 柞木（又称橡木）**

其木材容重大，质地坚硬、收缩大、强度高，结构致密，不易锯解，切削面光滑，易开裂、翘曲变形，不易干燥。耐湿、耐磨损，不易胶接，着色性能良好，目前装饰木地板用得较多。

**13. 白桦**

其材质略重而硬，结构细致、力学强度大、富有弹性，干燥过程中易发生翘曲及干裂，胶接性能好，切削面光滑，耐腐性较差，油漆性能良好。

**14. 杉木**

其材质轻软，易干燥，收缩小，不翘裂，耐久性能好、易加工，切面较粗、强度中强、易劈裂，胶接性能好，是南方各省家具、装修用得最为普遍的中档木材。

**15. 榆木**

花纹美丽，结构粗，加工性、涂饰、胶合性好，干燥性差，易开裂翘曲。

**16. 楸木**

民间称不结果之核桃木为楸，楸木棕眼排列平淡无华，色暗，质松软，少光泽，但其收缩性小，可作门芯、桌面芯板等用，常与高丽木、核桃木搭配使用，楸木比核桃木重量轻，色深，质松，棕眼大而分散。

**17. 枫木**

重量适中，结构细，加工容易，切削面光滑，涂饰、胶合性较好，干燥时有翘曲现象。

**18. 柳木**

柳木材质适中，结构略粗，加工容易，胶接与涂饰性能良好，干燥时稍有开裂和翘曲，以柳木制作的胶合板称为菲律宾板。

**19. 松木**

松木是一种针叶植物（常见的针叶植物有松木、杉木、柏木），它具有松香味、色淡黄、疖疤多、对大气温度反应快、容易胀大、极难自然风干等特性，故需经人工处理，如烘干、脱脂去除有机化合物，漂白统一树色，中和树性，使之不易变形。

**20. 柏木**

柏木有香味，可以入药，柏子可以安神补心，柏木色黄、质细、气馥、耐水，多节疤，故民间多用其做"柏木筲"，上好的棺木也用柏木，取其耐腐。

**21. 泡桐**

泡桐材质轻软，结构粗，切面不光滑，干燥性好，不翘裂。

**22. 樱桃木**

樱桃木的心材颜色由艳红色至棕红色，日晒后颜色变深，相反，其白木质呈奶白色，樱桃木具有细致均匀直纹，纹理平滑，天生含有棕色树心斑点和细小的树胶窝。

**23. 橡胶木**

橡胶木原产于巴西、马来西亚、泰国等，国内产于云南、海南及沿海一带，是乳胶的原料。橡胶木颜色呈浅黄褐色，年轮明显，轮界为深色带，管孔甚少，木质结构粗且均匀，纹理斜，木质较硬，切面光滑，易胶粘，油漆涂装性能好，橡胶木有异味，因含糖分多，易变色、腐朽和虫蛀，不容易干燥，不耐磨，易开裂，容易弯曲变形，木材加工易，而板材加工易变形。

### 三、常用防腐剂的种类

#### 1. 木材防腐剂分类

木材防腐剂是一种化学药剂，在将它注入木材中后，可以增强木材抵抗菌腐、虫害、海生钻孔动物侵蚀等的作用。木材防腐剂的分类有多种方法：

（1）按防腐剂载体的性质，可分为水载型（水溶性）防腐剂、有机溶剂（油载型、油溶性）防腐剂、油类防腐剂。

（2）按防腐剂的组成，可分为单一物质防腐剂与复合防腐剂，如防腐油属前者，而混合油属于后者，氟化钠属于前者，CCA 属于后者。

（3）按防腐剂的形态，可分为固体防腐剂、液体防腐剂与气体防腐剂。

#### 2. 木材防腐剂的要求

一种好的木材防腐剂应当具备以下一些基本条件：

（1）毒效大：木材防腐剂的效力主要是由其对有害生物的毒性决定的，就是说这种防腐剂必须对危害木材的各种昆虫、细菌或海洋钻孔类动物是有毒的，毒性越大，其防腐的效果就越强。

（2）持久性与稳定性好：木材防腐剂应具有较为稳定的化学性质，它在注入木材后，在相当长的一段时间里，不易挥发，不易流失，持久地保持应有的毒性。

（3）渗透性强：木材防腐剂必须是容易浸透入木材内部，并且有一定的透入深度。

（4）安全性高：木材防腐剂对危害木材的各种菌虫要有较高的毒性，但同时它应当对人畜是低毒或无毒的，对环境不会造成污染或破坏。随着人类对环境与可持续发展的关心，一些曾经广泛使用但被证明会造成环境污染的防腐剂逐步为人们所淘汰，如汞、铅、砷类防腐剂。

（5）腐蚀性低：由于在防腐处理过程中要使用各种金属容器作为设备，因此防腐剂对金属的腐蚀性是一个必须引起重视的问题。在各种防腐剂中，有的是偏酸性，有的是偏碱性。酸性防腐剂对钢、铁具有较强的腐蚀性，碱性防腐剂对铝、铜等有色金属具有腐蚀性。因此防腐剂对各种金属的腐蚀性要小，偏于中性的比较理想。

（6）对木材材性损害小：木材具有适当的力学强度，有良好的纹理和悦人的色泽。经防腐处理后，对木材的材性多少会造成一定的影响，但是以不影响其使用为度。如水载型防腐剂应当不影响木材的油漆性能，对木材的胀缩性影响小，建筑结构材不会影响其强度。

（7）价格低、货源广：为了促进木材防腐工业的发展，木材防腐剂必须有充足的货源，而且原材料价格低，具有竞争力。

完全符合上述各项条件，十全十美的木材防腐剂是很难做到的，人们只能根据木材的使用环境及使用要求，选择综合性能较好的防腐剂。

### 四、防腐、防虫、防火处理方法

#### 1. 防腐

木材防腐效果或功效的好坏，防腐木材的使用寿命的长短，与很多因素相关，主要包括：木材，防腐剂，防腐处理，防腐木材的加工、安装与使用。

不同树种的木材，具有不同的处理性能，有些容易处理，有些不容易处理，木材的可处理性，是决定其是否适合作为防腐木材的一个因素，选择容易处理的木材树种，比较容易达到好的防腐效果。因此，防腐工业通常将木材分为易处理树种和难处理树种，虽然易处理树种和难处理树种都可以进行防腐处理，但它们的用途不同，防腐处理的要求也有差异。

（1）心材与边材

木材心材和边材的可处理性，通常相差很大，如南方松，边材容易处理，心材则难于处理。同样，欧洲赤松、樟子松的边材容易处理，心材则难于处理，而辐射松，边材较难处理，心材则较易处理。因此，心材与边材的比例多少，是决定其是否适合作为防腐木材的一个因素。为此，防腐工业通常将木材分为边材树种和心材树种，宽边材的木材称为边材树种；宽心材、窄边材的木材称为心材树种，如南方松、马尾松的边材较宽，属边材树种，欧洲赤松、樟子松、落叶松的边材较窄，属心材树种，虽然叫法不准确，但一些人习惯于将边材树种称为易处理树种，将心材树种称为难处理树种。

（2）纹理方向

液体在木材纵向（即顺纹理方向）和横向（即横纹理方向）的渗透性相差很大，木材纵向的渗透性比横向要好很多，通常，针叶材的纵向的渗透性比横向大 15～20 倍，阔叶材的纵向的渗透性比横向大 20～100 倍。

因此，在检验防腐木材中防腐剂的保持量和透入度时，应在木材长度方向的中部取样，如果不能在中部取样，则需在距木材端头一定距离处取样，有些国家规定此距离为45cm，有些国家规定为 50cm，我国行业标准也规定此距离为 50cm。如果在距离木材端头太近（小于 50cm）的地方取样，则防腐剂的保持量和透入度检测结果，一般比其他位置高，不能真正反映整体木材中的防腐剂含量和分布。与标准指标比较时，容易产生差异。

对于难处理树种木材，防腐处理前，经常进行刻痕，以增加防腐剂在木材中的渗透性，其原理就是将防腐剂在木材中的横向渗透，改为纵向渗透，使木材的渗透性大大增加。

（3）木材防腐剂

木材防腐剂大多为复式配方，即含有两种或多种有效成分，为的是使其具备抑制、抵抗、毒杀各种木材有害生物（包括腐朽菌、软腐菌、蛀虫、白蚁、海虫/海生钻孔虫等）的功能。

木材防腐剂一般由主剂和助剂组成，主剂是抵抗木材有害生物的有效成分，助剂的功能是增强主剂的溶解性、渗透性、抑制或减少主剂的腐蚀性、降低主剂对木材强度的负面影响等。

每一个生产厂商的木材防腐剂产品，除在各个国家或地区的标准中标明有效成分的组成和比例之外，还需在各国的有关部门（通常是环境保护部门或农药管理部门）注册登记，列明主剂和助剂的组成和比例，并经过认可的权威评价机构（非盈利机构，且不能是防腐剂的开发、生产、制造单位）的检验与评估，防腐功效及对木材强度的影响等指标合格后，方能上市销售，这也就是为什么同一类产品，如果有多个厂商生产，每一个生产厂商都需注册登记的原因之一。

对于木材防腐剂产品来说，首先，每一种木材防腐剂产品，需满足相应的木材防腐剂标准要求，这是最基本的要求，也是达到相应的防腐效果必须具备的条件之一，任何改变防腐剂配方、改变防腐剂组分和比例的做法，都是不符合标准的，其次，每一种木材防腐剂产品，应符合其注册时提出的各种其他指标，如助剂组成与配比、pH 值等，这些指标，不同的生产厂商是不一样的，但这些指标对防腐木材的防腐效果是有影响的，尤其是防腐剂在木材中的渗透性、对木材强度的降低程度等。

### 2. 防虫

木材的迁腐和虫蛀是构成木结构损坏的重要原因，而木材迁腐、虫蛀的发作和开展与木腐菌及昆虫的生物学特性、木结构所在环境条件以及树种有密切关系。例如，木腐菌首要损害木结构中常常处于湿润状态的木构件，损害木材的甲虫大多喜爱蛀入带皮和边材多的木材，我国损害木结构的白蚁品种甚多，其中以土木栖类的家白蚁、散白蚁和土栖类的黑翅土白蚁等损害最为普遍，并且严峻，至于木栖类的铲头白蚁则仅限于局部区域，不一样种群的白蚁对木结构蛀蚀部位和程度也不相同。此外，不一样树种的木材对生物迁腐或蛀蚀反抗功用的强弱也不一样，在描绘木结构时，应充分考虑菌、虫的生物学特性和其他要素，采纳必要的防腐防虫办法（需涂刷专业的木材维护漆），使木材具有良好的维护条件，提高木结构的耐久性。

### 3. 防火

用物理或化学方法提高木材抗燃能力的方法，目的是阻缓木材燃烧，以预防火灾的发生，或争得时间快速消灭已发生的火灾。木材的碳氢化合物含量高，是易燃材料，迄今尚无使木材在靠近火源时不燃烧的方法。木材难燃的要求是降低木材燃烧速率，减少或阻滞火焰传播速度和加速燃烧表面的炭化过程。木材阻燃方法包括化学方法和物理方法。

（1）化学方法：主要是用化学药剂，即阻燃剂处理木材。阻燃剂的作用机理是在木材表面形成保护层，隔绝或稀释氧气供给；或遇高温分解，放出大量不燃性气体或水蒸气，冲淡木材热解时释放出的可燃性气体；或阻延木材温度升高，使其难以达到热解所需的温度；或提高木炭的形成能力，降低传热速度；或切断燃烧链，使火迅速熄灭。良好的阻燃剂应安全、有效、持久而又经济。

根据阻燃处理的方法，阻燃剂可分为两类：①阻燃浸注剂。用满细胞法注入木材。又可分为无机盐类和有机两大类。无机盐类阻燃（包括单剂和复剂）主要有磷酸氢二铵 $[(NH_4)_2HPO_4]$、磷酸二氢铵（$NH_4H_2PO_4$）、氯化铵（$NH_4Cl$）、硫酸铵 $[(NH_4)_2SO_4]$、磷酸（$H_3PO_4$）、氯化锌（$ZnCl_2$）、硼砂（$Na_2B_4O_7 \cdot 10H_2O$）、硼酸（$H_3BO_3$）、硼酸铵 $[NH_4HB_4O_7 \cdot 3H_2O]$ 以及液体聚磷酸铵等。有机阻燃剂（包括聚合物和树脂型）主要有用甲醛、三聚氰胺、双氰胺、磷酸等成分制得的 MDP 阻燃剂，用尿素、双氰胺、甲醛、磷酸等成分制得的 UDFP 胺基树脂型阻燃剂等。此外，有机卤化烃一类自熄性阻燃剂也在发展中。②阻燃涂料。喷涂在木材表面，也分为无机和有机两类：

无机阻燃涂料主要有硅酸盐类和非硅酸盐类，有机阻燃涂料主要分为膨胀型和非膨胀型。前者如四氯苯酐醇酸树脂防火漆及丙烯酸乳胶防火涂料等；后者如过氯乙烯及氯苯酐醇酸树脂等。

（2）物理方法：是从木材结构上采取措施的一种方法。主要是改进结构设计，或增大构件断面尺寸以提高其耐燃性；或加强隔热措施，使木材不直接暴露于高温或火焰下，如用不燃性材料包覆、围护构件，设置防火墙，或在木框结构中加设挡火隔板，利用交叉结构堵截热空气循环和防止火焰通过，以阻止或延缓木材温度的升高等。工业发达国家的木材防火或阻燃处理以化学方法占主要地位；而我国以往则多以结构措施为主，化学方法也有一定的发展。随着高层建筑、地下建筑的增多，航空及远洋运输事业的发展，以及古代建筑和文物古迹的维修保护等，防火工作日益受到重视。

# 第二节　木材干燥

**1. 木材天然干燥法**

（1）天然干燥法分为自然大气干燥和强制大气干燥。自然气干生产方式简单，不需要太多的干燥设备，节约能源。但占地面积大，干燥时间长，干燥过程不能人为的控制，受地区、季节、气候等条件的影响；终含水率较高（10%～15%，与当地的平衡含水率相适应），在干燥期间易产生虫蛀、腐朽、变色、开裂等缺陷。

（2）天然干燥法一般情况下，原木需要半年的时间自然风干，锯成板材后大约还需要三个月。

（3）原木板、方材、小材料的堆垛法干燥：

1）堆放圆木，应站在垛的两端并清除垛下障碍物，码高垛时，脚手板必须支搭牢固，禁止两人在同一脚手板上操作，冬、雨期必须加强防滑措施。

2）翻圆木撬杠和板钩不得正面对人，翻弯曲直径较大的圆木，必须掩好木垫，防止圆木滚动。

3）圆木垛高一般不得超过3m，垛距不得小于1.5m；成材垛高一般不得超过4m，每0.5m加横木，垛距不得不小于1m。所有材料堆垛应距运输轨道两侧1m以上，垛上方不得有高压线。

4）木材的堆放要符合防火要求，设消防设施，防火道路。

**2. 人工干燥法**

人工干燥法，是人为打破自然干燥的环境，强制干预使木材干燥的方法，常用的人工干燥法有：

（1）水煮法：将木材放在水槽中煮沸，然后取出置于干燥窑中干燥，从而加快干燥速度，减少干裂变形，它适用于干燥少量和小件难以干燥的硬质阔叶材。该法设备复杂、成本高，但干燥质量好，可加快难以干燥的硬木干燥时间。

（2）蒸汽法：利用蒸汽导入干燥室，喷蒸汽增加湿度及升温，另一部分蒸汽通过暖气排管提高和保持室温，使木材干燥。它适用于生产能力较大，且有锅炉装置的木材加工工厂，在我国使用广泛。该法设备较复杂，但易于调节窑温，干燥质量好，干燥时间短，安全可靠。

（3）烟熏法：在地坑内均匀散布纯锯末，点燃锯末，使其均匀缓燃，不得有火焰急火，利用其热量，直接干燥木材，它适用于一般条件差的木材加工厂或工地。该法设备简单，燃料来源方便，成本低，但干燥时间长，质量较差，管理要求严格，以免引起火灾。

（4）热风法：用鼓风机将空气通过被烧热的管道吹进炉内，从炉底下部风道散发出来，经过木垛又从上部一吸风道回到鼓风机，往复循环，使木材干燥。该方法适用于一般的木材加工企业。该法设备简单，投资较少，干燥成本较低，但木材干燥不均匀，干燥周期长，质量不易控制。

（5）瓦斯法：燃烧煤或木屑产生瓦斯直接通入烘干窑内干燥木材，木材在窑内按水平堆积法放置，它适用于生产能力较大的木材加工厂。该法设备简单，易于施行，热量损失少，成本低，窑温易于控制，干燥质量较好。

（6）红外线法：利用可以放射红外线的辐射热源（反射镜灯泡、金属网、陶瓷板等）对木材进行热辐射，使木材吸收辐射热能，进行干燥，它适用于干燥较薄的木材。该法设备简单，基准易调节，干燥周期短，成本低，若用灯泡干燥时，耗电量大，加热欠均匀。

（7）过热蒸汽法：用加热器在室内加热由木材蒸发出来的蒸汽，使其过热，形成过热蒸汽，并利用其为干燥介质，过热度越大，热量越多，进行木材高热干燥，是一种比较先进的干燥方法，现已推广使用。该法干燥周期短，热量和电力消耗较小，木材干燥比较均匀，但建窑时耗用金属量较大。

（8）石蜡油法：将木材置于盛石蜡油的槽内加热，直到木材纤维所获得的温度与槽内石蜡油的温度相同为止，当木材温度达到 120～130℃ 时，木材内的水分析出，而使木材干燥，它使用于大、中型木材加工厂。该法大大缩短了干燥时间，一般仅需 3～8h，干燥质量好，且不产生裂缝，降低吸湿性，提高抗腐性，但需耗用大量石蜡油。

（9）高频电流法：以木材作为电解质，置于高频振荡电路的工作电容器中，在电容的两极板间加上交变电场，随着频繁交变，引起木材分子的极化，分子摩擦产生热量，使木材内部加热，蒸发水分而干燥。它适用于干燥大断面的短毛料、髓心方才，若用普通方法干燥必然产生缺陷时，可用本法。该法材料很快热透，易于控制内外层湿度梯度，干燥时间短，内应力和开裂风险小，但成本较高。

（10）微波法：以木材作为电解质，置于微波电场中，木材的分子在电场中排列方向急速变化，分子间摩擦发热干燥木材，属于发展中的新技术。该法有干燥速度快、质量好的特点，但耗电多、成本高、运转复杂。

## 第三节　木材含水率

木材的干缩与湿胀，以及由于各向尺寸变化不一致而引起的翘曲变形均与木材含水率有关，是木材利用中的一大缺陷，为了提高木材尺寸的稳定性，防止木材变形的发生，一般可采用如下方法处理：

**1. 用交叉层压法进行机械抑制**

实际上是将木材加工成胶合板或集成材，通过胶粘剂的作用，防止变形的发生。

**2. 用防水涂料进行内部或外部的涂饰**

经过良好的外部涂饰处理的木材，可以形成一个完整的外表面涂层，从而大大减少木材吸收水分的速率，得到相当好的阻湿效果。应该指出，外部涂饰处理材的尺寸稳定性，只是暂时的，如果较长时间放置在相对湿度高的环境中，或者放置在相对湿度急剧变化的环境中，或是露天存放，其阻湿率都大幅度下降，而内部涂饰，由于涂料的浸渍而具有一定的尺寸稳定性，但以涂饰处理的防水、防湿机理来看，覆盖木材内部微观表面比覆盖外部表面的效果要差，因内部表面积比外部表面积大得多，要使全部内表面形成完整的涂层是困难的，所以，内部涂饰处理材的尺寸稳定性还不如外部涂饰处理材。

**3. 用化学药品充胀木材细胞壁**

所谓充胀处理就是用化学药品充填到细胞壁中，并使细胞壁处于胀大状态，而干燥后木材并不干缩到原来的尺寸，从而得到与木材的纤维素、半纤维素和木素等发生酯化反应，使疏水性的乙酰基取代亲水性羟基，使木材分子上的游离羟基减少而降低吸湿性，从而提高其体积稳定性。经乙酰化处理的各种木材，既保持其美观的天然效果，又不失木材的原色，且对含有树脂的木材具有脱脂作用，有利于改善木材的油漆涂饰性能，改善木材的稳定性。

**4. 木材干燥后的含水率**

木材干燥后的含水率应符合使用地的木材平衡含水率，木制品的成品部件应适应使用地的气候环境。我国各地区木材平衡含水率值，见表 2-1。

我国各省（区）、直辖市木材平衡含水率值      表 2-1

| 省、市名称 | 平均含水率(%) | | |
| --- | --- | --- | --- |
| | 最大 | 最小 | 平均 |
| 黑龙江 | 14.9 | 12.5 | 13.6 |
| 吉林 | 14.5 | 11.3 | 13.1 |
| 辽宁 | 14.5 | 10.1 | 12.2 |
| 新疆 | 13.0 | 7.5 | 10.0 |
| 青海 | 13.5 | 7.2 | 10.2 |
| 甘肃 | 13.9 | 8.2 | 11.1 |
| 宁夏 | 12.2 | 9.7 | 10.6 |
| 陕西 | 15.9 | 10.6 | 12.8 |
| 内蒙古 | 14.7 | 7.7 | 11.1 |
| 山西 | 13.5 | 9.9 | 11.4 |
| 河北 | 13.0 | 10.1 | 11.5 |
| 山东 | 14.8 | 10.1 | 12.9 |
| 江苏 | 17.0 | 13.5 | 15.3 |
| 安徽 | 16.5 | 13.3 | 14.9 |
| 浙江 | 17.0 | 14.4 | 16.0 |
| 江西 | 17.0 | 14.2 | 15.6 |
| 福建 | 17.4 | 13.7 | 15.7 |
| 河南 | 15.2 | 11.3 | 13.2 |
| 湖北 | 16.6 | 12.9 | 15.0 |
| 湖南 | 17.0 | 15.0 | 16.0 |
| 广东 | 17.8 | 14.6 | 15.9 |

| 省、市名称 | 平均含水率(%) | | |
|---|---|---|---|
| | 最大 | 最小 | 平均 |
| 广西 | 16.8 | 14.0 | 15.5 |
| 四川 | 17.3 | 9.2 | 14.3 |
| 重庆 | 18.2 | 13.6 | 15.8 |
| 贵州 | 18.4 | 14.4 | 16.3 |
| 云南 | 18.3 | 9.4 | 14.3 |
| 西藏 | 13.4 | 8.6 | 10.6 |
| 台湾 | 暂缺 | 暂缺 | 暂缺 |
| 北京 | 11.4 | 10.8 | 11.1 |
| 天津 | 13.0 | 12.1 | 12.6 |
| 上海 | | | 15.6 |
| 全国 | | | 13.4 |

# 第四节 人 造 板

胶合板在建筑工程中的种类、用途及性能。

**1. 胶合板的分类**

一类胶合板为耐气候、耐沸水胶合板，有耐久、耐高温，能蒸汽处理的优点。

二类胶合板为耐水胶合板，能在冷水中浸渍和短时间热水浸渍。

三类胶合板为耐潮胶合板，能在冷水中短时间浸渍，适于室内常温下使用。用于家具和一般建筑用途。

四类胶合板为不耐潮胶合板，在室内常态下使用，主要用于装修及一般用途。胶合板用材有椴木、水曲柳、桦木、榆木、杨木等。

**2. 装饰单板贴面胶合板**

(1) 装饰单板贴面胶合板是用天然木质装饰单板贴在胶合板上制成的人造板，装饰单板是用优质木材经刨切或旋切加工方法制成的薄木片。

(2) 装饰单板贴面胶合板的特点：

装饰单板贴面胶合板是室内装修最常使用的材料之一，由于该产品表层的装饰单板是用优质木材经刨切或旋切加工方法制成的，所以比胶合板具有更好的装饰性能，该产品天然质朴、自然而高贵，可以营造出与人有最佳亲和高雅的居室环境。

(3) 装饰单板贴面胶合板的种类：

1) 装饰单板贴面胶合板按装饰面，可分为单面装饰单板贴面胶合板和双面装饰单板贴面胶合板。

2) 按耐水性能，可分为Ⅰ类装饰单板贴面胶合板、Ⅱ类装饰单板贴面胶合板和Ⅲ类装饰单板贴面胶合板。

3）按装饰单板的纹理，可分为径向装饰单板贴面胶合板和弦向装饰单板贴面胶合板。

常见的是单面装饰单板贴面胶合板，装饰单板常用的材种有桦木、水曲柳、柞木、水青岗、榆木、槭木、核桃木等。

（4）国家标准对装饰单板贴面胶合板的性能要求：我国现行的是推荐标准《装饰单板贴面人造板》（GB/T 15104—2006），目前绝大部分企业的生产执行此标准，该标准对装饰单板贴面胶合板在外观质量、加工精度、物理力学性能三个方面规定了指标，其物理力学性能指标有：含水率、表面胶合强度、浸渍剥离，《室内装饰装修材料 人造板及其制品中甲醛释放限量》（GB 18580—2001）还规定了该产品的甲醛释放限量指标。

1）国家标准规定装饰单板贴面胶合板的含水率指标为 6%～14%。

2）表面胶合强度反映的是装饰单板层与胶合板基材间的胶合强度，国家标准规定该项指标应≥50MPa，且达标试件数≥80%。若该项指标不合格，说明装饰单板与基材胶合板的胶合质量较差，在使用中可能造成装饰单板层开胶鼓起。

3）浸渍剥离反映的是装饰单板贴面胶合板各胶合层的胶合性能，该项指标不合格说明板材的胶合质量较差，在使用中可能造成开胶。

4）甲醛释放限量，该项指标是我国于 2002 年 1 月 1 日起实施的强制性国家标准，这是相关产品的"准生证"，从 2002 年 1 月 1 日起达不到这项标准的产品不准生产，也是相关产品的"市场准入证"，从 2002 年 7 月 1 日起达不到这项标准的产品不准进入市场流通领域。甲醛限量超标将影响消费者的身体健康，标准规定装饰单板贴面胶合板甲醛释放量应达到：E1 级≤1.5mg/L，E2 级≤5.0mg/L。

**3. 竹胶合板模板**

竹胶合板模板是继木模板、钢模板之后的第三代模板，用竹胶合板作为模板是当代建筑业的趋势，竹胶合板以其优越的力学性能、极高的性价比，正取代木、钢模板在建筑模板中的地位，其主要特点：

（1）竹胶合板模板强度高、韧性好，板的静曲强度相当于木材强度的 8～10 倍，为木胶合板强度的 4-5 倍，可减少模板支撑的使用数量。

（2）竹胶合板模板幅面宽、拼缝少，板材基本尺寸为 2.44m×1.22m，相当于 6.6 块 P3015 小钢模板的面积，支模、拆模速度快。

（3）板面平整光滑，对混凝土的吸附力仅为钢模板的八分之一，容易脱模，脱模后混凝土表面平整光滑，可取消抹灰作业，缩短装修作业工期。

（4）耐水性好，水煮 6 小时不开胶，水煮、冰冻后仍保持较高的强度，其表面吸水率接近钢模板，用竹胶合板模板浇捣混凝土提高了混凝土的保水性，在混凝土养护过程中，遇水不变形，便于维护保养。

（5）竹胶合板模板防腐、防虫蛀。

（6）竹胶合板模板导热系数为 0.14～0.16W/(m·K)，远小于钢模板的导热系数，有利于冬期施工保温。

（7）竹胶合板模板使用周转次数高，经济效益明显，板可双面倒用，无边框竹胶合板模板使用次数可达 20～30 次。

竹模板非常适用于水平模板、剪力墙、垂直墙板、高架桥、立交桥、大坝、隧道和梁柱模板等。

预应力竹条胶合板属于新一代竹条胶合板，它与竹编、竹帘胶合板结构完全不同，是以竹条或竹片弦向集成的方法胶合起来，为了提高横向刚度和抗剪能力，于集成方向施加了预应力，其结构特点是：

1）强度高，刚度大，耐磨性好。毛竹的静弯曲强度达到 152MPa，抗弯曲弹性模量达到 12062MPa，硬度 72MPa，按其自然承载状态下的结构板，是至今任何人造板所无可比拟的。

2）结构疲劳强度高，可重复使用次数高。在弯曲工作状态下，剪应力与竹条胶接缝垂直，避开了剪应力破坏，而竹编、竹帘板剪应力与竹材叠合缝方向一致，容易在剪应力作用下胶接缝受到破坏，出现剥层和开裂，使用次数较低。

3）预应力竹条胶合板可刨切，板的平整度和厚薄偏差控制在±0.5mm 以内，而竹编、竹帘板其厚薄偏差有的达到±2mm，是钢框胶合板中无法使用的一个致命弱点。

4）预应力竹条板表面平整光滑，易于处理，成本低。

# 第五节　新　材　料

随着建筑业的蓬勃发展和科学技术的不断进步，加之人们对于环境保护意识的日益提高，已经越来越迫切地需要开发出木工新材料，因木材的建筑应用有着其独特的优势：

（1）绿色环保，可再生，可降解。

（2）施工简易、工期短。

（3）冬暖夏凉。

（4）抗震性能优良。

所以，人们在努力探求着既可满足木材优越性能，又可避免大量砍伐人类赖以生存的天然氧吧——森林的新材料，我国在木工新材料的研究与运用水平，也在大幅度提升。

## 一、木材的物理、化学性能及使用知识

### 1. 木材的基本知识

木材是一种天然生长的有机高分子材料，主要由纤维素、半纤维素、木素和木材抽提物等组成，通过学习，重点掌握纤维素、半纤维素、木素的化学结构及其木材性质、加工工艺和利用的关系，同时了解木材抽提物的主要成分、木材的酸碱性质对木材的表面性质、木材加工、利用的影响，从而丰富木材科学知识，奠定木材加工的理论基础。

### 2. 木材的主要物理性质

（1）密度。指单位体积木材的重量。木材的重量和体积均受含水率影响。木材试样的烘干重量与其饱和水分时的体积、烘干后的体积及炉干时的体积之比，分别称为基本密度；绝干密度及炉干密度；木材在气干后的重量与气干后的体积之比，称为木材的气干密度。木材密度随树种而异，大多数木材的气干密度约为 0.3～0.9g/cm³，密度大的木材，其力学强度一般较高。

（2）木材含水率。指木材中水重占烘干木材重的百分数，木材中的水分可分两部分，一部分存在于木材细胞胞壁内，称为吸附水，另一部分存在于细胞腔和细胞间隙之间，称为自由水（游离水）。当吸附水达到饱和而尚无自由水时，称为纤维饱和点，木材的纤维

饱和点因树种而有差异，约在 23%～33% 之间，当含水率大于纤维饱和点时，水分对木材性质的影响很小，当含水率自纤维饱和点降低时，木材的物理和力学性质随之而变化，木材在大气中能吸收或蒸发水分，与周围空气的相对湿度和温度相适应而达到恒定的含水率，称为平衡含水率，木材平衡含水率随地区、季节及气候等因素而变化，约在 10%～18%。

（3）胀缩性。木材吸收水分后体积膨胀，丧失水分则收缩，木材自纤维饱和点到炉干的干缩率，顺纹方向约为 0.1%，径向约为 3%～6%，弦向约为 6%～12%，径向和弦向干缩率的不同是木材产生裂缝和翘曲的主要原因。

**3. 木材的力学性质**

木材有很好的力学性质，但木材是各向异性材料，顺纹方向与横纹方向的力学性质有很大差别，木材的顺纹抗拉和抗压强度均较高，但横纹抗拉和抗压强度较低。木材强度还因树种而异，并受木材缺陷、荷载作用时间、含水率及温度等因素的影响，其中以木材缺陷及荷载作用时间两者的影响最大，因木节尺寸和位置不同、受力性质（拉或压）不同，有节木材的强度比无节木材可降低 30%～60%，在荷载长期作用下木材的长期强度几乎只有瞬时强度的一半。

**4. 木材的化学成分**

木材细胞的组成成分分为主要成分和次要成分两种，主要组成成分是纤维素（cellulose）、半纤维素（hemicelluloses）和木素（lignin）；次要成分有树脂、单宁、香精油、色素、生物碱、果胶、蛋白质等。

木材纤维素含量为 40%～50%，禾本科植物纤维素含量略低些，在化学成分含量的比较中，针叶材木素含量高于阔叶材，禾本科植物和阔叶材半纤维素及聚戊糖含量高于针叶材，针、阔叶材的纤维素含量无显著差别，依树种不同而略有不同。

**二、新材料产品规格、主要成分及使用方法**

**1. 木质人造板**

木质人造板是利用木材、木质纤维、木质碎料或其他植物纤维为原料，加胶粘剂和其他添加剂制成的板材，木质人造板的主要品种有单板、胶合板、细木工板、纤维板和刨花板。

（1）胶合板：胶合板是由三层以上单板胶合而成，分为阔叶树材胶合板和针叶树材胶合板两种。

（2）纤维板：纤维板是以木材、竹材或其他农作物茎秆等植物纤维加工而成的人造板，纤维板按性质不同分为硬纤维板、半硬质纤维板和软质纤维板三种，主要用于强化木地板、门板、隔墙、家具等。

**2. 人造饰面板**

人造饰面板包括装饰微薄木贴面板和大漆建筑装饰板等。装饰微薄木贴面板是一种新型高级装饰材料，它是利用珍贵树种，如柚木、水曲柳、柳桉木等通过精密刨切成的微薄木片，以胶合板为基材，采用先进的胶粘剂及胶粘工艺制作而成的；大漆建筑装饰板是我国特有的装饰板材之一，它是以我国独特的大漆涂于各种木材基层上面制成。

## 第六节 粘接材料

### 一、胶粘剂分类

胶粘剂的种类很多，按照其主要组分的化学成分、耐水性及胶液受热后的状态等项来进行分类，见表2-2。

胶粘剂分类 表2-2

| | | |
|---|---|---|
| 热固性胶 | 蛋白质胶 | 干酪素胶（动物蛋白胶）<br>血胶（动物蛋白胶）<br>豆胶（植物蛋白胶） |
| | 合成树脂胶 | 酚醛树脂胶<br>脲醛树脂胶 |
| 热塑性胶 | 蛋白质胶 | 皮胶<br>骨胶 |
| | 合成树脂胶 | 聚乙酸乙烯酯乳液<br>氯丁橡胶<br>丁腈橡胶<br>乙烯-乙酸乙烯共聚树脂（热熔胶） |

### 二、各种胶的性质、用途

**1. 动物胶**

以前动物胶都是以胶块形式供应，目前为了改善其润涨性能，改为以粉状、颗粒、微粒等形式供应。

（1）皮骨胶：皮骨胶常称为水胶，是一种热塑性胶。它受热熔化，冷却后即凝固，熔点很低，一般在18～32℃即可熔化。皮骨胶胶层凝固快，对木材的附着力好，胶层弹性好，调制简单，气味不大，不污染木材，成本低，对作业环境适应性强，但它不耐水，耐腐蚀性差，有明显的收缩性。

（2）鱼胶：又称鱼鳔。它的胶合强度很大，抗湿性能好，是一种优质胶粘剂，但是由于其价格昂贵、调制麻烦、材料来源少，所以只有在特殊需要时才有所应用，如在制造高级家具和乐器中用到。

在木制品生产中，由于动物胶的干状胶着力比较理想，使用方便且价格便宜，所以应用广泛，普遍用于木制品生产中的零部件组装、拼缝、薄木拼花胶贴等。

**2. 干酪素胶**

干酪素胶是利用动物乳液中的酪为主要原料，在使用时加入石灰乳、苛性钠溶液、水玻璃及其他钠盐等研制成的胶粘剂，以粉状呈现。干酪素胶可用热压或在常温下进行胶合，也可在冰点以上的任何温度进行胶合，并具有较高的耐水胶合强度，使用方便，胶压时压力较低，但它含碱量较多，易污染木材。干酪素胶适用于室内建筑构件、家具部件的胶合以及人造板的生产。

### 3. 豆胶

豆胶是利用大豆蛋白质所制得的胶粘剂，按其所用原料的不同，可分为豆粉胶和豆蛋白胶两种。豆胶是非耐水性胶，其胶层固化后不能受潮或浸水，无毒、无臭、劳动条件好，胶的活性期长，成本低廉，调制与使用方便，但它耐腐蚀性差。豆胶主要用于包装箱胶合板制造，也可用于刨花板制造。

### 4. 脲醛树脂胶

脲醛树脂胶（简称 UF）是以尿素和甲醛作为原料，进行缩聚反应制得具有一定黏稠性质的脲醛树脂，经加入固化剂或其他助剂调制而成。脲醛树脂胶制造简单，成本低廉，应用广泛，具有较高的胶合强度，较优良的耐水性、耐热性及耐腐蚀性，储存稳定性高，胶液对木材胶合制品无污染，是我国人造板生产的主要胶种，也正在成为木制品生产中的主要胶粘剂。但这种胶存在着游离甲醛气味大、胶层柔韧性差、树脂较脆较硬、对刀具磨损大、时间久了胶层易老化的缺点。

### 5. 酚醛树脂胶

酚醛树脂胶的耐水性、耐老化性、耐热性等都很好，胶合强度也很高，但它的成本较高，胶层颜色也比较深，主要用于木材加工、涂料、塑料、建筑、航空及轻工等产品，可在室内外长期使用。

### 6. 乳胶

乳胶也叫白胶（简称 PVAc 乳液），即聚醋酸乙烯乳液树脂胶，呈乳白色，是粘接木材时使用最广泛的胶，乳胶使用方便，粘着力强，耐低温，活性时间长，抗菌性、耐水性好，有取代动物胶的趋势，但其强度较其他胶差，历经数年后会开胶，使用时因为风干而固化慢，常需使用夹具或固定销钉。

### 7. 氯丁橡胶胶粘剂

氯丁橡胶胶粘剂是以氯丁橡胶作为主要胶着物质，加入其他助剂而制得，按其制造方法的不同可分为溶剂型和乳液型两种。

（1）溶剂型氯丁橡胶胶粘剂：具有特别强的接触粘附力，但固体含量较低，仅为25％左右，其余均为有机溶剂，故对环境污染较严重，危害人体健康，易发生火灾，而且成本较高。

（2）乳液型氯丁橡胶胶粘剂：相对分子质量大，耐高温性能好，成分主要为无机溶剂，不污染环境，使用方便，应用广泛。

氯丁橡胶胶粘剂具有高极性，对极性物质的胶合性能良好（如木材），具有较强的耐水性、耐气候性、耐药物性和耐油性，耐燃性最好，弹性、冲击强度和剥离强度都较好，不足之处是耐寒性差，相对密度较大，生胶稳定性差，不易保存。

在木制品生产中主要用于软家具中皮革、织物、泡沫塑料等材料与木材的胶合。

### 8. 热熔性胶粘剂

热熔性胶粘剂（简称热熔胶）是一种无溶剂的热塑性胶，与其他合成树脂的区别在于没有溶剂，为100％的固体成分，通过热熔化，把熔融物体涂在被粘物上，冷却后迅速固化，是一种快速固化胶粘剂。

热熔性胶粘剂的种类较多，它的主要特点是熔点高，胶合迅速，胶着力强，运输、保管、使用方便，安全防火、耐化学药品性强等，其独特优点是可以重复加热再胶合。但是，热熔胶的热稳定性和润湿性较差，不适宜于大面积涂饰胶合，在木制品生产中主要用于塑料贴面板与缝纫机抽斗面的胶合和人造板部件机械封边的胶合，在胶合板芯板拼接自动生产线，木制品榫接合以及食品、茶叶等包装箱的胶合，以及广泛用于板式家具部件的机械封边加工。

# 第七节　木　工　设　备

## 一、木工设备的使用与管理

木工设备在为生产提供方便和效益的同时，必须进行科学的使用管理，应注意做好以下几方面工作。

（1）充分发挥操作工人的积极性。企业应经常对职工进行爱护设备的宣传教育，积极吸收群众参加设备管理，不断提高职工爱护设备的自觉性和责任心。

（2）合理配置木工机械设备。为适应产品品种、结构和数量的不断变化，还要及时进行调整，使设备能力适应生产发展的要求。

（3）为设备提供良好的工作环境。应安装必要的防腐蚀、防尘、防震装置，配备必要的测量、检测检修装置，还应有良好的照明和通风等。

（4）木工机械使用完后要清理粉尘，除尘效果好的还起冷却机械的作用，各个机械按使用要求加注黄油、机油、齿轮油等，电子开料锯合理使用，机械不要超出负荷范围，使用配套工具，不要损坏部件，找专业人员维修，以免损坏机械精度。

（5）木工机械连续运行时间每天要在 10 小时以下，保证冷却水的清洁及水泵的正常工作，绝不可使水冷主轴电机出现缺水现象，定时更换冷却水，以防止水温过高。其次，木工机械每次机器使用完毕，要注意清理，务必将平台及传动系统上的粉尘清理干净，定期（每周）对传动系统（X、Y、Z 三轴）润滑加油。木工机械若长期不用，应定期（每周）加油空走，以保证传动系统的灵活性。最后，木工机械定期（依使用情况）清理电器箱内灰尘，检查接线端子螺栓是否松动，以保证电路安全、可靠使用。

## 二、木工设备的保养与维护

重视电器的保养和维护是消除故障、防止电器损坏、保障生产的重要环节，具体措施如下：

（1）科学估算机器电器功率，配置合理的电表容量。家具制造商在新增机器设备后一定要重新估算企业的耗电总容量，原有电器容量不够的一定要增容，不能等到机器出了故障再增容。光添设备不增加耗电容量，就等于埋下了电器损毁的隐患。

（2）定期检查电器线路，更换陈旧的电线和截面积不够的电缆线，保证机械电器使用的需要。

盛夏之际，空调、电扇等民用耗电很多，必然会产生电压不足的现象，影响木工机械电器的运作。在区域性电压稳定的情况下，单位内电压不稳可考虑更换电缆线；在区域性电压不稳的情况下要考虑增容并更换电缆线。

（3）调节使用频率，合理利用电能。木工机械的耗电功率有大有小，在家具生产中要合理搭配功率大小不一的机械，保持单位时间内机械耗电功率的相对平衡，避开用电高峰时间开启机器，可以减少机器因电力不足而发生的故障。

（4）配备专职或兼职的电器保养维修人员，定期对木工机械电器进行保养维修。木工机械电器对维修人员的专业水平要求较高，家具厂一般的电器人员对难度较大的机械电器维修还有一定困难。但可以在机器制造厂家的指导下，做好电器的日常保养和定期检修，随时排除木工机械电器使用过程中产生的事故隐患。因此，重视木工机械电器的保养，对消除电器故障，延长机械使用寿命，保证正常生产都是很有益的。

# 第八节 模　　板

## 一、模板的种类、规格、用途

模板是浇捣混凝土的模壳。模板系统包括模板和支撑两大部分，施工中，它要承受本身自重，钢筋、混凝土的重量，机械振动力等荷载；支撑系统是支持模板，保持其位置的正确，并承受模板钢筋、混凝土的重量，机械振动力等荷载的结构。

### 1. 按模板的材料分类

按材料的性质可将模板分为木模板、钢模板、塑料模板及铝模板等。

（1）木模板

混凝土工程开始出现时，都是使用木材来作模板，木材被加工成木板、木方，然后经过组合成为构件所需的模板，近些年，出现了用多层胶合板作模板料进行施工的方法。用胶合板制作模板，加工成形比较省力，材质坚韧，不透水，自重轻，浇筑出的混凝土外观比较清晰美观。

（2）钢模板

国内使用的钢模版大致可分为两类，一类为小块钢模，也叫做小块组合钢模，它是以一定尺寸模数做成不同大小的单块钢模，最大尺寸是 300mm×1500mm×50mm，在施工时按构件所需尺寸，采用U形卡将板缝卡紧形成一体。另一类是大模板，它用于墙体的支模，多用在剪力墙结构中，模板的大小按设计的墙身大小而定型制作。

（3）塑料模板

塑料模版是随着钢筋混凝土预应力现浇密肋楼盖的出现而创制出来的。其形状如一个方的大盆，支模时倒扣在支架上，底面朝上，称为塑壳定型模板。在壳模四侧形成十字交叉的楼盖肋梁，这种模板的优点是拆模快，容易周转，不足之处是仅能用在钢筋混凝土结构的楼盖施工中。

（4）铝模板

铝合金模板作为新一代的建筑模板，具有拆装灵活、刚度高、使用寿命长，浇筑的混凝土面平整光洁，施工对机械依赖程度低等优势，同时是根据既定的设计图纸进行设计和加工，在世界许多国家和地区（欧洲、美洲、韩国、印度和我国香港、澳门地区等）已经应用几十年，在越南、泰国、菲律宾都有较大发展。

（5）其他模板

20世纪80年代中期以来，现浇结构模板趋向多样化，模板的发展也较为迅速，主要有胶合板模板、塑料模版、玻璃钢模板、压型钢模、钢木（竹）组合模板、装饰混凝土模板以及复合材料模板等。

**2. 按施工工艺条件分类**

模板按施工工艺条件可分为现浇混凝土模板、预组装模板、大模板、跃升模板等。

（1）现浇混凝土模板

根据混凝土结构形状在现场就地安装、浇筑用的模板，多用于基础、梁、板等现浇混凝土工程。模板支撑系统通过支于地面或基坑侧壁以及对拉的螺栓承受混凝土的竖向和侧向压力，这种模板适应性强，但周转慢。

（2）预组装模板

由定型模板分段预组成较大面积的模板及其支撑体系，用起重设备吊运到混凝土浇筑位置，多用于大体积混凝土工程。

（3）大模板

由固定单元形成的固定标准系列的模板，多用于高层建筑的墙板体系。用于楼板的大模板又称为飞模。

（4）跃升模板

由两段以上固定形状的模板，通过埋设于混凝土中的固定件，形成模板支承条件承受混凝土施工荷载，当混凝土达到一定强度时，拆模上翻，形成新的模板体系，多用于变直径的双曲线冷却塔、水工结构以及设有滑升设备的高耸混凝土结构工程。

（5）水平滑动的隧道工模板

由短段标准模板组成的整体模板，通过滑道或轨道支于地面、沿结构纵向平行移动的模板体系，多用于地下直行结构，如隧道、地沟、封闭顶面的混凝土结构。

（6）垂直滑动的模板

由小段固定形状的模板与提升设备，以及操作平台组成的可沿混凝土成形方向平行移动的模板体系，适用于高耸的框架、圆形料仓等钢筋混凝土结构，根据提升设备的不同，又可分为液压滑模、螺旋丝杠滑模，以及拉力滑模等。

**二、各类结构构件模板拆模期限**

（1）拆模前应制定拆模程序、拆模方法及安全措施。

（2）模板拆除的顺序，应按照配板设计的规定进行，若设计无规定时，应遵循先支后拆、后支先拆，先拆非承重、后拆承重，先拆上而后拆下，先拆侧向支撑、后拆竖向支撑等原则。

（3）拆下的模板、支架和配件均应分类堆放整齐，并及时清运。

（4）混凝土底模拆模时间是根据强度来决定的，同条件养护试块经检测中心试压，强度合格方可拆除，规范规定强度见表2-3。

底模拆除时的混凝土立方体抗压强度要求 表2-3

| 构件类型 | 构件跨度（m） | 达到设计的混凝土立方体抗压强度标准值的百分率（%） |
|---|---|---|
| 板 | ≤2 | ≥50 |
| | >2,≤8 | ≥75 |
| | >8 | ≥100 |
| 梁、壳、拱 | ≤8 | ≥75 |
| | >8 | ≥100 |
| 悬臂构件 | — | ≥100 |

# 第九节 门　　窗

## 一、旋转门的安装方法

### 1. 工艺流程

弹线、找规矩→安装支架及装轴定位→安装门扇→手动调试→安装控制系统→通电调试运行→安装饰面板、收边。

### 2. 操作方法

（1）弹线、找规矩：根据图纸结合旋转门的实际尺寸，以建筑轴线为准，找出门中心位置，并在中心位置弹好十字控制线，以楼层标高控制线为基准，控制门的安装高度。

（2）安装支架及装轴定位：

1）安装支架时，应根据门的左右、前后位置尺寸，将支架与顶板的预埋件固定，并使其水平。

2）装轴定位：先安装转轴，固定底座，底座下面必须垫实，防止因下沉影响门扇转动，然后临时点焊上轴承座，并使转轴垂直于地面，底座与上部轴承中心必须在同一垂直线上，检查符合要求后，先将上部轴承座焊牢，再用混凝土固定底座。

（3）安装门顶与转壁：安装时，先安装上圆门顶，再安装转壁，转壁做好临时固定，以便调整其与门扇的间隙。

（4）安装门扇：四扇门扇应保持夹角90°，三扇门扇应保持夹角120°，且上下要留出一定宽度的间隙，安装门扇时，按组装说明顺序组装，并吊直找正，组装时，所有可调整部件的螺钉均拧紧至80%，其他螺钉紧固牢固，以便调试，门扇安装后利用调整螺钉适当调整转壁与门扇之间的间隙，并用尼龙毛条密封。

（5）手动调试：门体全部组装完毕后，进行手动旋转，调整各部件，使门体达到旋转平稳、力度均匀、缝隙一致，无卡阻、无噪声后，将所有螺钉逐个紧固，紧固完后再进行试转，满足要求后，手动调试完成。

（6）安装控制系统：手动调试完成后，按照组装图要求的位置、尺寸，将控制器安装到主控指箱内，把动作感应器安装在旋转门进、出口的门框上槛或吊顶内，在门入口的立框上安装防挤压感应器，在门扇的顶部安装红外线防碰撞感应器，各个控制器件安装就位后，固定牢固。

（7）通电调试运行：控制系统安装完成，检查各个接线准确无误后，进行通电试运行，按产品说明进行调试，一般调试分以下步骤进行：

1）调整旋转速度，使正常速度和慢速符合要求；

2）调整紧急疏散、伤残人用慢速开关、急停开关、照明灯等，使其各部分动作正常、功能满足要求；

3）调试感应系统，调整动作感应器，使行人接近入口范围，门扇开始旋转，离开出口后延续一定时间停止（延迟时间按产品说明书设定）；

4）调整防挤压感应器，使门扇与入口门柱间有人时，门立即停止转动，防止夹伤行人；

5）调整门扇顶部的红外线防碰撞感应器，使门扇在距人体到达一定距离时（距人体的距离按产品说明书设定，一般不大于 100mm），立即停止转动。

感应系统调试时应注意各感应区域范围的调整，应严格按设计或产品说明书要求进行设定，范围太大易造成误动作，太小易造成动作迟缓或不动作。

## 二、百叶门窗的施工方法、步骤

### 1. 准备工作

（1）埋入混凝土或砖墙锚座应与安装图表、样板、说明及指示配合，协调物资运送至工地。

（2）百叶窗若和镶石面相邻接，应考虑组件与镶石面安装与固定。

（3）组装前应尽量事先现场测量，以确定铝百叶窗单元尺度、位置及安装方式。

（4）制造及工厂组装时，应根据现场的测量结果调整装配，以减少在现场的调整、结合以及机械衔接和现场组合，制品应于工厂内尽最大尺度事先组合并配合运送吊装限制拆装，每组百叶板应清楚注记，以便重组和配合安装。

### 2. 安装

（1）百叶窗安装应垂直、水平并与邻接工作面排列整齐。

（2）使用隐藏式锚钉、螺栓的垫圈应为铜制或钢制，以保护金属表面并形成密合接面。

（3）外露接面应准确结合，按指定方式提供密封料与封缝料的穿孔与开口。

（4）因装配结合所需的切割、焊接、磨平作业造成装修面损伤应予修整，修护修整工作力求表面美观平整，现场无法修整的项目，应送厂重新修整或提供新制单元。

（5）与其他金属接触的隐藏表面涂以铬酸锌涂料。

（6）安装百叶窗的封缝料，应满足相关规定。

### 3. 清洗

清理百叶窗时，可在橡皮手套外套上麻布手套，并将麻布手套蘸上清洁剂，用手一排一排地擦拭百叶窗叶片，清洁百叶窗时动作要轻巧，以免破坏百叶窗叶片或绳子。

## 三、各种形式格扇的制作方法

格扇，又称"格子门"，是安装于建筑物金柱或檐柱间，用于分隔室内外的空间，由外框、格扇心、裙板及绦环板组成。

（1）边框的边和抹头是凭榫卯结合的，通常在抹头两端做榫，边梃上凿眼，为使边抹的线条交圈，榫卯相交部分须做大割角、合角肩，格扇边抹宽厚，自重大，榫卯须做双榫双眼。

（2）格扇的边梃、抹头、仔屉、花格棂条的线画好，经校核无误后，便可进行锯割、凿眼、断肩、打槽、修正等工作。

（3）门窗扇制作：所制安的门窗扇要四角方正、起线通顺一致相交，扇活整体表面平整，不皮楞，制作时应根据现有框间距分扇定宽，按门窗扇的上下槛间距定门窗扇的高度，确定每扇门窗扇的规格尺寸，门窗扇表面平整，棂条仔屉整体更换与制作应按原构件套样，仔屉安装时，应保证线条直顺，深浅一致，胶榫饱满，大框与仔屉纹套严实，松紧适度，楞条补配要区分内檐、外檐进行，外檐楞条应为凸面，内檐楞条应为凹面，仔边里口必须做窝角线，内外装修仔边榫卯必须做 3 道线，外檐楞条榫卯丁字交接处做飘肩、半榫，搭接处做马蜂腰，内檐楞条榫卯须做半银锭大割角。

（4）所制作的槛、框要求不皮楞、倒楞、窜角，要表面光平，无明显刨痕、戗槎和残损，线条直顺，线肩严实平整，无明显疵病，塌板制作与安装应达到表面平整直顺，不皮楞，无明显凹凸、裂缝，板面外口有泛水。

（5）制作门窗扇部件应边框和抹头榫卯结合，榫卯相交做割角，合角肩抹边线条交圈，边梃抹头内面打槽装裙板、环板，同时制作及安装边框与裙板、环板。

# 第十节　木　门　窗

门、窗是房屋建筑中的两个维护部件，主要有提供交通、分隔空间、通风、采光等功能。常用的门窗材料有木、钢、铝合金、塑料、玻璃等。木门窗制作简单，灵活方便，非常适合于手工木工加工，是被广泛采用的一种传统门窗样式。

## 一、木门窗的制作方法

### 1. 制作工序

配料→截料→刨料→画线→凿眼→倒棱→裁口→开榫→断肩→组装→加楔→净面→油漆。

### 2. 制作方法

（1）因材施用，确定合理的加工余量，严格控制樘料弯曲（扭弯禁用、顺弯不应超过4mm），青皮、倒楞如在正面，裁口时能裁完者方可使用，木门窗制作时含水率不应大于当地的平衡含水率，并应涂刷一遍底漆，防止受潮变形，门窗与基层的接触部分及预埋木砖都应进行防腐处理，并应设置防潮层。

（2）熟习图纸，准备合格方料，先做样品，经审查合格后再正式画线。

（3）凿眼应宽窄一致、顺木纹两侧要直，不得错岔，打通眼时先打背面，后打正面，凿打半眼时应深浅一致，比榫要深 2mm，成批生产时要经常核对参考眼孔的位置、尺寸。

（4）拉肩、开榫要留半个墨线，拉出的肩和榫要平、正、直、方、光，不得变形，开出的榫要与眼的宽、窄、厚、薄一致，并在加楔处锯出楔子口。

（5）起线刨、裁口刨的刨底应平直，起线刨使用时应加导板，以使线条平直，操作时应一次推完线条，裁口遇有节疤时，要用凿剔平，然后刨光，阴角处不清时要用单线刨清理。裁口、起线必须方正、平直、光滑、线条清秀、深浅一致，不得戗槎、起刺或凹凸不平。

（6）拼装前应对部件进行检查。要求部件方正、平直，线脚整齐分明，表面光滑，尺寸、规格、式样符合设计要求，拼装时榫眼要对正，下面用木方垫平，用斧轻轻敲击打入，所有榫头均需加楔，楔宽和榫宽应一致，普通双扇门窗刨光后平放，刻刮错口，刨平后成对做好记号，门窗樘靠墙面应刷防腐油或沥青，成品应编码，并用楞木四角垫起，离地 20～30cm，水平放置，并加以覆盖。

### 3. 制作质量要求

（1）门窗框厚度大于 50mm 的门扇，应采用双榫连接，框、扇拼接时，榫槽应严密嵌合，用胶料胶接并以胶榫加紧。

（2）制作胶合板门时，边框和横楞必须在同一平面上，面层与边框及横楞应加压胶接，应在横楞和上、下冒头各钻两个以上的透气孔，以防受潮脱胶和起鼓。

（3）门扇表面应光洁，并不能有划痕、毛刺和锤印，框、扇的线应符合设计要求，割角、拼缝应严实、平整，小料和短料胶合门扇、胶合板或纤维板门扇，不允许脱胶。

### 二、有线脚纵横楞玻璃门窗的施工方法

#### 1. 安装准备

（1）结构工程已完工并经过验收合格。

（2）室内弹好 500mm 的水平线。

（3）准备安装木门窗的砖墙洞口已按要求预埋防腐木砖，木砖中心间距不大于 1.2m，并应满足周边不少于两块木砖的要求，单砖或轻质砌体应砌入带木砖的预制混凝土块。

（4）砖墙洞口安装带贴脸的木门窗，为使门窗框与抹灰面平齐，应在安框前抹灰冲筋。

（5）门窗应在地面工程完成并达到强度要求后安装。

#### 2. 安装程序

（1）根据 500mm 水平线和坐标基准线弹线，确定门窗框的安装位置。

（2）将门窗框放在安装位置线上就位、摆正，用木楔临时固定。

（3）用线坠、水平尺将门窗框调整到位。

（4）将门窗框固定在预埋的木砖上。

（5）将门窗扇靠在门窗框上，按框的内口画出高低、宽窄尺寸线。

（6）刨修门窗扇，使其四周与门窗框的缝隙达到规定的宽度标准。

（7）在距上、下冒头 1/10 立梃高度处的位置剔出合页槽，将合页固定在门窗扇上。

（8）必须在装窗扇前安装好门窗五金件。

（9）将门窗扇安装到门窗框上。

（10）安装其余五金件。

#### 3. 施工要点

（1）为了保证相邻的门框或窗框顺平，应在墙上拉水平线作为基准，为保证各楼层的窗户上下对齐，应在外墙吊铅垂线，标示窗口的中心线或外边线。

（2）固定门窗框的钉子应在砸扁钉帽后钉入框内。

（3）第一次刨修门窗扇应以刚能塞入窗口内为宜，塞好后用木楔临时固定，按留缝宽度要求画出第二道刨修线，并进行第二次刨修。

（4）双扇门窗应根据门窗宽度确定对口缝的深度，然后修刨四周，塞入框内校验，如不合格再进行第三次刨修。

（5）刨修门窗时应用木卡将扇边垫起卡牢，以免损坏边角。

（6）门窗扇与口之间的缝隙合适后，用线勒子勒出合页宽度，并按距上、下冒头1/10立梃高度的距离画出合页安装边线，再从上、下边线往里量出合页长度，留线剔出合页

槽。槽深以使门、窗扇安装后的缝隙均匀为准。

（7）安装合页时，每个合页先拧一枚螺钉，然后检查扇与口是否平整、缝隙是否合适，无问题后方可拧上全部螺钉，硬木门、窗扇应先钻眼后拧螺钉，孔径为螺钉直径的0.9倍为宜，眼深为螺钉长度的2/3，其他木门窗可将木螺钉钉入全长的1/3，然后拧入其余的2/3，严禁螺钉一次钉入或倾斜拧入。

（8）有些五金件必须在上扇以前安装，如嵌入式门底防风条、嵌入式天地插销等，所有五金件的安装应符合图纸要求，统一位置，严防丢漏。

（9）木门框安装后，在手推车可能撞击的高度范围内应随即用铁皮或木方保护，门窗下用木楔背紧，窗扇设专人开关，防止刮风时损坏。

### 三、双扇弹簧门、暗推拉门的施工方法及步骤

#### 1. 双扇弹簧门

木制弹簧门的制作同木制玻璃门类似，但在安装方法上，特别是自动闭门器方面，有一定的区别。

木门在安装之前要对型号进行认真检查核对，安装门窗框时要遵循对角线相等的方法，对偏差超出允许范围的要予以矫正，在通长立面上安装门框时要拉通长麻线，以保证门框高度一致。

（1）木制门扇安装

安装方法一般有先立口法和后塞口法两种。

先立口法是在砌墙前把门框按图样所标示位置立直、找正，并固定好，这种施工方法必须在施工前把门框做好并运至现场。

后塞口法是在砌墙时预先按门的尺寸留好洞口，在洞口两边预埋木砖，然后将门窗框塞入洞内，在木砖处垫好木片，并固定牢固（预埋木砖的位置应避开门扇安装铰链处）。

1）安装准备：

安装门扇前，先要检查门框上、中、下三部分是否一样宽，如果相差超过5mm，就必须修整。

核对门、窗扇的开启方向，并做好记号，以免把扇安错。

安装扇前，预先量出门框口的净尺寸，考虑风缝（松动）的大小，再进一步确定扇的宽度和高度，并进行修刨，应将门扇定于门框中，并检查与门框配合的松紧度，鉴于木材有干缩湿胀的性质，而且门扇、门框上都需要有油漆及打底层的厚度，所以安装时要留缝，一般门扇对口处的竖缝留1.5～2.5mm。

2）施工要点：

① 将刨修好的门扇用木楔临时立于门框中，排好缝隙后画出弹簧铰链的位置，然后把扇取下来，用扁铲剔出铰链页槽，检查缝隙是否符合要求，扇与框是否齐平，开启是否灵活，检查合格后，再固定门扇。

② 双扇门扇的安装方法与单扇的安装方法基本相同，只是多了一道工序——错口，双扇应从开启方向看，右手是门盖口，左手是门等口。

（2）自动闭门器的安装

1）地弹簧的安装：

① 将顶轴套板固定于门扇上部，再将回转轴杆装于门扇底部，同时将螺钉安装于两侧，顶轴套板的轴孔中心与回转轴杆的轴孔中心必须上、下对齐，保持在同一中心线上，并与门扇底面成垂直，中心线距门边的尺寸为69mm。

② 将顶轴安装于门框顶部，安装时注意顶轴的中心距边柱的距离，以保持门扇启闭灵活。

③ 底座安装时，从顶轴中心吊一垂线至底面，对准底座上地轴的中心，同时保持底座的水平以及底座上面板和门扇底部的缝隙为15mm，然后将外壳用混凝土填实浇固。

④ 待混凝土养护期满后，将门扇上回转轴连杆的轴孔套在底座的地轴上，再将门扇顶部顶轴套板的轴孔和门框上的顶轴对准，拧动顶轴上的升降螺钉，使顶轴插入轴孔15mm，门扇即可使用。

2）门顶弹簧的安装：

① 首先将液压泵壳体安装在门的顶部，并注意使液压泵壳体上的速度调节螺钉朝向门上的合页一面（主臂只能朝着速度调节螺钉的方向扳动，不能朝着另一侧油孔螺钉的方向扳动，否则会损坏液压泵的内部结构），液压泵壳体中心线与合页中心线之间的距离应为350mm。

② 将牵杆臂架安装在门框上，臂架中心线与液压泵壳体中心线之间的距离应为15mm。

③ 松开牵杆套梗上的紧固螺钉，并将门开启到90°，使牵杆延伸到所需长度，再拧紧紧固螺钉，即可使用。

3）门地弹簧的安装：

① 将顶轴安装于门框上部，顶轴套板装于门扇顶端，两者中心必须对准。

② 从顶轴下部吊一垂线，找出安装在楼地面上的底轴的中心位置和地板木螺钉孔的位置，然后将顶轴拆下。

③ 先将门底弹簧主体（指框架底板等）装于门扇下部，再将门扇放入门框，对准顶轴和底轴的中心以及底板上木螺钉孔的位置，然后再分别将顶轴固定于门框上部。底板固定于楼地面上，最后将盖板装在门扇上，以遮蔽框架部分。

4）鼠尾弹簧的安装：

① 在安装过程中，弹簧松紧如不合适时，可将调节杆插在调节器的圆孔中，转动调节器将弹簧旋紧或放松，然后将销钉固定在新的圆孔位置中。

② 如果门扇不需自动关闭时，可将臂杆垂直放下，鼠尾弹簧即失去自动关闭功能。

**2. 暗推拉门施工**

暗推拉门安装工艺与其他门类相似，只是它的轨道运行和位置固定需要重点控制，防止推拉不畅。

1）检查门洞口是否与推拉门尺寸相符，导轨、支架的预埋件位置、数量是否正确。

2）木框的顶板按中距500mm安装固定角钢，用螺栓固定，平顶吊轨卡顶面线装上木板，角钢贴靠墙面后，检查顶板的纵横水平度，将顶板临时固定在墙面上。

3）顶轨内装入滑轮、盖板，转动滑轮，将顶轨临时固定在顶板底，穿上吊卡，拧入螺母，如需调整水平度，可在螺帽下垫垫片，直至达到水平要求。

4）在推拉门下梃中间凹槽内装入底轨，用木螺钉固定，底轨两端各垫衬橡皮垫一块。

5）在推拉门开至设计要求最大处的门框内侧 30～40mm 处为中心，装上限位桩并固定。

6）将推拉门下端凹槽套入限位桩后，上紧上吊轨螺栓，做试开启，待推拉门开启完全顺畅，无任何阻力及翘曲、倾斜后，上紧所有固定螺栓。

7）按设计要求装上门锁及其他配件。

# 第十一节 门 窗 五 金

## 一、普通门窗配用五金件名称、规格及选用

门窗是一个系统工程，它由型材、玻璃、胶条、五金件等材料，通过专门的加工设备，按照严格的设计、制造工艺要求，有机的结合成为一个系统。门窗五金配件是这个系统中连接门窗的框与扇，是实现门窗各种功能，保证门窗各种性能的重要部件，按功能可将五金件分为：

（1）执手，如图 2-1 所示。

图 2-1 执手

（2）合页，如图 2-2 所示。

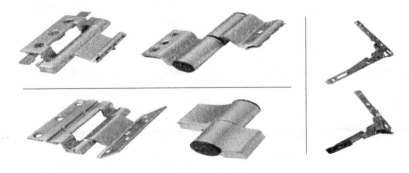

图 2-2 合页

（3）插销，如图 2-3 所示。

图 2-3 插销

（4）多点锁闭器（传动杆、传动器），如图 2-4 所示。

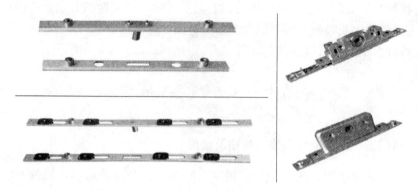

图 2-4　多点锁闭器

（5）单点锁闭器（推拉窗锁、月牙锁），如图 2-5 所示。

图 2-5　单点锁闭器

（6）滑撑、撑挡，如图 2-6 所示。

图 2-6　滑撑

（7）滑轮，如图 2-7 所示。

图 2-7　滑轮

### 二、五金件的选用原则

（1）五金件的选用需遵循：五金件的适用范围、配套的型材、行业规范要求。

（2）执手的选用需遵循：外观造型与建筑风格一致性、根据门窗的开启方式选用、根据型材的断面结构特点选用，便于安装并具有保护措施。

（3）对于滑撑的选用：除了需注意窗扇的宽、高比外，还需注意滑撑的规格与窗扇规格的配套。

（4）合页选用注意事项：

1）门窗五金件中合页件的选择设计除应满足承载质量要求外，还应满足适用的扇宽高比要求。

2）平开窗五金件中合页的选择应根据窗扇的质量和窗扇尺寸，选择相应承重级别和数量，当达到标定承载级别时，扇的宽高比：扇重不大于 90kg 时，应不大于 0.6；扇重大于 90kg 时，应不大于 0.39。

3）平开门五金件中合页的选择应根据门扇的质量和窗扇尺寸，选择相应承重级别和数量，当达到标定承载级别时，门扇的宽高比应不大于 0.39。

# 第十二节　木　楼　梯

全木楼梯由于木材本身有温暖感，加之与地板材质和色彩容易搭配，施工相对也较方便，所以市场占有率较大。

### 一、木楼梯的构造组成

**1. 木楼梯的构造组成**

木楼梯由踏步板、踢脚板、三角木、休息平台、斜梁、栏杆及扶手组成，其结构形式按踏步板和斜梁的关系，分为明步木楼梯和暗步木楼梯。

**2. 不同结构楼梯的主体构造**

（1）明步楼梯的主体结构及施工顺序为：首先在斜梁的上下端头做好吞肩榫，再整体与平台的结构梁（或楼搁栅）及地搁栅直接连接，并用铁件加固；然后将踏步的三角木钉在斜梁上，踏步板和踢脚板再分别固定于三角木上，楼梯栏杆与踏步板间以及扶手与栏杆之间是以榫接的方式连接，最后所装踏步与墙体之间的踢脚板以及斜梁外的护板，均是为了美观而遮盖接缝的。

（2）暗步楼梯的主体结构及施工顺序与明步楼梯基本相同，只不过是其踏步板和踢脚板为暗嵌在斜梁的凹槽内，栏杆下端的凸榫也是插在斜梁上或斜梁上的压条内。

**3. 木楼梯的主要功能尺寸**

室内楼梯的坡度一般以 20°～45°为宜，最好的坡度为 30°左右，楼梯的舒适度主要在于踏步板，一般都应该是高度较小、宽度较大，因此在选择高宽比时，对同一坡度的两种尺寸以高度较小者为宜，踏步宽为 240～300mm，这样可以保证脚的着力点落在脚心附近，使脚后跟的着力点有 90% 在踏步板上，踏步板的高度一般为 150～170mm，较为舒适的高度为 150mm 左右，同一楼梯的各个梯段，其踏步的高度应该是相同的，以保证坡度与步幅关系的恒定。

根据住宅规范的规定，套内楼梯的净宽：当一边临空时不应小于750mm，当两侧有墙时，不应小于900mm；楼梯栏杆的高度应保持在1.00m以上，栏杆间的距离不大于110mm。

### 二、木楼梯的制作方法、要点

木楼梯的选材一般以硬木为主，尤其是作为主要承重的斜梁。

木楼梯施工及制作的工艺顺序为：按现场放样→配制各部件→安装搁栅与斜梁→钉三角木（明步楼梯制作）→铺踏步板→安装栏杆、扶手→安装装饰性踢脚板及护板→钉挑口线。

#### 1. 放样

木楼梯制作的放样，首先应根据设计图样和要求，在现场做出平面的实际画样，即在起步楼层根据上下楼梯的总高度，按照楼梯踏步和休息平台的功能尺寸，计算出踏步的级数及宽度，然后在实地平面画出实样图，斜梁和三角板的实样画在楼层间的墙面，踏步三角按照设计图一般都是直角三角形，楼梯三角板的坡度与楼梯坡度是一致的，但在实际的制作中，需将交接点平移出10～20mm，按照新移出的点制作的三角形样板，称之为冲头三角板。

#### 2. 零部件的配制

（1）配料。计算配料时要将榫头的尺寸计算在内，踏步板一般为30～40mm的实木板或机拼板，踢脚板的厚度一般为20～30mm，三角木的厚度一般为50mm。

（2）配件的制作要求。整板应有效防止开裂。明步楼梯踏步板的长度要考虑挑出护板的尺寸，踢脚板与踏步板需要开槽的方式连接。制作三角木时，应使三角木的最长边平行于木纹方向，斜梁应将木纹和木节向上，斜梁与平台梁的榫肩应上口不留线，下口留半墨线。护板不宜预制，而是在踏步和踢脚完成后，根据其现有的形状制作，楼梯柱与踏步板及扶手必须是榫接，而且榫眼必须紧密牢固。

#### 3. 格栅与斜梁安装

安装前，先按施工图样定出地搁栅、休息平台搁栅和楼梯搁栅的中心线及标高的位置，施工时先安装搁栅后装斜梁，斜梁入榫后，应加铁件加固，底层斜梁的下端可做成凹槽压在垫木上。

#### 4. 钉三角木

明步楼梯需钉三角木，三角木的位置需在已做好的斜梁上画出，然后按线用长螺钉钉牢，每块三角木所钉螺钉不得少于两只，钉子钉入斜梁的深度不少于40mm，在钉钉子时不能使三角木开裂，两根斜梁上的三角木应标高一致，护板处的三角木必须与斜梁外侧面齐平。

#### 5. 安装踏步板和踢脚板

踏步板和踢脚板连接的槽口要紧密，如不采用冲头三角木，则踏步板与踢脚板应互相垂直，相邻的踏步板和踢脚板均应互相平行，踏步板、踢脚板均用暗钉，顺着木纹钉入。

#### 6. 安装栏杆、扶手

首先将栏杆榫接在踏步或斜梁的压条上，然后将已榫接好的扶手和楼梯柱一起安装到位，使之成为一个四方的整体，安装栏杆前，要检查其杆长、榫长及榫肩的斜度是否一致，否则会给后面的扶手安装带来难度，榫肩的斜度不一致则会造成肩缝不严密，影响扶手栏杆的整体美观性。

**7. 安装靠墙踢脚板和护板**

明步楼梯的踏步板、踢脚板均凸出于斜梁侧面，因此在钉明步楼梯的护板前，为避免护板的塞线不准，需根据其凸出的厚度制作相同厚度的临时垫木，钉在斜梁的侧面，然后将护板料紧靠其上，用笔将已成形的踏步板及踢脚板的外形画在护板料上，再用细锯按线锯削即可，护板与踢脚板的交接应成 45°角，护板经过严密的修整检查并符合要求后，即可安装，靠墙踢脚板也需要经过现场的试方和修整，确定接缝严密后方可安装，钉前应在墙内预埋木榫，木榫的间距不大于 750mm，护板或护墙踢脚板之间的搭接，需为 45°斜接。

**8. 钉挑口线**

挑口线是遮挡接缝的，所以制作时要有较好的外观装饰性，并且表面光滑、平直，安装时，应预先做好长短的放样，切割断面要整齐均匀，用纹钉钉入。

### 三、栏杆、扶手、弯头制作方法、要点

**1. 制作方法**

（1）木楼梯扶手、栏杆，均是根据设计断面，选用实木硬质材加工而成，可根据楼梯的走向将扶手加工成直段和弯曲段。

（2）根据设计要求及安装扶手的位置、标高、坡度校正后弹好控制线，然后根据立柱的点位分布图弹好立柱分布的线。

（3）扶手底开槽深度一般为 3～4mm，宽度一般不超过 40mm，将扶手底刨平、刨直后画出断面，然后将底部木槽刨出，再用线刨依顶头的断面线刨出成形，刨时注意留出半线余地，以免净面时亏料。

（4）采用榫接方法或螺钉将立柱固定，调整好立柱的水平、垂直距离，以及立柱与立柱之间的间距。

（5）立柱按要求固定后，将扶手固定于立柱上，弯头处按栏杆顶面的斜度配好起步弯头，弯头可用扶手料割配，采用割角对缝粘接，在断块割配区段内按不少于四个螺钉与支撑固定件连接固定。

**2. 木扶梯制作的质量标准**

（1）护栏、扶手应采用坚固、耐久性强的材料，并能承受规范允许的水平荷载。

（2）木扶手与弯头的接头要在下部连接牢固，木扶手的宽度或厚度超过 70mm 时，其接头应加强粘结。

（3）扶手与垂直杆件连接牢固，紧固件不得外露。

（4）扶手弯头的加工成形应采用刨光，弯曲应自然，表面应磨光。

**3. 施工注意事项**

（1）榫头松动问题：木楼梯各部件之间的连接基本上却是榫接，所以榫头和榫眼的密合度是整个楼梯是否牢固的关键，因此画线、凿眼时必须准确合理，榫头、榫眼、凿子三方的尺寸必须相等，拼装前必须检查各杆件，上胶前必须预投榫，如果有榫头松动，可将

榫头端面适当凿开，插入与榫头等宽、短于榫长的木楔，木楔厚度视木材和榫头的软硬及榫头与榫眼的偏差而定。

（2）斜梁翘曲问题：作为木楼梯的主要承重结构梁，必须在安装完毕后使其不翘曲，否则后道工序无法进行，因此斜梁制作时，要选择干燥、较硬且整体机理较好的木料、斜梁的榫和眼必须平直方正，轻度的翘曲可以适当地刨削修正。

（3）踏步板不平的问题：表现为踏步板两端厚度不等，三角木尺寸不一致，或同一层踏步的三角木不在同一水平面上。出现这类问题时，首先应该检查以下问题：即踏步板是否需要重新修整，三角木的位置是否无偏差。

（4）安全操作问题：脚手架要稳固，且不得以楼梯为支撑点，钉三角木时要牢固，若有开裂、松动应及时补钉或更换，严禁在钉好的三角木上行走，休息平台的搁栅，应随铺随钉，临时拉结板条，操作人员不得直接站在搁栅上操作。

# 第十三节　工艺知识

## 一、本工种操作技术要点

### 1. 锯割操作技术要点

（1）锯齿尖而锋利，使用省劲、出活，锯齿迟钝，使用费力，不出活，可用手指向上轻摸齿尖，如感觉"挂"手，则齿尖较锋利，反之，则较迟钝，也可以把锯翻过来观察齿尖，如齿尖上有金属发亮的白点定是钝锯，反之，则为锋利锯。拔料要匀，是指锯齿拔料的大小要均匀一致，如果拔料不匀，操作时容易跑锯。

（2）用拐子锯锯割木材时，提锯时用力要轻，并使齿尖稍稍离开锯割面，送锯时要重，手、腕、肘、肩与身垂同时用力，有节奏地协调动作，送锯要到头，不要半送锯，每次送锯都要"吃"着料，不要用力过猛，造成跑线。

（3）要顺着劲送锯，锯条与水平面的角度一般为 $60°\sim70°$，送锯中，如发现跑线，不可硬别硬扭锯条，可稍稍减小锯身与水平面的角度，缓慢进行纠正。

（4）送锯时，眼睛要盯住锯条与墨线，使锯条投影线与墨线重合，顺墨线锯割下料。

（5）锯料时必须保持锯片与木材表面垂直，整个锯条从长的方向与下锯时木料断面垂直，操作中保持两个垂直，可防止别锯或跑线。

（6）使用刀锯时，推锯要轻，锯柄稍稍抬起，使齿尖稍稍离开锯割面，抽锯时，锯柄稍稍压下，使全部齿尖着料，然后用力拉回，形成波浪式的、有节奏的往返推拉。

（7）使用削锯或钢丝锯锯割曲线时，锯身应垂直前进，这样锯出的曲线，不仅弧度准确，而且两面都很整齐，否则，锯割材料越厚，木材两面越容易出现弧度差。

（8）锯榫头时，锯去墨线宽度的一半，凿眼时也凿去墨线宽度的一半，榫眼合在一起，正好是原来一线的位置，能保证拼装平齐。还有一种做法是，"榫不留线眼留线，装在一起合一线"，即开榫时，锯掉全部墨线，凿眼时留出全部墨线，榫、眼拼装到一起，仍然是一线的位置，上述两种方法可根据操作者的习惯采用。

### 2. 几种常用锯的使用

（1）木框锯

1）木框锯的分类：木框锯按锯齿大小可分为粗齿锯、中齿锯和细齿锯三种，按用途分类，则有纵割锯、横割锯、绕锯、榫头锯、小锯等。

2）木框锯的操作技术。

锯削前，应根据产品的形状和规格要求在工件上画线，以便依墨线的外缘下锯。

3）操作方法。

锯削一般都在工作凳上进行，手脚并用，居高临下，效率较高。木框锯操作时以右手握锯，手小指和无名指夹住扭柱，注意锯齿方向朝下，下推时锯齿进行切削，要用力，上拉时锯齿不进行切削，用力要轻。锯削应紧贴墨线外缘进行，纵割、绕割、横割三种锯子的操作方法如下：

① 纵割操作法：锯至最后，木料将要分开时，锯削应放松放慢，以防木料突然开裂，影响加工质量或割伤右脚。

② 绕割操作法：基本上与纵割相同，只是绕割时锯条也尽量与工件保持垂直状态，以使绕割面上的弧度上下一致。

③ 横割操作法：站在工作凳和工件右边，左脚踩住工件，其他操作方法与纵割锯相似。

（2）板锯

锯片坚硬挺拔，不需框架绷紧，仅装手柄就能使用，由于结构简单，机动灵活，故常用来作为木框锯的补充工具，常用的板锯有两种：

① 普通板锯，主要作为纵割、横割大张胶合板之用。

② 窄手锯，也称尖刀锯或曲线锯，常用以开孔。

**3. 砍削工具操作技术要点**

（1）斧的操作要点

1）砍料前要辨清木材纹理，顺着木材纹理按墨线外砍劈，如果砍去的部分较厚、较长，应每隔 100～150mm 砍一斜口，然后顺墨线劈砍，木渣自然脱落。

2）开始砍时，用力要轻、要稳，待掌握正确方向和位置后再逐渐加强砍力，遇到木节，要左右交替逐渐砍削，坚硬节可先用锯子锯开后再砍，以免砍伤斧刃和木料。

3）在地面上砍劈时，木料底下要垫上木块，随时注意斧柄是否有松动现象，以防斧头脱落伤人，并使斧刃经常保持锋利。

（2）锛

砍削较大木料的平面时，用锛砍比用斧砍效率高。

1）锛的操作要点：左手握住锛柄尾端并屈肘靠近怀部，右手握住锛柄 13cm 处，先由木料后端开始，顺木纹等距离地向前锛砍，砍到木料前端，再按线向后锛削。锛削时，主要以小臂用力，不可大动，故身体不能随着锛子的上下而摆动，锛头刃口要锋利，锛柄要握牢。

2）锛削时要注意以下几点：

① 锛削的木料必须放置稳固。

② 锛头的刃口要锋利。

③ 在锛进木料后，要将锛尾稍向左或右摇动，这样起锛较省力。

④ 如木料面上积有木渣或锛头上挂有木渣，都要及时清除掉，以防锛砍不进木料面

伤脚。

**4. 刨削工具操作技术要点**

（1）在刨削前，应对材面进行选择。一般选较洁净整齐、纹理清楚的材面作为迎面（大面），再看清楚木料翘扭、弯曲和木纹的顺逆情况来决定刨削的方向，即不能"戗茬"刨削。

（2）将刨子刃口的露出量调整合适，然后两手握紧刨把，食指向前伸直，压住刨床，用力向前推削。在操作过程中，刨床要保持平稳，两臂用力要均匀，刨底应始终平贴木料面。

（3）刨削要顺木纹推进，这样容易使刨削面平整一致，而且也较省力，逆纹刨削容易发生戗茬现象。

（4）在刨弯曲料时，应先刨凸面，后刨凹面。刨有翘棱料时，先用荒刨刨去翘棱部分，再使用长刨修刨平直。

（5）刨削较宽的拼合板时，可先用荒刨横木纹方向粗刨一遍，然后再顺木纹用长刨子修刨平直，这样比较省力易刨。检查拼合板刨削的是否平整，可先用手在板面上摸擦，以发现凹凸不平的程度，然后再用方尺检查。

**5. 凿孔工具操作技术要点**

（1）窄凿加工榫眼

1）画线：榫眼的部位和尺寸都要求十分精确，所以在凿削前都应画线。

2）固定工件：凿削榫眼工作一般都在工作凳上进行，如果工件较长，操作人员可用左臀部坐在工件上来固定工件，如果工件短小，可用左脚踩住或使用夹具夹住。总之，凿削时，工件不能移动，以保证凿削质量和安全。

3）一般操作：左手握凿，右手握斧敲击，从榫孔的近端逐渐向远端凿削，第一凿在离孔线 2～3mm 处开始，凿子应保持垂直，刃口向外，凿下 5mm 左右即可，每击一下凿子都要摇动一下，以免凿子被夹住，拔凿前移时，应利用凿子两刃角抵住工件，左右摇摆渐渐前移，以便定位准确。接着凿子翻过来在朝第一凿处斜凿，将木纤维切断和挖出凿屑，第三、第四凿与第一、第二凿同，继续增加深度，第四、五、六凿依次凿削，直至接近远端榫孔线 2～3mm 处为止，然后将凿子翻过来垂直凿削，如榫孔较深，也可分两次凿削，榫眼深度基本凿好后，再在近远两端沿墨线内侧垂直凿削，凿出孔壁，榫眼有贯通的和不贯通的两种，即明榫和暗榫，凿削明榫，应双面画线，根据上述凿削方法凿好榫的半面后，翻过来再凿另外半面。

4）安全操作注意事项：

① 避免在人多处高举斧头，凿削前，检查斧头柄是否装牢，防止敲击时脱柄伤人。

② 应用斧头的侧面正击凿柄，斧刃向外，如果斧刃向上斜击凿柄，容易击在手背上或斧刃触额。

③ 紧握凿柄，防止凿子滑动，以免榫孔凿歪或凿在线外，甚至凿伤腿部。

④ 传递凿子等有刃口的工具，应将手柄在前，以免伤害接受者。

（2）宽刃凿铲棱角、修表面

1）铲削时，刃口不可正对人或手，以免铲过头时发生伤害事故。

2）切削量较小、质量要求较高的铲削，应双手操作，即用左手拇指抵住薄凿边缘，帮助右手用力铲削，既准又稳，如果铲削量较大，可以用肩、胸凹陷处顶住凿柄，以加大冲力。

3）无论凿削或铲削，工件都必须固定。

**6. 钻孔工具操作要点**

钻孔前，选用直径适合、锋利的钻头，并检查钻具是否正常。钻孔时，钻头中心的尖端要对准圆孔的中心，并保持钻杆和钻具的垂直及钻头的进给方向，不得左右摇摆，以免扩大钻孔及折断钻头。钻深孔时，必须经常将钻头退出来清除木屑后再钻，孔快钻透时，应减轻压力，以免孔边木料被压劈，拔钻时，先使钻头透出木料底部，使木屑落掉后再缓慢地拔出来，孔钻弯了，不得纠正，这样会使钻头折断，钻偏歪的孔，可用直径相当的木塞涂胶后嵌入孔内，待胶固化后重新钻孔。

**7. 其他手工工具操作技术要点**

（1）手锤

手锤又名留头。木工操作中多采用羊角锤和平头锤。

用手锤敲打时，要使锤头平击钉帽，使钉垂直地钉入木料内，否则容易将钉子钉弯，拔钉时，可在羊角处垫上木块，加强起力，遇有锈钉，可先用锤轻击钉帽，使钉松动，然后再行拔起。

（2）木锉

木锉用来锉削或修正木制品的孔眼、凹槽或不规则的表面等。按其锉齿粗细，分为粗锉和细锉，按其形状不同，分为平锉、扁锉和圆锉，一般常用的是扁锉，长度为15～30cm，使用时装上木柄，锉削时，要顺纹方向锉，否则会越锉越毛糙。

（3）螺丝刀

螺丝刀又名旋凿、起子，用于装卸木螺钉安装门窗扇用，分普通式及穿心柄式两种，螺丝刀头形式又有一字式和十字头式，杆部长度（不连木柄）为50～350mm。

装卸木螺钉时，要使其刀头紧压在螺钉帽槽口内，顺时针方向拧则螺钉上紧，逆时针方向拧则螺钉退出。

（4）砂纸

有木砂纸和水砂纸两种。木砂纸又称干磨砂纸，是以牛皮纸为底板，用骨胶或牛皮胶粘合玻璃砂而成，适合于打磨木、竹工件的表面；水砂纸用树脂或柚油胶粘合刚玉或黑色碳化硅等磨料制成，适用于用水或油打磨工件表面，砂纸的规格以磨料粒度号数表示，但市场上习惯以代号表示，以00号最细，号数越大，砂纸越粗。

**二、木工翻样的基本方法**

**1. 绘制施工翻样图**

（1）建筑平面图

木工施工翻样图，主要供木工使用，指示要清楚，若为门窗翻样时，可把明细表列在平面图上，若为楼梯结构施工翻样图，平面图上只需注明"另详"。如果上层平面图和底层不同时，要分开表示。

（2）楼梯图

楼梯的翻样工作，包括绘制楼梯平面图、楼梯剖面图、楼梯节点详图等。楼梯平面图，一般每层都要画，次序是：定出轴线，画出楼梯间四周的墙体或柱子等，定出楼梯平台的宽度，定出梯段宽度、隔档大小（梯段与梯段之间的宽度），根据开步尺寸，定出步数，定出底层起步第一步的位置，上层横梯平面还要定出楼井尺寸（平台梁和楼层梯梁之间的梁口净空），画出安装楼梯栏杆时的预埋铁板或预留孔的位置。

现以旋转楼梯翻样为例说明：

等厚度梯段表面，半径相同的截面展开图都是直角三角形，但半径不同的三角形斜面与地面夹角均不相同，所以，旋梯梯段是一个旋转曲面，在这个旋转曲面上的每一条水平线都过圆心。

垂直于圆心轴的某个半径 $R$，所截断的楼梯板表面，其断面是圆柱螺线，将圆柱螺线展开后，即得到一个三角形。

先按中心线半径和楼梯段中心线尺寸，反算出该段楼梯所夹的圆心角，将圆心角转换为弧度制，即可方便地计算任意半径长梯段、休息平台的投影弧长。

已知夹角为 $\beta$（弧度），半径长为 $R$ 的弧长投影为：$R \times \beta$。

普通直跑楼梯，其全段坡度是一样的，而旋转楼梯，半径不等的位置，升角不同，只能通过计算确定。所以像内、外侧边缘，均需单独计算尺寸。若升角用 $\alpha$ 表示，则：

$$\arctan\alpha_i = 楼梯段两端高度/楼梯段任一半径(R_i)水平投影长度$$

## 2. 模板翻样图

凡属有模板部分，木模和混凝土的接触面都要用尺寸表明。以屋面梁为例，其主要尺寸在图 2-8 上已经注明，但是按照木工师傅支模的需要，在翻样时对 $X_1$、$Y_1$、$Y_2$ 仍需明确。

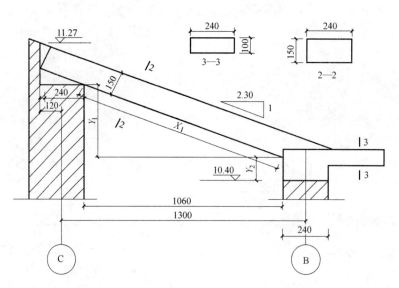

图 2-8　翻样

已知：屋面坡度为 $\dfrac{1}{2.30}$，即 $=23''03'$

58

由三角函数关系式求得：

$$X_1 = \frac{1060}{\cos 23°23'} = 1156\text{mm}$$

$$Y_1 = 1060 \cdot \tan 23°30' = 461\text{mm}$$

$$Y_2 = 11.27 - 10.40 - \frac{0.15}{\cos 23°30'} - 0.24\tan 23°30' - 0.46$$

$$= 11.27 - 10.40 - 0.16 - 0.10 - 0.46 = 150\text{mm}$$

此外，还要估算模板材料需求量，以便筹备材料。

**3. 钢模板的设计翻样**

近年来我们的房子越造越多，越造越高，钢模板使用也越来越多，其配模翻样尤显重要。

（1）按照工程需求进行配模设计。配模时，以较大尺寸的标准模板块为主，其他尺寸的模板作拼凑尺寸之用，标出其位置、型号和数量，画出其分界线，有特殊构造时，应加以注明，至于预埋件的位置，应用虚线表示在配板图上，并需说明其固定方法。

（2）按照支撑的需要，绘制出模板支撑系统的布置，在同一工程中可多次使用的拼装大模板，宜采用钢模板和支撑系统连成整体的模架。木工翻样图制好后，模板支撑系统应由技术团队对其技术安全进行审核。

（3）模板翻样注意事项：

1）螺杆、支撑等固定件合理性在完成后要进行核对。

2）各种预埋件和预留孔洞的规格尺寸、数量、位置及固定方法可行性需复核。

3）钢模翻样必须考虑吊运方式。

4）模板翻样需考虑到周转利用的经济性。

**三、编制建筑工程中木制品的工艺的方法**

现代木制品生产中，由于零部件使用的原材料不同，工艺过程也不相同，但是制定工艺过程的原则是类似的，以下按照构件加工、构件连接、构件表面修整加工、构件组装、表面涂饰、检验与包装、现场安装、质量验收等部分编制。

**1. 构件加工**

（1）应根据木制品质量要求，按构件所处部位，合理确定各构件所用成材的纹理、规格和含水率等。

（2）人造板配料时应优先考虑套裁余料的合理利用。

（3）加工余量应视生产设备、刀具、夹具和模具的精度而定。

（4）对于不同的零配件，应根据其质量要求，确定基准面数量和位置，基准面的选择应便于零部件的安装和加工。

（5）用于承重部位的弯曲构件用锯材制作时，宜采用蒸汽弯曲，并注意其木材纹理与受力方向的关系。

（6）曲率大的弯曲构件应根据构件在木制品中的部位和受力情况逐段对纹弯曲胶合。

（7）两端开榫头时，应使用同一表面作基准。

（8）加工榫槽和榫簧时应正确选择基准面。

（9）加工榫头时应严格控制两榫间距和榫颊与榫肩之间的角度。

（10）板式零部件应进行封边处理，使用实木条封边时，应控制实木条的厚度偏差。

（11）板式零部件孔位加工要求孔径大小、深度应一致，孔间尺寸应准确。

（12）薄板胶合弯曲时应选择合理的胶压方式和模具。

（13）薄板胶合弯曲时应控制薄板的厚度偏差，以确保整个弯曲件尺寸。

（14）贴面前，应根据零配件或构件尺寸和纹理要求将薄木进行画线、剪切，除去端裂和变色等缺陷部分，截成要求的规格尺寸。

（15）幅面比较狭窄的薄木，使用时应预先胶拼。

（16）薄木拼花宜在光线明亮的专用工作台上进行。

（17）人造板用浅色薄木贴面时，应在胶粘剂中加入适量颜料或隐蔽剂。

（18）薄木贴面时对基材进行单面涂胶，胶粘剂涂胶量应根据基材种类和薄木厚度确定，涂胶量不宜太大，胶层应均匀。

（19）薄木贴面会有脱胶、透胶、裂纹等常见缺陷，宜根据不同缺陷采用不同解决办法。

**2. 构件连接**

（1）方材胶合时，被胶合的小料方材宜为同一树种或材性相似，且纹理相近，含水率基本一致（其相邻胶合材料的含水率偏差应小于1%）。

（2）方材宽度方向宜采用企口胶合，长度方向宜采用指接胶合。

（3）当小料方材在厚度上进行胶合时，为保证胶合强度，各层拼板长度上的接头应错开。

（4）构件金属连接时宜根据其受力情况、构造要求、连接方式、外观要求，合理选择材质、品种、类型等。

**3. 构件表面修整加工**

（1）对于较宽大的零部件，应首先进行木材纹理横向砂光，再进行木材纹理纵向砂光。

（2）所有零部件应先清理修补残缺、非正常孔隙、破材、节孔后再砂光。

**4. 构件组装**

（1）组装前应首先检查各加工零配件是否砂光处理合格，整套零配件加工是否正确。

（2）构件组装时应根据工艺结构确定组装顺序。

（3）由多个部件组成的木制品，应把固化后的构件组装成部件，最后把部件组装成木制品。

（4）构件组装应根据操作条件、被粘木材种类、所要求的粘接性能、制品使用条件等合理选择胶粘剂。操作过程中，应掌握涂胶量、晾置和陈放、压紧、操作温度、粘接层的厚度五大要素。

**5. 表面涂饰**

（1）木制品表面涂饰应覆盖木制品所有可见光面。

（2）木制品表面涂饰前应完成五金件安装孔、槽的加工。

（3）木制品表面处理应选用与油漆配套的腻子，对需修补的孔隙应分层多次批嵌。

（4）调油漆前应对涂料及稀释剂型号、规格、颜色、黏度进行确认。

（5）所有木制品不见光面要做封闭底漆。

（6）木制品涂饰应根据其常见的不同缺陷采取不同的消除方法。

**6. 检验与包装**

包装材料应尽量选用可再循环利用的绿色环保材料，出口木制品包装设计，还要考虑所使用的包装材料是否满足出口国的环保要求。

**7. 现场安装**

（1）木制品运输宜采用厢式货车，运输前，应根据产品形状、体积、重量等制定装车方案。

（2）木制品安装前应对安装位置和安装条件进行验收确认，安装条件具备，安装位置确认无误后再安装。

（3）安装人员应对产品部件、五金配件、辅料等进行检查，确认有无缺失、损坏和质量缺陷。

（4）在进行各类木制品总安装前，在木制品加工前应绘制木制品安（拆）装顺序图，依据安（拆）装顺序图顺序进行木制品的总安装。

（5）木制品在框、架固定时，应先校正、套方、吊直、核对标高，尺寸、位置满足要求后进行固定。

（6）木制品悬挑固定采用锚栓法时，应根据木制品使用功能、荷载大小选择相应承载力的锚栓。

（7）木制品安装的锚固件应避开墙体内预埋管线，锚固件数量及锚固强度不低于原设计要求。

（8）木制品安装过程中连接件不宜一次紧固到位，应先预紧后检查各个项目，调整好各项位置偏差后再逐一紧固。

（9）木制品现场安装过程中，应遵循建筑标高基准线、木饰面工艺槽和拉手应在同一水平线上。

**8. 现场成品保护**

安装好的成品或半成品部件不得随意拆动，保护产品完整。

**9. 质量验收**

（1）木制品质量验收应作为分项工程进行验收。

（2）木制品质量验收程序和组织应符合现行国家标准《建筑工程施工质量验收统一标准》（GB 50300）的相关规定。

（3）木制品质量验收应符合现行国家标准《建筑装饰装修工程质量验收规范》（GB 50210）的相关规定。

（4）木制品质量验收应符合现行行业标准《木家具 质量检验及质量评定》（QB/T 1951.1）的相关规定。

（5）木制品表面漆膜厚度测试方法应符合现行国家标准《家具表面漆膜理化性能试验厚度测定法》（GB/T 4893.5）的相关规定。见表2-4。

木制品现场安装验收项目要求见表2-4。

表 2-4

| 项目名称 | 检 验 内 容 | 检 验 方 法 | 要 求 |
|---|---|---|---|
| 外观质量 | 拼装与过渡缝隙、线条、色差、纹理方向、整体垂直度、水平度 | 目测、测量、靠尺、手摸、水平尺、挂线测量 | 缝隙与线条顺直、表面平整、油色一致、无损伤、纹理连续、外形横平竖直 |
| 制品与结构的连接 | 挂件、锚固件规格、间距,紧固程度 | 测量,手扳检测 | 符合工艺设计图要求 |
| 五金配件 | 五金附件材质、数量,安装间隙,紧固程度 | 目测、测量、手扳、启闭检测 | 固定五金的螺丝应与主五金材质或颜色相同、无遗漏,五金与制品配合严密、启闭灵活无松动 |

### 四、编制木工施工工艺卡的方法

工艺规程是规定生产中合理的加工工艺和加工方法的技术文件。实际生产中的工艺卡片和检验卡片等都属于工艺规程。由于木制品生产的特殊性,任何一个工艺规程都不是一成不变的,要根据产品品种和结构的变化,经常调整工艺规程,使工艺规程在技术上做到先进、工艺上力求合理。

在实际生产中,工艺规程主要是以工艺卡片、检验卡片及原材料清单体现出来的。为了简化生产中技术文件的数量,常常把工艺卡片和检验卡片合二为一,统称工艺卡片,见表 2-5。

工艺卡片 表 2-5

| 生产批号 | | 制品图及技术要求 | | | | | | | | | | |
|---|---|---|---|---|---|---|---|---|---|---|---|---|
| 产品名称代号 | | | | | | | | | | | | |
| 产品名称 | | | | | | | | | | | | |
| 制品名称代号 | | | | | | | | | | | | |
| 产品数量 | | | 毛料、净料规格 | | | | | | | | | |
| 制品数量 | | | 合格量 | | | | | | | | | |
| 规格型号 | | | | | | | | | | | | |
| 序号 | 工序名称及设备 | 刃具规格及型号 | 工具类型 | 工艺要求 | 加工环境 | 合格率 | 加工时间 | 完成时间 | 操作者 | 质检 | 备注 |
| 1 | | | | | | | | | | | |
| 2 | | | | | | | | | | | |
| 3 | | | | | | | | | | | |
| 4 | | | | | | | | | | | |
| 5 | | | | | | | | | | | |
| 要点: | | 质量记录 | | 工艺设计:<br>审核:<br>审批:<br>×××公司 | | | | | | | |

### 五、建筑工程中各种木制品的工艺知识

#### 1. 构件加工

（1）配料应符合以下规定：

1）配料时应根据制作工艺设计要求进行，不得随意更改相关材料的材质。

2）应对材料进行筛选，剔除有瑕疵的材料。

3）开料宜采用计算机优化裁料排版，人造板及片材的配料在裁板之前应先设计裁板图。

（2）锯材构件配料时，应合理留出加工余量，选用的锯材规格尺寸或订制材的规格尺寸应尽量和加工时的零部件规格尺寸相衔接。

（3）人造板材配料应符合以下要求：

1）对于连续性对木纹构件，应整板贴薄木后再精裁。

2）对于珍贵薄木，应先裁板后贴薄木。

3）人造板及片材的裁板精度宜控制在±1mm以内。

（4）锯材构件加工应符合以下要求：

1）加工精度和表面光洁度要求较高的零部件，应放大加工余量。

2）生产中加工余量见表2-6。

加工余量参考表　　　　　　　　表2-6

| 宽、厚度上加工余量（mm） | | 长度上加工余量（mm） | |
| --- | --- | --- | --- |
| 单面刨床 | | 端头有单榫头时 | 5～10 |
| 长度≤1m时 | 长度>1m时 | 端头有双榫头时 | 8～16 |
| 1～2 | 3 | 端头无榫头时 | 5～8 |
| 双面刨床 | | 指接的毛料 | 10～16（不包括榫） |
| 长度≤2m时 | 长度>2m时 | | |
| 2～3/单面 | 4～6/单面 | — | — |
| 四面刨床 | | — | — |
| 长度≤2m时 | 长度>2m时 | | |
| 1～2/每单边 | 2～3/每单边 | — | — |

3）平面和侧面的基准面应在平刨床或铣床上加工，端面可用锯机横截。

4）对于曲线形方材毛料宜选择平直面（一般选侧面）作为基准面，其次选择凹面（加模具）作为基准面。

（5）弯曲造型锯材构件加工时，非承重部位的弯曲构件可采用锯割加工法。

（6）榫头和榫孔制作应符合以下要求：

1）当采用贯通榫连接时，榫头的长度应大于榫眼的深度，榫头的长度宜大于榫眼的深度5～8mm。

2）采用非贯通榫连接时，榫头的长度应小于榫眼的深度，榫头的长度宜小于榫眼的深度2～3mm。

3）榫头的长度宜取25～30mm，单榫榫头的厚度应为方材厚度（或宽度）的1/2。

4）当方材断面尺寸大于 40mm×40mm 时，应采用双榫结合，榫头总厚度应大于方材断面尺寸的 1/3，榫头厚度应小于榫眼宽度 0.1～0.2mm。

5）为了方便榫头和榫眼的装配，榫端的两边或四边宜加工成一定的倒角，其倒角角度一般取 20°～30°。

6）对于榫头的宽度，当采用开口榫结合时，榫头宽度应与连接榫槽同宽，当采用闭口榫结合时，榫头宽度应比榫眼长度大 0.5～1mm，普通规格的硬材取 0.5mm，而软材取 1mm，当采用截肩榫时，其截肩部分应为方材宽度的 1/3，或一般取 10～15mm。

7）圆榫材料宜选用硬阔叶材，要求材料容重较大、无疤节、腐朽，纹理通直。

8）圆榫含水率应低于被连接零部件的含水率 2%～3%。

9）圆榫的尺寸要求可按以下公式计算：

① 圆榫的直径计算公式如下：$D=(0.4～0.5)s$

其中，$D$ 为圆榫直径（mm）；$s$ 为结合处材料的厚度（mm）。

② 圆榫的长度计算公式：$L=(3～4)D$

其中，$L$ 为圆榫长，见表 2-7。

圆榫的规格尺寸

表 2-7

| 被结合的零部件厚度(mm) | 圆榫直径(mm) | 圆榫长度(mm) |
|---|---|---|
| 10～12 | 4 | 16 |
| 12～15 | 6 | 24 |
| 15～20 | 8 | 32 |
| 20～24 | 10 | 30～40 |
| 24～30 | 12 | 36～48 |
| 30～36 | 14 | 42～56 |
| 36～40 | 16 | 56～64 |

10）生产中常采用圆榫的直径为 6mm、8mm 和 10mm，而圆榫的长度均采用 32mm。

11）为方便安装，圆榫两端应加工成一定的倒角，倒角量一般为 30°～45°。圆榫除定位外，一般必须使用两个圆榫以上，以防止转动。

（7）板材构件加工时，板式零部件封边处理后封边材料高度应比基材厚度高出 0.15～0.2mm。

（8）弯曲造型板材构件加工时，薄板胶合弯曲后应放置一段时间，使部件在自由状态下释放内应力，宜陈放 8～24h。

（9）薄木加工应符合以下要求：

1）剪裁时，应先横纹剪裁，后顺纹剪裁。

2）装饰面宽度小于 150～200mm 的贴面薄木（如用大山纹），宜用整张薄木，且要求木纹在宽度方向位于中心；配对部件贴面的花纹应对称，正面多抽屉的柜子，各抽屉间木纹应连续。

3）胶贴前的薄木拼花，应先用纸带条（块状）临时固定，再用连续纸带胶拼，薄木端头应用胶带拼好，以免在搬运中破损。

4）拼缝机胶拼薄木，各种拼缝机的适用范围见表 2-8。

| 拼缝机类型 | 薄木类型 | 厚度（mm） |
|---|---|---|
| 无纸带拼缝机 | 厚薄木（拼缝处涂胶） | 厚薄木 0.5～2 |
| 有纸带拼缝机 | 各种薄木 | 薄型薄木 0.2～0.5 |
| 热熔胶线拼缝机 | 薄型薄木、微薄木 | 微薄木 0.15～0.2 |
| 热熔胶滴拼缝机 | 薄型薄木、微薄木 | |

5）聚醋酸乙烯酯乳白胶与脲醛树脂胶混合使用时，宜加入 10%～30% 的填充剂和固化剂。

6）大而薄的部件胶贴时应遵守对称原则，正反两面均须贴薄木。

7）在刨花板、中高密度纤维板等基材表面上直接粘贴薄木，根据基材表面平整度差异，宜选用厚 0.3～0.6mm 的薄木。

8）冷压贴面时，应采用冷固性脲醛树脂胶或聚醋酸乙烯酯乳白胶。

9）冷压贴面时的单位压力应为 0.5～1.0MPa，在室温 15～20℃ 条件下加压时间为 8～12h，夏季短一些，冬季长一些。

10）热压贴面时，各层板坯应在压机中对齐，施压不宜过快，使薄木有舒展机会，但从升压到闭合不宜超过 2min，以防止胶层在热压板温度下提前固化。

11）热压后应立即检查薄木胶贴质量，用 2%～3% 的草酸溶液擦除表面因单宁与铁离子作用产生的变色，并用酒精、乙醚等除去表面油污。

12）热压条件与基材的种类和厚度、薄木的树种和厚度、胶粘剂的种类有关。一般热压工艺条件见表 2-9。

薄木贴面热压工艺条件　　　　　　　　　　表 2-9

| 胶粘剂种类 | 多层压机中用脲醛树脂胶（UF） | | 单层压机中用改性胶粘剂 | | 两液合胶（UF＋PVAc） | 醋酸乙烯-N-羟甲基丙烯酰胺乳液胶（VAC/NMA） | | |
|---|---|---|---|---|---|---|---|---|
| | | | | | | 胶合板基材薄木厚 0.5 | 纤维板基材薄木厚 0.4～1.0 | 刨花板基材薄木厚 0.6～1.0 |
| 薄木厚度（mm） | | | 0.6～0.8 | 1.0～1.5 | 0.2～0.3 | | | |
| 热压温度（℃） | 110～120 | 130～140 | 145～150 | | 115 | 60 | 80～100 | 95～100 |
| 单位压力（MPa） | 0.8～1.0 | 0.8～1.0 | 0.5～0.8 | | 0.7 | 0.8 | 0.5～0.7 | 0.8～1.0 |
| 热压时间 | 3～4min | 2min | 25～30s | 40～60s | 1min | 2min | 5～7min | 6～8min |

13）薄木贴面热压卸压后，应陈化 12 小时以上，使其应力均衡，胶粘剂充分固化。

（10）构件五金配件槽位应在工厂内加工完成。

**2. 构件连接**

（1）构件胶接应符合以下要求：

1）中密度纤维板和刨花板采用热熔胶封边处理时，涂胶量应在 250～300g/m² 以上，其他材料的涂胶量应为 200～250g/m²。

2）企口胶合时涂胶量应控制在 150～180g/m²，指接胶合时涂胶量应控制在 200～250g/m²。

3）方材胶合时，胶合面施加压力宜为 0.7～0.8MPa，垂直胶合面宜为 0.1～0.2MPa。

4）胶压或胶合后的零部件，应陈化 8～12h，以消除内应力。

（2）构件榫接应符合以下要求：

1）采用圆榫定位时，径向宜采用间隙配合，其间隙为 0.1～0.2mm。轴向应留有一定的间隙，其间隙量宜为 3mm。

2）采用多个圆榫连接时，榫间距宜为 100～150mm，且为 32mm 的倍数。

**3. 构件表面修整加工**

实木零部件砂光时，砂带的号数应在 80～200 之间；涂饰表面底漆或面漆砂光时，应取砂带的号数为 200～1500。

**4. 构件组装**

（1）构件组装应在水平操作平台上进行。

（2）构件组装时，如遇胶水溢出，应在胶水未干时清理干净。

（3）构件组装后应认真检查是否有零配件遗漏及其他不良情况，确认无误后方可进入下道工序。

（4）构件组装成部件后，如没有达到准确形状和精确要求时，应对部件进行再加工。

**5. 表面涂饰**

（1）木制品表面涂饰应符合以下规定：

1）木制品表面涂饰不应影响到五金件的安装。

2）每一道涂饰工序，都应经过充分干燥，才能进行下道工序。

（2）木制品表面处理应符合下列要求：

1）木制品在涂层被覆前应采用砂纸打磨去除毛刺以及胶痕、油迹等污物。

2）木制品表面有缝隙、节疤等应用腻子修补平整并打磨光滑。

3）腻子干燥后，应用砂纸进行砂光打磨，操作时应用力均匀，不得磨透露底。

（3）木制品着色应符合下列要求：

1）着色时应由上至下、由左至右进行，搓色要均匀、细腻，不允许露原底。

2）应采用专用色精（金属络合染料）进行调色，色精调配应在清洁的玻璃杯、陶瓷罐或塑料桶内进行，不应使用金属容器，以免出现变色现象。

3）对木制品多维面喷涂时，应遮挡留出一个作业面，反复交替进行喷涂，达到漆膜厚度要求。

（4）木制品涂漆应符合下列要求：

1）木制品涂漆宜在恒温无尘环境内进行，环境温度不宜低于 10℃，相对湿度不宜大于 60%。

2）喷枪移动速度应控制在 0.3～0.6m/s，喷嘴与喷涂面应始终保持垂直状态，并保持平行匀速运动。

3）喷涂压缩空气压力应控制在 0.3～0.5MPa，喷枪与喷涂面距离应控制在 0.2～0.3m。

4）喷涂作业时，每一喷涂幅度的边缘，应与前面已经喷好的幅度边缘重复 1/3～1/2，搭接宽度应保持一致。

5）喷面漆时不应一次性喷涂太厚，手工喷漆不应少于两遍底漆两遍面漆，自动喷漆宜为四遍底漆两遍面漆。

**6. 检验与包装**

木制品检验项目见表 2-10。

木制品检验项目　　　　　　　　　　　　　　　　　　　表 2-10

| 项目名称 | 检验内容 | 检验方法 | 要求 |
|---|---|---|---|
| 外观效果 | 色泽、转角、线条 | 目测 | 色泽均匀、转角顺直、产品完好 |
| 构造强度 | 稳定性 | 测试 | 符合设计要求 |
| 启闭功能 | 滑槽、铰链及限位等 | 操作 | 符合设计要求 |
| 整体尺寸 | 外形尺寸 | 测量 | 符合设计要求 |
| 表面油漆 | 品种、类别及颜色 | 来样比对 | 符合来样或设计要求 |
| 五金配件 | 颜色、品种、类型及材质 | 来样比对 | 符合来样或设计要求 |

（1）用人造板等易吸水膨胀材料制作的部件或产品，应采取防潮措施，用热塑膜包装。

（2）对易碎、易变形的零部件，如玻璃、配件和中空部件等，包装时应采用缓冲和支撑材料。

（3）木制品包装标识外箱上必须有完整、正确的标识。标识内容应包括：工程名称、订单号、产品编号、生产单位、厂址、数量、体积、重量、搬运装卸警示图标、生产日期、质检批次号及合格标志等。

**7. 现场安装**

（1）运输与堆放

1）木制品成品与半成品在搬运过程中应轻拿轻放，运输过程中应加衬垫或包装。

2）木制品到达现场后，应分类堆放在干燥、通风的室内空间，用水平垫木与地面隔开。

3）木制品宜单层存放，多层堆放时应有隔离支承保护措施。

（2）现场拼装与安装

木制品安装条件及允许偏差见表 2-11。

木制品安装条件及基层允许偏差　　　　　　　　　　　　表 2-11

| 检测项目 | | 允许误差 | | | |
|---|---|---|---|---|---|
| | | 门（窗）框 | 墙裙 | 踢脚板 | 橱柜 |
| 墙体平面垂直度（mm） | | 2 | 5 | 2 | 5 |
| 洞口垂直度（mm） | | 5 | 5 | — | 5 |
| 洞口尺寸（高度/宽度）（mm） | 发泡填充 | +5/+10 | — | — | +10/+10 |
| | 粘接 | +1/+2 | — | — | — |
| | 干挂 | — | +10 | — | +10/+5 |

| 检 测 项 目 | 允 许 误 差 | | | |
|---|---|---|---|---|
| | 门(窗)框 | 墙裙 | 踢脚板 | 橱柜 |
| 安装环境温度(粘接) | 不宜低于 5℃ | | | |
| 安装泡沫胶的施工温度范围 | 10℃～25℃ | | | |
| 洞口墙体湿度 | 若湿度>25%,应在安装墙体上做好防潮隔离层 | | | |
| 基层防腐、防火、防蛀处理 | 符合设计要求 | | | |

1)木制品在混凝土墙面上的固定应采用射钉或锚栓法,在实心砖墙上的固定应采用锚栓法,不得固定在砖缝上,在空心砖或轻质砖墙体上的固定应用混凝土或钢结构进行墙体加固处理,在轻钢龙骨墙体上的固定应预先考虑吊挂件的位置及相应部位的补强措施。

2)木制品背后用挂条形式来固定的,挂条分布应等距均匀,排布距离应满足承重要求,木挂条应进行防腐处理。

3)门框、门扇及五金安装应符合以下规定:

① 门框宜采用主副门框设计,副门框应在墙体上先行安装(起到调节并统一门洞尺寸的作用),采用厚 18mm 多层板或细木工板制作,并做好防腐、防潮处理。

② 副门框应在土建墙体砌筑或浇捣完成后,墙面抹灰前安装,主门框安装宜在土建湿作业、机电安装基本完成后进行。

③ 门框安装时,应先注意门扇开启方向,以确定门框安装的裁口方向。

④ 主、副门框与墙体间空隙应采用柔性材料填充。

⑤ 主、副门框与墙体间连接固定数量应根据门框高度确定,垂直方向顶端与底端固定点宜取门框高度的 1/10,中间相邻固定点间距宜在 500～600mm,上框长度小于等于 1m 时,在中间设置一个固定点,大于 1m 时,相邻固定点间距宜在 500～600mm,对称分布。

⑥ 门扇安装时应先将合页次页片(两轴套片)安装在门扇上,再将主页片(3 轴套片)装在门框上。

⑦ 上下主页片先拧入 1～2 个螺钉,调好框扇缝隙,检查框与扇的平整度等质量指标,符合要求后将全部螺钉安上拧紧,再固定中间位置主页片。

⑧ 合页位距门扇的上下端宜为门扇高度的 1/10,合页安装过程中不得损伤门扇及门套表面部位的油漆。

⑨ 螺钉与合页应为同质材料,应先打螺钉引孔,孔径为木螺钉直径的 0.9 倍,眼深为螺钉长度的 2/3,螺钉十字方向宜一致。

⑩ 高度大于 2.1m 的门扇,合页数量应不少于 3 个。

⑪ 闭门器除可调节速度调节螺钉来控制门扇开关速度外,其他各处螺钉和密封零件不可随意拧动。

⑫ 门锁安装时,锁孔中心距距水平地面高度尺寸宜为 900～1050mm。

⑬ 门锁与门扇应同步安装,如门锁不能同步安装时,门扇应采取固定保护措施。

4)木饰面安装应符合以下规定:

① 木饰面安装可以采用粘贴法,也可采用干挂法。干挂条可用人造板挂条,也可用

铝合金挂条。

② 木饰面安装时，基层木龙骨应根据设计要求做好防腐和防火处理。

5）橱柜安装，有底座的应先安装底座，底座安装牢固并调整水平后，再安装上部柜体。

6）柜体宜在墙体粉刷、涂料前先行安装，抽屉柜门等活动部件宜在涂料等工序全部完毕后安装。

7）踢脚线安装宜采用多层板挂条或塑料挂件，挂件固定点间距宜在 300～400mm，踢脚线接头处应增加一个固定点。

8）长度小于等于 3m 的墙面宜采用整块踢脚线，踢脚线端头连接宜采用 45°拼接。

9）踢脚线安装应在门贴脸及地面铺装完成后进行。

10）沿厨、卫等潮湿环境的墙体安装踢脚板或门框时，踢脚板背面或门框下端应采取防潮隔离措施。

**8. 现场成品保护**

（1）出厂的木制品可见光面应有保护措施，现场安装完毕后，应对 1.5m 以下木制品易碰触的面、边、角装设保护条、护角板、套或塑料保护膜进行保护直至验收。

（2）安装壁柜、吊柜时，严禁碰撞抹灰及其他装饰面的口角，防止损坏成品面层。

**六、古代建筑及各种装饰制品的分类**

中国古代建筑的分类形式很多，但具有普及型和代表性的可以归纳为三种分法，即：按时代特征分类，按房屋造型分类，按使用功能分类。

**1. 按时代特征分类**

中国古代建筑是在夏商周"台榭体系结构"之后，历经秦、汉、三国、两晋、南北朝；隋、唐、五代；宋、辽、金、元；明、清等十多个朝代的变迁，在建筑结构和体系上，有着飞跃发展。按其历史文化和营造技术水平，可将中国古代建筑归纳为具有代表性的三个历史时期建筑，即：秦汉时期建筑、唐宋时期建筑、明清时期建筑。

秦汉时期建筑是指从公元前 221 年至公元 581 年，历经 802 年，是秦、汉、三国、两晋、南北朝等变迁朝代，在这一时期，从巢穴居住进化而来的"茅茨土阶"台榭体系，随着技术的进步逐渐被淘汰，正式提升到兴建砖瓦木构架技术阶段，使中国古建筑有了初步形制风格，故将这一时期建筑归列为"汉式建筑"。

唐宋时期建筑是指从公元 581 年至公元 1368 年，历经 787 年，是隋、唐、五代、宋、辽、金、元等历史朝代，这是中国古代历史经济鼎盛发展时期，也是建筑规模和技术大大提高时期，在这一时期，使建筑具有了固定形制和规范，故将这一时期建筑归列为"宋式建筑"。

明清时期建筑是指从公元 1368 年至公元 1911 年，历经 543 年，是明、清两个朝代，对建筑开始转型进入到稳固、提高和标准化时期，我们将这一时期建筑列为"清式建筑"。

**2. 按房屋造型分类**

中国古代建筑，按建筑构造形式分类，分为：庑殿建筑、歇山建筑、硬山建筑、悬山建筑、攒尖建筑等（图 2-9）。其他还有如盝顶建筑、十字顶建筑、工字建筑等，都是以此为基础而进行一些变化的形式，但都不太普及，在此，我们暂不将其列入其内。

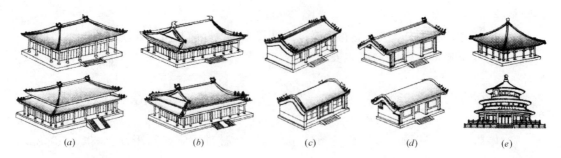

图 2-9　古建筑构造造型

（a）庑殿建筑；（b）歇山建筑；（c）硬山建筑；（d）悬山建筑；（e）攒尖建筑

**3. 按使用功能分类**

按使用功能和作用分类，古代建筑及装饰制品可以分为：殿堂楼阁、凉亭游廊、水榭石舫、垂花门牌楼等类型。

# 第十四节　工艺与工艺设计

## 一、古建筑的各种复杂榫卯结构制作工艺

### 1. 榫卯的功能

榫卯是相辅相成，相互对应的。榫：就是小于构件断面凸出的部分，俗称公榫；卯：就是指与榫相结合的另一构件凹下去的部分，俗称母榫。

榫卯的功能，在于使千百件独立、松散的构件紧密结合为一个符合设计要求和使用要求的，具有承受各种荷载能力的完整的结构体。如一座大型的宫殿式木构建筑要由成千上万个单件组合而成，一座小式的构造简单的古建筑，也要由数以百计的木构件组成。在这些建筑的木构件中，除椽子和望板外，其余构件几乎全部都是用榫卯结合在一起的。木结构的形式和榫卯结合的方法，是中国古建筑的一个主要结构特点。

### 2. 常用榫卯工艺

（1）馒头榫、管脚榫、套顶榫

馒头榫、管脚榫、套顶榫，都是柱顶或柱脚所用的木榫。

1）馒头榫、管脚榫。

"馒头榫"是在柱顶做成方锥体形，与柱顶横梁连接的木榫，如图 2-10（a）所示，榫长按 0.2～0.3 柱径取定，榫径约为柱径的 1/3。柱顶上面与其连接的横梁底面要凿出相应的倒锥形卯口，馒头榫多用于檐金柱、瓜童柱等柱顶。

"管脚榫"是在柱脚底端做成反向馒头榫形式，与其下部构件连接的木榫，它的构造尺寸与馒头榫一样，如图 2-10（a）所示。管脚榫常用于与柱顶石、童柱墩斗等的连接，其下部连接构件的上面，应凿出相对应的倒锥体卯口。管脚榫尺寸与馒头榫相同。

2）套顶榫。

"套顶榫"是在柱脚处做成贯穿柱顶石的长脚穿透榫，如图 2-10（b）所示。套顶榫长按 0.2～0.3 柱身露明长，榫径按 0.5～0.8 柱径。套顶榫主要用于加强柱子稳定性的建筑上，如游廊、垂花门等的木柱和经受大风荷载的亭子柱。

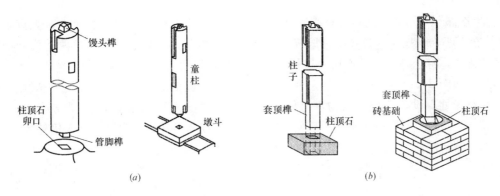

图 2-10 柱顶柱脚木榫

(a) 馒头管脚榫；(b) 套顶榫

(2) 夹脚腰子榫

"夹脚腰子榫"是清制脊瓜柱所特制的一种双脚榫，用于将三个构件连接在一起，起固定作用。它是将柱脚剔凿成夹槽形，夹着下部构件的半腰子卯口，如图 2-11 所示。由于该榫对受力要求不大，故其榫卯尺寸没有严格要求，依现场具体情况处理。

(3) 燕尾榫

"燕尾榫"是清制枋柱连接的木榫，又称"银锭榫"。它的榫外端头较宽，榫尾里端较窄，如图 2-12 所示。常用于横枋与立柱的连接。榫长 $a＝0.25～0.3$ 柱径。榫头外端宽 $b＝1.2a$ 榫长，榫尾里端宽按榫长 $a$。榫高枋身高，在榫的垂高方向做成上宽下窄，其下端榫宽要较上端榫宽每边收减 0.1 榫宽。

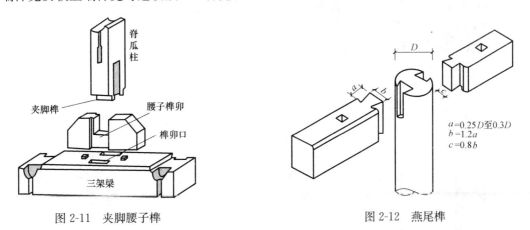

图 2-11　夹脚腰子榫

图 2-12　燕尾榫

$a＝0.25D$ 至 $0.3D$
$b＝1.2a$
$c＝0.8b$

(4) 穿透榫、半透榫

穿透榫、半透榫都是横向梁枋构件，与垂直木柱进行连接的木榫。

1) 穿透榫。

"穿透榫"是清制横向构件将端头榫穿过柱子卯口而做的木榫，它进入部分为大榫，穿出部分为小榫，如图 2-13 (a) 所示。木榫穿透后留在柱外，故又称大进小出榫。留在柱外的榫外端形式有素方头、三岔头、麻叶头等。榫长按 1.5 柱径，0.5 本身高，大榫高与本身构件同高，小榫高折半；榫厚按本身构件厚 1/3。

2) 半透榫。

"半透榫"是清制横向构件将端头插入柱内的不出头木榫，它也分大小榫，大榫长按2/3柱径，小榫长按1/3柱径，榫厚按0.5柱径。一般只用于以柱为中心，两边为同一水平高的梁枋，穿入柱内与其连接，这种榫作制作时，将两边对穿连接的榫头要上下大小相反形式，如图2-13（b）所示。但这种木榫有结合力较差的弱点，为了弥补这一缺点，一般应在对接处再设置一根拉结构件，如"替木"或"雀替"，以便将两边梁枋拉结起来，"替木"或"雀替"用销子与梁枋连连。拉结构件长按3倍柱径，宽厚按0.3倍柱径。

宋《营造法式》有一种梁柱对卯的木榫，称为"藕批搭掌、萧眼穿串"，如图2-13（c）所示。

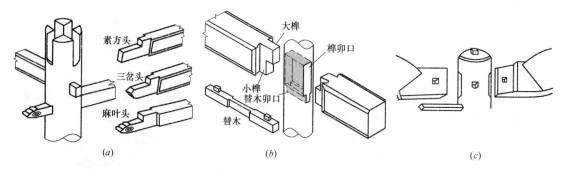

图 2-13 穿透榫、半透榫
（a）穿透榫；（b）半透榫；（c）藕批搭掌，萧眼穿串

（5）箍头榫

"箍头榫"，意即箍住构件端头不使其移动的榫卯，它是清制横额枋木与边角立柱相连接的榫卯，用于边柱为单面箍头，成角柱为双面箍头，如图2-14所示。箍头榫由卡腰榫与箍头组成。卡榫厚按0.5枋身厚，榫长按1柱径。箍头高厚按0.8枋高厚，箍头长为0.5柱径，箍头形式大式建筑为"霸王拳"形式，小式建筑为三岔头形式。相应柱顶以柱中心为准，剔凿卡槽卯口。

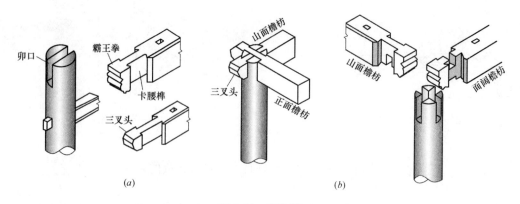

图 2-14 箍头榫
（a）单面连接；（b）双面连接

（6）大头榫、桁檩椀

1）大头榫。

"大头榫"是清制头宽尾窄的木榫，如图2-15（a）所示。榫长按0.25～0.3柱径。榫

的端头宽按 1.2 榫长，榫的尾端宽按 1 榫长，多用于桁檩、扶脊木、平板枋等水平构件需要延长时的相互连接。

宋《营造法式》对普柏方的连接采用"螳螂头口"，如图 2-15（d）所示，或"勾头搭掌"，如图 2-15（e）所示。

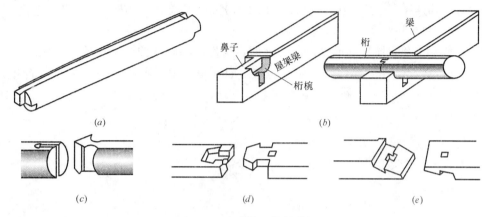

图 2-15　大头榫、桁檩椀榫
（a）桁端大头榫；（b）梁端桁椀；（c）槫螳螂头口；（d）普柏方螳螂头口；（e）勾头搭掌

2）桁檩椀。

"桁檩椀"是清制在架梁端头或脊瓜柱顶端剔凿承托桁檩端头的碗状形式托槽，如图 2-15（b）所示。为防止桁檩向两端移动，在架梁两椀口中间做出"鼻子"，以便阻隔，脊瓜柱可做小鼻子或不做鼻子。椀口宽窄按桁檩直径，椀口深浅按桁檩半径。

宋《营造法式》对槫木连接采用一种"螳螂头口"，如图 2-15（c）所示。

（7）十字刻口榫、十字卡腰榫

十字刻口榫、十字卡腰榫是指在同一水平高的两个不同方向的构件进行交叉连接所做的上下卡口榫卯。

1）十字刻口榫。

"十字刻口榫"是用于两个方向的扁矩形截面构件上下搭扣十字相交连接的榫卯。制作时，将相交构件连接处各按本身半厚剔凿成上下卡口形式，上面构件的槽口向下，称为"盖口"，下面构件的槽口向上，称为"等口"，如图 2-16（a）所示。榫宽按 0.8 构件身宽，卯口两侧按 0.1 身宽做八字包边。常用于平板枋的十字相交连接。

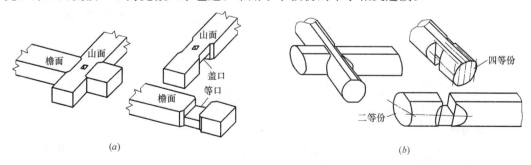

图 2-16　十字交叉榫卯
（a）上下十字刻口榫卯；（b）上下十字卡腰榫卯

2）十字卡腰榫。

"十字卡腰榫卯"是用于两个方向圆形构件上下搭扣十字相交的连接榫卯，可垂直相交，也可斜角相交。制作时，将构件截面的面宽均分四等份画线，按交角斜度刻去两边各一份，形成卡腰口。再将截面的高度以二等份画线，最后按山面压檐面原则，各剔牌上面或下面一半，形成上为盖口、下为等口形式，如图2-16（b）所示。多用于桁檩的十字相交连接。

（8）阶梯榫卯

"阶梯榫卯"是呈阶梯形或锯齿形的榫卯，构件上的阶梯按其半径的1/3剔凿，剔凿成三阶，比较讲究的在阶梯榫两边做有包边，较简单的也可不做包边，这种榫常用于趴梁、抹角梁与桁檩叠交，短趴梁与长趴梁叠交的连接。长短趴梁叠交一般不做包边，如图2-17（b）所示。

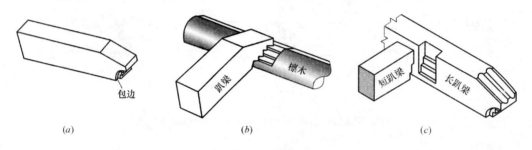

图2-17 阶梯榫卯
（a）做有包边；（b）不做包边；（c）长短趴梁连接

（9）压掌榫、栽销榫

1）压掌榫。

"压掌榫"是指将构件端头做成上下企口形式的榫，它是用于角梁后尾与曲戗，或由戗与由戗之间，进行连接所采用的榫卯，如图2-18（a）所示，榫厚上下各半，企口缝要求严实紧密。

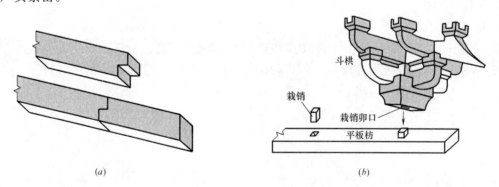

图2-18 压掌榫、栽销榫
（a）压掌榫；（b）栽销榫

2）栽销榫。

"栽销榫"就是一种销子连接，选用硬木或竹子削成销子，将下面构件打洞栽入销子，上面构件刻成相应卯口，然后将连接构件相互压入连接，如图2-18（b）所示。木销及其卯口的大小，没有统一规定，可依不同构件进行现场掌握。

（10）裁口榫、龙凤榫、银锭扣

裁口榫、龙凤榫、银锭扣是用于拼板连接的企口榫。

1）裁口榫。

"裁口榫"是一种在拼接板的拼缝面所做的凸凹榫卯，即将拼缝面裁成凸凹企口，如图 2-19（a）所示。裁去的宽厚尺寸基本相同。

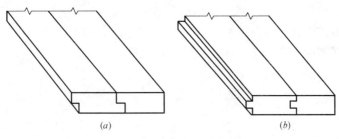

图 2-19　裁口榫、龙凤榫
(a) 裁口；(b) 龙凤榫

2）龙凤榫。

"龙凤榫"是在两块拼缝板中，将一块板的拼缝面裁成凸榫，称为公榫；将另一板的拼缝面裁成凹榫，称为母榫，形成凸凹企口相互对接，俗称"公母榫"连接，如图 2-20（b）所示。凸凹企口裁去的宽厚尺寸基本相同。

## 二、模板工程制作方法

### 1. 按图纸尺寸直接配制模板

形体简单的结构构件，可根据结构施工图纸，直接按尺寸列出模板规格和数量进行配制，模板厚度、横档及楞木的断面和间距，以及支撑系统的配制，都可按支撑要求通过计算选用。

### 2. 放大样方法配制模板

形体复杂的结构构件，如楼梯、圆形水池等结构模板，可采用放大样的方法配制模板。即在平整的场地上，按结构图，用足尺画出结构构件的实样，量出各部分模板的准确尺寸或套制样板，同时确定模板及安装的节点构造，进行模板的制作。

### 3. 按计算方法配制模板

形体复杂的结构构件，尤其是一些不易采用放大样且又有规律的结构形体，可以采用计算方法，或用计算方法结合放大样的方法进行模板的配制。

### 4. 结构表面展开法配制模板

有些形体复杂的结构构件，如设备基础，是由各种不同的形体组合成的复杂体，其模板的配制就适用展开法，先画出模板平面图和展开图，再进行配模设计和模板制作。

## 三、补节点图与细部工艺设计方法

完美的建筑物或构筑物构件，均需要清晰的细部工艺，而细部工艺需要进行完整的深化设计，优秀的工艺细部设计和节点图可以有效地指导后续的工艺制作。

### 1. 节点图深化制图要求

（1）深化图的尺寸标注平面图以毫米（mm）为单位标注，标高以米（m）为单位标注，可标注绝对标高或者相对于完成面的标高。

（2）相对于原设计图纸或者前一个版本所做的改动，应以云线标识。

（3）尺寸线、尺寸界线颜色和线型都随图层。

（4）标准图例可以以原设计图上的图例为基础，由各专业工程师按照绘图需要进行补充。

（5）绘图过程中新增加的图例应及时补充到标注图例中。

（6）图层线型的设计应尽可能和原图保持一致，同时为了保证黑白图纸的管道区分，应通过设定不同线型或者在管道上加注文字标示来区分管道。

（7）深化设计图签应包含以下基本内容：

1）参考图纸，要求填写深化设计图纸参照的本专业和相关专业图纸。

2）业主标志。

3）图纸名称。

4）图纸比例。

5）区域示意图和指北针，出图时用灰色阴影填充出图区域。

6）设计、监理、承包商和供货商标志。

7）设计和审核工程师签字。

8）版本信息（版本号，日期及状态）。

9）图签使用的字体及文字高度按照标准图签上字体和高度执行。

（8）图纸打印应按照各专业标准出图样式打印。

**2. 细部工艺深化设计**

（1）设计前应根据目标图纸进行现场踏勘和测绘。

（2）应结合现场实际情况对设计原图进行深化设计，包括制作结构和安装节点深化。

（3）设计师宜为深化设计提供能反映颜色、纹理及材质的制品色板及五金配件。

（4）经过深化设计的产品应以所处空间位置进行安装编号，编号应合理、科学、便于识别。

（5）深化设计图应经加工委托方或设计师确认后，再进行制作。

（6）木制品的高度、宽度设计不宜超过板材的标准模数。

（7）深化设计应符合以下原则：

1）同一工程用料标准应统一。

2）批量木制品制作尺寸和结构宜统一。

3）木制品表面木纹排版应符合材料特性。

4）五金安装位置、安装节点及构件详图设计应符合来样五金尺寸。

5）安装节点设计应根据现场条件，设计固定构造和安装工艺，满足安全性要求。

6）同一建筑内相同产品安装在不同位置，应采用对称、互换或调节板等形式解决建筑误差。

7）木制品构件尺寸大小应满足工厂和现场的水平与垂直运输设备条件。

8）在建筑变形缝部位或木制品连续长度超过6m时，木制品和其他材质之间宜设计插条或预留工艺收口槽。

### 四、古建筑的木装修施工工艺

古建筑木装修指大门、隔扇、槛窗、支摘窗、风门、帘架、栏杆、楣子、什锦窗、花罩、碧纱橱、板壁、楼梯、天花、藻井等室内外木装修。

（1）大门安装：主要将门轴上端插入连槛上的轴碗，门轴下面的踩钉对准海窝入位即可，由于古建大门门边很厚，如果两扇之间分缝太小，则开启关闭时必然会发生碰撞。因此，在安装前必须将分缝制作出来，不仅要留出开启的空隙，还要留出门表皮油漆地仗所占的厚度（一般地仗为3～5mm厚）。分缝应当在安装前做好，安装以后，如不合适还可进行修理。

（2）槅扇、门类安装：应根据所处位置及设计要求，决定采用传统（门轴类）或新式装修（合页类）的安装方法，其工序为：门扇"样活"（准确尺寸的再加工）→裁口、起线→门轴安装→鹅项碰铁等（合页五金等）安装→门扇安装。

（3）槛窗、支桄窗安装：应当根据所处位置及设计要求，决定采用传统（转轴类）或新式装修（合页类）的安装方法，其工序为：窗扇"样活"（准确尺寸的再加工）→裁口、起线→转轴安装→鹅项、碰铁、铁桄钩、合页等安装→窗扇安装。

（4）栏杆的安装：根据施工现场的实际情况制定安装程序，或者自一端分间延续安装，或者分前、后檐各间同时安装。在栏杆位置两端的柱、墙上，垂直弹（画）处两端望柱外皮控制线、溜销榫安装线及高度控制线，在地面上弹（画）出栏杆中线及望柱位置控制线。根据柱（墙）、地面上所弹（画）的高度及位置控制线，利用"叉子板"按照现场实际尺寸"摹画"出望柱、地栿的外侧进行再加工；在框心横抹头栽固定销，在另一面抹头或两侧边上凿销子眼，栽活销子，在望柱、腿子位置，安装固定铁活。成品栏杆整扇自上而下入位溜销榫槽安装或与铁活固定安装。

（5）楣子安装：根据设计要求，决定采用传统销子连接或铁钉连接的方式，其工序为：楣子"样活"（准确尺寸的再加工）→销子或铁钉固定斗坐凳面安装→花芽子安装。

（6）花罩安装：采用传统销子榫卯固定的安装方法。

（7）博古架安装：根据成品形式采用摆放、榫卯固定或铁活固定的安装方法。

（8）天花安装：在天花梁上的天花安装位置上，水平画（弹）出贴梁下皮控制线。按照梁内实际找方尺寸，在贴梁上画出天花井数分当尺寸线，并按照线分别凿单直半透卯口，做出实肩，根据水平控制线在天花梁上钉贴梁，要求贴梁的里口垂直方正，帽儿梁沿建筑面宽度方向按照每两井一根布置，通支条按照井数分当尺寸线分别凿出连二支条单直半透卯口或刻半卯口，做出实肩及单直半透榫头或刻半榫头，通支条的数量、位置与帽儿梁相同，自下而上钉向牵钉与帽儿梁上下固定安装，两二支条按照井数分当尺寸线分别凿出支条单直半透卯口或刻半卯口，做出实肩及单直半透榫头或刻半榫头后与通支条相应位置的卯口榫接，并用铁钉斜向牵钉固定，单支条按照每井空当净尺寸另加出单直半榫头或刻半榫头，天花板按照每井空当净尺寸另加出四周裁口量，浮搁于支条裁口内，在天花梁上的木顶格安装位置水平画（弹）出贴梁下皮控制线，根据水平控制线按梁内实际找方尺寸在天花梁上安装贴梁，要求贴梁的里口垂直方正，同时按木顶格销子位置凿半透销子卯眼。

（9）雕刻安装：

1）固定安装：样活→框心组装→裁销（榫槽）固定（或经过设计方允许用钢钉固定)→钉眼嵌补。

2）活动安装：样活→框心组装→制作活动销子→销子安装。

# 第十五节　计　　算

## 一、依照图纸进行工、料计算和分析的方法

结合建筑图和结构图，同时还要参照节点详图和剖面图，注意门窗编号以及门窗尺寸及做法，对构造复杂的节点要参照绘制大样及说明详细做法，还要分析节点画法是否合理，能否在结构上实现，然后通过计算验算各构件尺寸是否足够，个别特别的门窗会绘制在立面上的过梁布置图，以便于施工人员对此种造型特殊的门窗过梁有一个确定的做法，避免发生施工人员理解上的错误。

另外，楼梯大样图是每一个多层建筑必不可少的部分，也是非常重要的部分，楼梯大样又分为楼梯各层平面及楼梯剖面图，需要仔细分析楼梯各部分的构成，是否能够构成一个整体。在进行楼梯计算的时候，楼梯大样图就是唯一的依据，所有的计算数据都是取自楼梯大样图，所以在看楼梯大样图时也必须将梯梁、梯板厚度及楼梯结构形式考虑清楚。

同样，模板按浇筑方式有现浇和预制之分，现浇混凝土及钢筋混凝土模板工程量，除另有规定者外，均应区别模板的不同材质，按混凝土与模板接触面的面积，以平方米（$m^2$）计算；预制钢筋混凝土构件模板工程量，除另有规定外均按混凝土实体体积以立方米（$m^3$）计算。

亭阁等木结构制作安装均按设计断面竣工木料，以立方米（$m^3$）计算，其后备长度及配制损耗不另计算；附属与屋架的夹板、垫木等已并入相应的屋架制作项目中，不另计算；与屋架连接的挑檐木、支撑等，其工程量并入屋架竣工木料体积内计算。

根据设计图纸对工、料计算和分析：

### 1. 人工的分析核算方法

（1）人工成本分析比率指标是进行项目人工成本分析控制常用的指标，是一组能够将人工成本与经济效益联系起来的相对数，其计算公式分别为：

$$劳动分配率＝（人工成本总额/增加值）×100\%$$

$$人事费用率＝（人工成本总额/收入）×100\%$$

$$人工成本占总成本的比重＝（人工成本总额/总成本）×100\%$$

劳动分配率表示企业在一定时期内新创造的价值中有多少比例用于支付人工成本，它反映分配关系和人工成本要素的投入产出关系。同一企业在不同年度劳动分配率比较，在同一行业不同企业之间劳动分配率的比较，说明人工成本相对水平的高低。

人事费用率表示企业生产和销售的总价值中有多少用于人工成本支出，同时也表示企业职工人均收入与劳动生产率的比例关系、生产与分配的关系、人工成本要素的投入产出关系。

劳动分配率和人事费用率实质上反映的是人工成本作为一种投入的效益，不同行业的企业之间，由于资本有机构成或劳动装备水平不同，增加值率和利润率不同，劳动分配率

和人事费用率存在明显差异。因此，劳动分配率和人事费用率指标适合同行业的企业之间进行比较。

（2）人工费控制

人工费控制必须注意：1）尽量减少非生产人员的数量；2）注意劳动组合和人机配套；3）充分利用有效的工作时间，尽量避免工时浪费，减少工作中的非生产时间；4）不断提高队伍技能；5）加强对零散用工的管理，提高零散用工的劳动生产率。

**2. 材料的核算方法**

（1）图纸数量的核对与计划的分解

核对图纸数量是项目开工前必不可少的准备工作，核对内容涉及个分部分项工程图纸的材料需求量，避免由于图纸的错误引起施工备料的不准确。图纸核对完毕，编制工程材料的"总需求计划"和"分部分项工程材料须用计划"。

（2）材料的现场控制

对于材料的收、发、存，一定要在施工现场控制，由于很多施工企业的工程涉及路基、桥涵、路面等多种施工情况，不同的施工情况有着各种不同的材料管理特点。如：路面以机械化作业为主，主要涉及大宗大批量的材料现加工过程管理；桥涵施工作业点多、作业环节较细、涉及多品种材料的收、发、存，施工中同时存在着材料的现加工与预加工的管理与控制。

为准确核算现场用料与设计的盈亏，采用以材料投放于工程实体中的实际用量反算各种用料的组成。可进行规格和尺寸度量的构件，原则上以设计要求的长、宽、高尺寸进行实际用料的统计计算，通过相应的配合比，反算实际使用的各种原材料。确定材料使用的盈亏情况。

（3）材料核算的数据收集

不同的施工特点有着不同的材料消耗过程，统计员应对各个环节全面了解，包括计划的落实与变更批复、预加工过程的材料收、发、存，现场施工的使用量测量、拌合设备的进料与出料数据、半成品料以及废料量的统计等过程。

**3. 机械的核算方法**

（1）机械核算统计必须做好的基础工作

1）机械核算所需基本数据，包括运行工时、维修工时、工作天数、工作台班、闲置天数、故障天数、能耗量、生产量、车辆行驶里程等。

机械核算中下设两类细分科目：自有工程机械和工程用车、外租工程机械和工程用车。自有工程机械和工程用车按公司设备编号细分设备，每台设备根据需要再细分以下费用：折旧费、大修费、车辆固定费、人工费（机组人员费）、配件及工具费、润滑及工作油费、其他维修费、拆装费、运输费、燃油费、用电费等。外租机械和工程用车按项目自编设备编号细分设备，每台设备需要再细分以下费用：租金、人工费（机组人员工资）、拆装费、运输费、燃油费、用电费等。严格把关各种费用的报销和入账。各种设备费用在报销和入账前严格归集划分到相应具体设备，并且应及时进行，与统计核算保持一致。

2）设备的使用、保养和维修需要消耗各种物资，物资管理是统计核算的基础工作。物资管理包括管理制度和工具条件两个方面。在管理制度方面，保证物资需用手续完善，每单出库具体到每一台设备的每一种物资类别；工具条件包括在物资管理上的记账工具以及内部计量工具。物资管理的记账工具上提倡使用存货核算系统与财务管理系统兼容形成的的网络化管理，保证双方数据一致。

（2）经济指标的分析

经济指标的分析按月度、季度、半年度和年度分别进行，对完工的项目部进行一次整个项目期间的统计分析。

**4. 工、料、机核算方法的应用**

（1）工、料、机核算数据可用于制定或修订企业定额，进行内部成本核算及内部考核。

（2）工、料、机核算数据可为项目管理提供参考。经济核算的数据清楚地反映各种费用的去向以及经济指标值得变化情况，从而可以发现管理过程中存在的问题，然后有重点地加强管理。

（3）工、料、机核算数据还可以为企业经营决策提供参考。通过经济核算可以详细的掌握各项成本数据，为市场投标提供参考依据。

**二、模板工程设计与计算的方法**

**1. 模板设计的原则**

模板系统的设计内容包括选型、选材、荷载计算、结构计算、拟定制作安装和拆除方案、绘制模板图。一般模板都由面板、次肋、主肋、对拉螺栓、支撑系统等部分组成，作用于模板的荷载传递路线，一般为面板→次肋→主肋→支撑系统，设计时可根据荷载作用状况及各部分构件的结构特点进行计算。通常情况下，模板的设计应遵循以下原则：

（1）实用性。

1）保证构件的形状尺寸和相互位置的正确。

2）接缝严密，不漏浆。

3）模架构造合理，支拆方便。

（2）安全性。

保证在施工过程中，不变形，不破坏，不倒塌。

（3）经济性。

针对工程结构的具体情况，因地制宜，就地取材，在确保工期、质量的前提下，尽量减少一次性投入，降低模板在使用过程中的消耗，提高模板周转次数，减少支拆用工，实现文明施工。

**2. 模板设计的步骤**

模板设计一般可按以下步骤进行：

（1）根据现浇混凝土结构和构件的实际情况，确定模板设计的荷载组合，并分析论证，为模板设计奠定基础。

（2）根据以上分析和荷载组合情况，进行面板配置方面的设计，并绘制面板配置图和支撑系统布置图。

（3）根据初步确定的荷载组合和面板配置设计，通过力学计算，验算模板设计是否符合要求；如果不符合要求，应适当改变面板的配置和构造组合。

（4）在验算符合要求的基础上，编制模板及配件的规格数量汇总表，模板周转计划，制定模板安装、拆除程序与方法，编制施工说明书等。

**3. 模板设计的要求**

为实现模板设计实用性、安全性和经济性的原则，在进行模板设计中，应达到以下基本要求：

（1）模板及其支架应根据工程结构形式、荷载大小、地基种类、施工设备、材料供应等条件进行设计，其支撑系统必须具有足够的强度、刚度和稳定性，其支承部分必须有足够的支撑面积，模板和支撑系统能可靠地承受浇筑混凝土的侧向压力以及施工荷载。

（2）模板工程应依据设计图纸编制可行的施工方案，以此进行模板工程的设计，并根据施工条件确定的荷载对模板及支撑系统进行验算，必要时应进行有关试验。在正式浇筑混凝土之前，应对所设计的模板工程进行验收，不合格的模板不能用于工程施工。

（3）在进行模板安装和混凝土浇筑时，应对模板和支撑系统进行观察和维护。当发生异常情况时，应按技术预案及时处理。

（4）对模板工程所用的一切材料必须认真选取和检查，不得选用不符合质量标准要求的材料。模板工程施工应具备制作简单、操作方便、牢固耐用、周转率高、费用较低、运输方便和维修容易等特点。

**4. 模板设计的荷载计算**

作用于模板系统的荷载主要有水平荷载和垂直荷载，在这些荷载中又有恒荷载和活荷载之分。在进行一般模板系统设计计算时，应根据规范的规定进行选用和组合。对于特殊模板系统，应根据施工过程中实际情况选用设计荷载值并进行荷载组合。

（1）模板荷载的标准值

在建筑工程混凝土浇筑中，模板所受到的荷载有恒荷载和活荷载。其中，模板系统的自重、新浇筑混凝土自重、钢筋自重为恒荷载标准值；施工人员及设备的自重、振捣混凝土产生的荷载、新浇混凝土对模板的侧面压力、倾倒混凝土产生的荷载为活荷载标准值。

1）模板系统的自重标准值。

模板系统的自重标准值（$G_{1k}$），主要包括模板、支撑系统的自重，有的模板还包括安全防护体系，如护栏、安全网等的自重荷载。自重标准值应根据模板设计图纸确定，一般的肋形楼板及无梁楼板的模板及其支架自重标准值，见表 2-12 所示。

**模板及其支架自重标准值（kN/m³）** 表 2-12

| 序　　号 | 模板构件名称 | 木　模　板 |
| --- | --- | --- |
| 1 | 平板的模板及小楞的自重 | 0.30 |
| 2 | 楼板模板的自重(其中包括梁的模板) | 0.50 |
| 3 | 楼板模板及支架的自重(楼层高度为4m以下) | 0.75 |

2）新浇筑混凝土自重标准值。

新浇筑混凝土自重标准值（$G_{2k}$），对于普通水泥混凝土可采用 24.0～24.5kN/m³，其他混凝土根据其实际测量的重力密度而确定，可参见表 2-13。

常用混凝土材料自重表

表 2-13

| 材料名称 | 自重(kN/m³) | 备注 |
|---|---|---|
| 素混凝土 | 22～24 | 振捣或不振捣 |
| 矿渣混凝土 | 20 | |
| 焦渣混凝土 | 16～17 | 承重用 |
| 焦渣混凝土 | 10～14 | 填充用 |
| 铁血混凝土 | 28～65 | |
| 浮石混凝土 | 9～14 | |
| 泡沫混凝土 | 4～6 | |
| 钢筋混凝土 | 24～25 | |

3）钢筋自重标准值。

钢筋自重标准值（$G_{3k}$）可根据施工图纸进行确定，对一般梁板结构每立方米钢筋混凝土的钢筋自重标准值为：楼板可取 1.1kN，梁可取 1.5kN。

4）新浇筑混凝土对模板侧面压力标准值。

影响新浇筑混凝土对模板侧面压力标准值（$G_{4k}$）的因素很多，如施工气温、混凝土密度、凝结时间、浇筑速度、混凝土坍落度、骨料种类、掺外加剂种类等。当采用内部振捣器时，新浇筑混凝土作用于模板的最大侧压力，可按下列两式计算，并取两式计算结果的较小值，即

$$Q = 0.22\gamma_c t_0 \beta_1 \beta_2 v^{\frac{1}{2}}$$

$$Q = \gamma_c H$$

式中 $Q$——新浇筑混凝土对模板的最大侧压力（kN/m²）；

$\gamma_c$——混凝土的重力密度（kN/m³）；

$t_0$——新浇混凝土的初凝时间（h），可以按照实测数据确定，当缺乏试验资料时，可采用 $t=200/(T+15)$ 进行计算，$T$ 为混凝土的温度（℃）；

$\beta_1$——混凝土外加剂影响修正系数，当不掺外加剂时取 1.0，掺加具有缓凝作用的外加剂时取 1.2；

$\beta_2$——混凝土坍落度影响修正系数，当坍落度小于 30mm 时，取 0.85；当坍落度为 50～90mm 时，取 1.0；当坍落度为 110～150mm 时，取 1.15；

$v$——混凝土的浇筑速度（m/h）；

$H$——混凝土侧压力计算位置处至浇筑混凝土顶面的总高度（m）。

5）施工人员及设备的自重标准值。

施工人员及设备的自重标准值（$Q_{1k}$），当计算模板及直接支撑模板的小楞时，均布荷载一般取 2.5kN/m²，再用集中荷载 2.5kN 进行验算，比较两者的弯矩值，按其中较大者采用；当计算直接支撑小楞结构构件时，均布荷载取 1.5kN/m²，计算支撑体系立柱及其他支撑体系构件时，均布荷载取 1.0kN/m²。

注：①大型浇筑设备（如上料台、混凝土输送泵等），应按实际情况进行计算；②混凝土堆积物料的高度超过 100mm 以上者，按实际堆积物料的高度进行计算；③当模板单块宽度小于 150mm 时，集中荷载可分布在相邻的两块板上。

6）振捣混凝土时产生的荷载标准值。

振捣混凝土时产生的荷载标准值（$Q_{2k}$），应分不同情况考虑。对于水平面模板产生荷载，可取 2.0kN/m²；对于垂直面模板，在新浇混凝土侧压力有效压头高度之内，可取 4.0kN/m²；有效高度以外不予考虑。

7）倾倒混凝土时产生的荷载标准值。

在倾倒混凝土时，对垂直面产生的水平荷载标准值见表 2-14。

倾倒混凝土时产生的水平荷载标准值　　　　　　　　　表 2-14

| 项次 | 向模板内供料方法 | 水平荷载（kN/m²） |
|---|---|---|
| 1 | 用溜槽、串筒或导管输出 | 2.0 |
| 2 | 用容量 0.2m³ 及小于 0.2m³ 的运输器具倾倒 | 2.0 |
| 3 | 用容量 0.2～0.8m³ 的运输器具倾倒 | 4.0 |
| 4 | 用容量大于 0.8m³ 的运输器具倾倒 | 6.0 |

（2）荷载分项系数与调整系数

在计算模板及其支撑时的荷载设计值，应当用荷载标准值乘以相应的分项系数与调整系数求得。

1）荷载分项系数：

① 恒荷载分项系数。当其效应对结构不利时取 1.2；当其效应对结构有利时取 1.0；但对抗倾覆有利时取 0.9。

② 活荷载分项系数。一般情况下取 1.4；模板的操作平台结构，当活荷载标准值不小于 4.0kN/m²，取 1.3（见表 2-15）。

荷载分项系数　　　　　　　　　表 2-15

| 荷载类别 | 分项系数 $\gamma_i$ |
|---|---|
| 模板及支架自重（$G_{1k}$） | 永久荷载的分项系数：<br>(1)当其效应对结构不利时，对由可变荷载效应控制的组合，应取 1.2；对由永久荷载效应控制的组合，应取 1.35 |
| 新浇筑混凝土自重（$G_{2k}$） | |
| 钢筋自重（$G_{3k}$） | |
| 新浇筑混凝土对模板侧面的压力（$G_{4k}$） | (2)当其效应对结构有利时，一般情况应取 1；对结构的倾覆、滑移验算，应取 0.9 |
| 施工人员及施工设备荷载（$Q_{1k}$） | 可变荷载的分项系数：<br>一般情况下应取 1.4<br>对标准值大于 4kN/m² 的活荷载应取 1.3 |
| 振捣混凝土时产生的荷载（$Q_{2k}$） | |
| 倾倒混凝土时产生的荷载（$Q_{3k}$） | |
| 风荷载（$w_k$） | 1.4 |

2）荷载调整系数：

① 对于一般钢模板结构，其设计荷载值可乘以 0.85 的调整系数；但对冷弯薄壁型钢模板结构，其设计荷载值的调整系数为 1.0。

② 对于木模板结构，当木材含水率小于 25% 时，其设计荷载值可以乘以 0.90 的调整系数，但是考虑到一般混凝土工程施工时都要湿润模板和浇水养护，含水率很难进行控制，因此一般均不乘调整系数，以保证结构安全。

③ 为防止模板结构在风荷载作用下产生倾倒，应从构造上采取有效措施。当验

算模板结构的自重和风荷载作用下的抗倾倒覆稳定性时，风荷载按现行国家标准《建筑结构荷载规范》（GB 50009）中的规定采用，其中基本风压值应乘以调整系数 0.80。

3）模板设计的荷载组合，见表2-16。

计算模板及其支架时的荷载组合　　　　　　　　　　　　表 2-16

| 项次 | 计算模板的结构类型 | 荷载组合 | |
| --- | --- | --- | --- |
| | | 计算承载能力 | 验算刚度 |
| 1 | 平板及薄壳的模板和支架 | 1)＋2)＋3)＋4) | 1)＋2)＋3) |
| 2 | 梁和拱模板的底板和支架 | 1)＋2)＋3)＋5) | 1)＋2)＋3) |
| 3 | 梁、拱、柱(边长≤300mm)、墙(厚≤100mm)的侧面模板 | 5)＋6) | 6) |
| 4 | 厚大体积、柱(边长＞300mm)、墙(厚＞100mm)的侧面模板 | 6)＋7) | 6) |

4）模板结构的刚度要求。

在建筑工程施工的实践中，因模板刚度不足而变形造成的混凝土质量事故很多，因此模板结构除必须有足够的承载能力外，还应保证具有足够的刚度。在验算模板及支架结构时，其最大变形值应符合下列要求：

① 对结构表面不做装修的外露模板，其最大变形值为模板构件计算跨度的 1/400。

② 对结构表面进行装修的隐蔽模板，其最大变形值为模板构件计算跨度的 1/250。

③ 支架体系的压缩变形或弹性度，应小于相应结构跨度的 1/1000。

当梁板跨度等于或大于 4m 时，模板应根据设计要求进行起拱；当设计中无具体要求时，起拱的高度宜为全长跨度的 1/1000～3/1000。钢模板可取偏小值，即 1/1000～2/1000；木模板可取偏大值，即 1.5/1000～3/1000。

# 第十六节　组 织 协 调

## 一、编制协调各工种交叉作业的方案

项目在运行过程中会涉及多工种、多工序的交叉作业，而处理好这方面的关系就需要制定相应的措施和方案进行协调，而协调也是工序及专业管理中的重要组成部分。

**1. 建立施工协调会制度**

工程施工前期，施工配合难度大、问题多，定期召开施工协调会，各专业及各工种负责人参加，要求参加会议的人员做到会前有准备，会上有决议，会后抓落实，必要时对于界面繁杂、工序穿插的重难点部位召开专题协调会。

**2. 落实图纸交底制度**

各工种、各专业之间都要有明确的图纸交底和合同交底制度，明确施工项目位置、尺寸、标高、做法，施工中严格按图操作。

**3. 实行工程验收交接制度**

凡是需要工序交接的施工项目，均要在隐蔽前做好验收记录，专业交接的项目要办理工程交接手续，工序交接，条件验收，明确责任。

## 二、编制实施性施工进度计划

实施性施工进度计划要在各专业合理协作的基础上编制，内容包括：

（1）制定施工方案，明确施工方法的确定、施工机械的选择、施工顺序的安排和流水施工的顺序。

（2）编制施工项目进度计划，以保证项目施工的均衡进行。

（3）编制资源供应计划，包括物料供应计划、机械设备的进场计划、劳务计划等。

（4）编制图纸深化及呈审的进度计划。

## 三、请求上级部门协调

（1）请求参加有关各专业工作协调会议，积极参与对总工期进度的协调。

（2）请求及时根据现场实际进度情况作出进度计划的调整。

（3）对各专业工种在施工过程中提出的问题和建议，请求其及时的答复并做好相应的协调工作。

（4）请求合理分配各专业工种的资金使用情况。

# 第三章 相 关 知 识

## 第一节 机 械 机 具

### 一、木工机械的性能、用途、保养方法

#### 1. 木工机械的分类、用途

木工机床加工的对象是木材。木材是人类发现利用最早的一种原料，与人类的住、行、用有着密切的关系。人类在长期实践中积累了丰富的木材加工经验，木工机床正是通过人们长期生产实践不断发现、不断探索、不断创造而发展起来的。

木工机械即为加工木材制品的机械器具，分为：木工锯床及跑车、木工刨床、木工开榫机、木工榫槽机、木工铣床、木工车床及多用机床、木材加工配套设备、家具制造机械。

#### 2. 木工机械使用与保养

木工机械在启动时，电机的电流会比额定值高5～6倍的，不但会影响电机的使用寿命而且消耗较多的电量。系统在设计时，在电机选型上会留有一定的余量，电机的速度是固定不变，但在实际使用过程中，有时要以较低或者较高的速度运行，为了能给设备提供过流、过压、过载等保护功能，通常采取对设备进行变频改造。

木工机械的保养方法见表3-1。

保养方法 表3-1

| 保养部位 | 保养周期 | 保养标准 | 具体措施 |
|---|---|---|---|
| 靠尺 | 40小时 | 靠尺尺寸正常、锯切板对角线正确 | 检查调整 |
| 电箱通风口过滤器 | 3天 | 清洁 | |
| 电控箱空调冷凝器 | 3天 | 清洁 | |
| 推料 | 每周 | 推料与锯切料平行 | 调节平行 |
| 锯车导轴上的除尘擦 | 每周 | 未磨损 | 磨损严重则更换 |
| 推轴在导轴上的轮子 | 每周 | 轮子与导轨接触良好，保证用手转不动轮子 | 检查，若轮子磨损严重必须更换 |
| 推料与锯车的驱动齿轮与齿条间隙 | 15天 | 间隙应在0.2mm | 用塞尺检查 |
| 锯皮带 | 40小时 | 松紧适度 | 调整或更换 |
| 锯车轮子 | 40小时 | 轮子与导轨接触良好，在导轨上的锯齿轮子要保证用手转不动 | 检查及调整，若轮子磨损严重，必须更换 |

| 保 养 部 位 | 保养周期 | 保 养 标 准 | 具 体 措 施 |
|---|---|---|---|
| 锯车积尘罩上的橡皮条 | 15 天 | 橡胶皮完好 | 检查及更换 |
| 电气元件 | 三天 | 清洁无粉尘 | 清洁 |
| 磁尺测量编码器 | 一周 | 线路板清洁无粉尘 | 清洁 |

### 二、圆锯和带锯机的故障原因及处理方法

（1）圆锯机常见故障及排除方法，见表 3-2。

**圆锯常见故障及排除方法** 表 3-2

| 故 障 现 象 | 故 障 原 因 | 排 除 方 法 |
|---|---|---|
| 锯截时锯缝太宽 | 锯片断面摇摆 | 必须磨锯片端面并用千分表检测 |
| 工作时锯片发热 | 锯齿已钝或锯片的预应力不均 | 前者刃磨锯齿，后者另作预应力处理 |
| 锯末堵塞锯齿 | 齿槽有锐角 | 消除齿槽内的锐角 |
| 锯齿易钝，齿尖易剔裂 | 齿顶尖不在同一圆周上 | 刃磨齿形 |
| 靠近齿槽有裂缝 | 齿槽不够大 | 防止裂缝继续蔓延，在裂缝末端直径 1.5～2mm 不锯 |

（2）带锯机常见故障及排除方法，见表 3-3。

**带锯机常见故障及排除方法** 表 3-3

| 故 障 现 象 | 故 障 原 因 | 排 除 方 法 |
|---|---|---|
| 锯条折断 | 1. 锯轮外轮缘磨损不均<br>2. 导引装置中夹板磨损过大<br>3. 锯条厚度不均<br>4. 锯条拉的太紧<br>5. 锯条过分挤压<br>6. 锯条焊接的宽度和厚度不匀<br>7. 锯齿开得不好，锯齿槽太小<br>8. 锯过钝 | 1. 检查磨损程度，重新磨平轮缘<br>2. 检查调整夹板，减小磨损<br>3. 将锯条焊接处调直<br>4. 将锯条放松，并使其行程均匀<br>5. 张紧锯条，调整靠盘，消除对锯条的挤压力<br>6. 检查焊缝处，并仔细修理平整<br>7. 检查锯齿的张开情况，增大齿槽<br>8. 将锯齿锉锐 |
| 机体震动 | 1. 机座与基础结合，下支承架与机座结合等螺栓有松动现象<br>2. 上下锯轮的静平衡达不到要求<br>3. 各部件结合面不严密<br>4. 轴承精度超差或经长期使用磨损<br>5. 上下锯轮径向跳动，端面跳动超过标准精度<br>6. 轴颈和轴承已损伤 | 1. 检查各处螺栓，并紧固<br>2. 将上下锯轮进行静平衡试验，并消除不平衡，使之达到标准<br>3. 检查机身和机座结合面，下轮支承架与机座结合面接触是否良好<br>4. 检查轴承精度，并更换合格轴承<br>5. 接触面涂色检查并修正<br>6. 更换轴承 |
| 锯条窜动 | 1. 锯轮外径面圆锥度超过允许范围<br>2. 上轮和下轮安装精度达不到要求<br>3. 锯条修整不良 | 1. 精车或磨锯轮<br>2. 重新校正安装位置<br>3. 重新修整 |

## 第二节　检　测　工　具

### 一、木工检测工具的使用原理及方法

#### 1. 水平角测量

所谓水平角，是指空间内两直线的夹角在水平面上的垂直投影，也就是说地面上一点到两目标点的方向线所夹的水平角，就是过这两条方向线所作两竖直面间的二面角。

为了测出水平角的大小，可以过某点 $C$ 的铅垂线上任意点设置一个有刻度的水平圆盘（称为水平度盘），其中心位于过 $C$ 点的铅垂线上，过其余两点 $AB$ 的直线 $CA$ 和 $CB$ 各作一个铅垂面，设两个铅垂面与水平圆盘交线的读数分别为 $a$ 和 $b$，由于水平圆盘是顺时针刻划，所以所求水平角 $\beta$ 为：$\beta=b-a$。

#### 2. 光学经纬仪测量

光学经纬仪具有体积小、重量轻、密封性好、精度高等优点，因而得到广泛应用，它的精度一般分为三级：$1''$ 级、$2''$ 级、$6''$ 级，前两种属精密仪器，后一种属中等精度仪器，是工程测量中常用的一种，我国对国产经纬仪编制了系列标准，分为 DJ07、DJ1、DJ2、DJ6、DJ15 和 DJ60 等级别，其中，D 和 J 分别表示"大地测量"和"经纬仪"两个词汉语拼音的第一个字母，后面的数字表示该仪器所能达到的精度标准，DJ6 级光学经纬仪属 $6''$ 级仪器。

DJ6 型经纬仪的读数系统光路图，外来光线经反光镜、毛玻璃、棱镜，照亮了竖直度盘和水平度盘，同时经透镜将竖直度盘和水平度盘的分划，通过单平板玻璃成像在读数窗上，最后，光线经过棱镜的折射，在读数显微镜内可以清晰地看到水平度盘、竖直度盘和测微盘的分划像。由于度盘分划线一般不能恰好成像于读数窗的双指标线的中间，所以在透视组和棱镜之间还装有光学测微器及单平板玻璃，且它和测微盘是连在一起的，当转动测微轮时单平板玻璃随着转动，从而使度盘分划像产生微小的位移，由于测微盘和单平板玻璃的连动，因而度盘分划像位移量可在测微盘的转动量测定。

#### 3. 其他检测工具

（1）卷尺

卷尺是日常最常用的测量工具，使用简单、携带方便，其常用类型为钢卷尺，还有纤维卷尺。钢卷尺分自卷式卷尺、制动式卷尺、摇卷式卷尺。纤维卷尺，其材质有 PVC 塑料和玻璃纤维，使用卷尺时，拉出尺带不得用力过猛，而应徐徐退回，对于制动式卷尺，应先按下制动按钮，然后徐徐拉出尺带，用毕后按下制动按钮，尺带自动收卷，尺带只能卷，不能折。

卷尺使用方法比较简单，测量时卷尺零刻度对准测量起始点，施以适当拉力，直接读取测量终止点所对应的尺上刻度，在一些无法直接使用钢卷尺的部位，可以用钢尺或直角尺，使零刻度对准测量点，尺身与测量方向一致，用钢卷尺量取到钢尺或直角尺上某一整刻度的距离，余长用读数法量出，较精确的钢卷尺出厂时和使用一段时间后都必须经过检定并注明检定时的温度、拉力与尺寸，测量水平距离时钢卷尺应尽量保持水平，否则会产生距离增长的误差。

（2）线坠

采用较重的特制线坠悬吊，以确定的轴线交点为准，直接向各施工层悬吊引测轴线。

线坠的几何形体要规正，重量要适当（1～3kg），吊线用编织的和没有扭曲的细钢丝。悬吊时要上端固定牢固，线中间没有障碍，尤其是没有侧向抗力。

线下端（或线坠尖）的投测人视线要垂直结构面，当线左、线右投测小于3～4mm时，取其平均位置，两次平均位置之差小于2～3mm时，再取平均位置，作为投测结果。投测中要防风吹和震动，尤其是侧向风吹。

在逐层引测中，要用大线坠（如5kg）每隔3～5层，由下向上放一次通线，以作校测。

首层放线验收后，应将控制轴线引测（弹出）在外墙立面上，作为各施工层主轴线竖向投测的依据，若视线不够开阔，不便架设经纬仪时，应改用激光铅直仪通过预留孔洞向上投测，这时的控制网由外控转为内控，其图形应平行于外廓轴线。控制轴线最好选在建筑物外廓轴线上、单元或施工流水段的分界线上、楼梯间或电梯间两侧的轴线上，由于施工现场情况复杂，利用这些控制线的平行线进行投测较为方便。

# 第三节  测量仪器

## 一、水准仪的基本原理

在建筑工程施工中，要根据设计图纸中要求的室内标高（±0.000）测出相应的绝对标高，以及对地况、建筑物的水平进行观测，进行建筑物的沉降观测等，都需要用水准仪（图 3-1）进行水准测量，已知地面 $A$ 点的高度为 $H_a$，需要测 $B$ 点的高程 $H_b$，就必须测出两点的高差 $i_{ab}$，在 $AB$ 之间安装水准仪，$AB$ 之间竖一根水准尺，测量时利用水准仪上的一条水平视线，需要已知高程点 $A$ 上所立水准尺的高度 $a$（称为后视读数），未知高程点 $B$ 上水准尺的高度 $b$（称为前视读数），$AB$ 两点的高度差 $i_{ab}$ 可由下式求得：

图 3-1  水准仪

$$i_{ab}=a-b$$

当 $a>b$ 时，高度差 $i_{ab}$ 为止，$B$ 点高于 $A$ 点；

当 $a<b$ 时，高度差 $i_{ab}$ 为负，$B$ 点低于 $A$ 点，则 $B$ 点的高程为

$$H_b=H_a+i_{ab}=H_a+(a-b)$$

## 二、水准仪的使用和维护方法

### 1. 水准仪操作的基本方法和步骤

（1）安置仪器，张开三脚架，使架头大致平整，高度与观测者身高相适应，把三脚架的脚尖踩入土中，使其稳固，将水平仪安放到架上，用中心螺旋将仪器牢固地连接在三脚架上。

（2）粗略整平，调整基座上的脚螺旋，使圆水准器上的气泡居中，将仪器粗略整平，

整平时，先同时转动一对脚螺栓使气泡走到中间位置，再转动脚螺旋，使气泡走到居中位置。

（3）瞄准水准尺，松开制动螺旋，转动望远镜，通过瞄准器初步瞄准水准尺，然后拧紧制动螺旋。转动望远镜对光螺旋，至能清楚看清水准尺上的尺度，再转动微动螺旋，使十字丝贴近水准尺边缘。

（4）精确整平，转动微倾螺旋，使水准管气泡居中，为了提高目估水准管气泡居中的精度，常在水准管上方装一组棱镜，这组棱镜的 4 面恰好和水准管轴线在一个竖面上，通过折光作用，就把半个气泡的两端反映在望远镜旁一个小目镜内，如气泡两端的像重合，则气泡居中。

（5）读数，当气泡居中稳定后，迅速在水准尺上读十字丝所切之数。

**2. 水准仪使用维护注意事项**

（1）仪器安置完后，测量人员不得离开，或另设专人保护，不让无关人员接近仪器。

（2）微调螺旋要居中，不易过高或过低，以便于水准仪的调平。

（3）制动螺旋应拧紧适度，不得过紧。

（4）不使用手指、手帕擦拭物镜及目镜上的灰尘。

（5）使用时应避免在大风、雨淋、在烈日或雨雪天操作，需要时应撑伞遮挡。

### 三、激光水准仪

激光水准仪又称为激光标线仪（图 3-2），是将激光仪器发射的激光束导入水准仪的望远镜筒内，使其沿视准轴方向射出的水准仪。它有专门激光水准仪和将激光装置附加在水准仪之上两种形式。

利用激光的单色性和相干性，可在望远镜物镜前装配一块具有一定遮光图案的玻璃片或金属片，即波带板，使之所生衍射干涉。经过望远镜调焦，在波带板的调焦范围内，获得一明亮而精细的十字形或圆形的激光光斑，从而更精确地照准目标。如在前、后水准标尺上配备能自动跟踪的光电接收靶，即可进行水准测量。在施工测量和大型构件装配中，常用激光水准仪建立水平面或水平线。

图 3-2 激光水准仪

数字水准仪是目前最先进的水准仪，配合专门的条码水准尺，通过仪器中内置的数字成像系统，自动获取水准尺的条码读数，不再需要人工读数。这种仪器可大大降低测绘作业劳动强度，避免人为的主观读数误差，提高测量精度和效率。

### 四、全站仪

全站仪（图 3-3）是全站型电子速测仪的简称。它是一种多功能仪器，除能自动测距、测角和测高三个基本要素外，还能直接测定坐标一级放样等，具有高速、高精度和多功能的特点，全站仪现已广泛应用于控制测量、工程放样、安装测量、变形观测、地形图测绘和地籍测量等领域，实现测量工程内外业一体化、自动化、智能化的硬件系统。

基本操作方法：

（1）安置仪器、对中、整平：将全站仪安置于测站，反射镜安置于目标点，并对中和整平。

（2）开机自检：打开电源，仪器进入自动检验后，纵转望远镜进行初始化，显示水平度盘与竖直度盘读数。

（3）输入参数：主要输入棱镜常数、温度、气压及湿度等气象参数。

（4）选定模式：主要有测距单位，小数位数及测距模式，角度单位等。

（5）后视已知方位：输入测站坐标及后视边方位。

图 3-3 全站仪

（6）观测前视欲求点位。

# 第四节 质 量 验 收

## 一、一般质量要求

（1）木材含水率≤12％（胶拼件材含水率 8％～10％），不得使用腐朽虫蚀的木材，外表用料不得有死节、虫眼和裂缝。

（2）木制品制成后宜刷防潮底油一遍。

（3）胶合板应表面平整，木质纤维不应脱胶、变色及腐朽。

（4）造型结构，各龙骨间距、位置应符合设计要求和安全要求。

（5）框架应采用榫头结构（细木工板及类似材除外）。

（6）表面光滑，无毛刺和明显钉痕，采用贴面应平服（包括防火成形板），牢固，不脱胶，边角不起翘。防火成形板的表面无划痕，无色差。

（7）贴面板应用粘合剂粘贴后再用钉子固定。

## 二、木工制品质量要求

### 1. 吊橱

（1）表面应平整光滑，不得有毛刺、锤印，粘贴面平整牢固，不脱胶，无空鼓，边角处不起翘，表面不得有钉帽外露。

（2）橱门安装应牢固，开关灵活，门下口与底位置平行，小五金安装齐全，位置正确，间隙一致。

（3）抽屉开关灵活，无卡阻现象。

（4）质量允许偏差及制定：

1）橱门缝塞度≤2.0mm（游标卡尺，楔形塞尺）。

2）垂直度≤2.0mm（线锤、卷尺或其他量具）。

3）对角线长度差≤2.0mm（线锤、卷尺或其他量具）。

4）相邻门高低差≤2.0mm（卷尺、钢直尺）。

5）木材含水率≤15％（含水率测定仪）。

6) 门板平整度≤2.0mm/m（1m靠尺、塞尺）。

用目测、手感及相应工具全数检验均应符合要求。本条中每项抽检各不少于2处。

**2. 门、窗**

（1）品种、规格、开启方向、安装位置应符合设计要求。

（2）门窗安装应牢固、横平竖直、高低一致。

（3）外门窗安装时，其填充材料、嵌缝材料应符合设计要求并不得渗漏水。

（4）门扇应开启灵活，无阻滞及反弹现象，关闭后不翘角，不露缝；厚度均匀，外观洁净，大面无划痕、碰伤、缺棱等现象。

（5）门窗偏差项目质量要求检验办法及判定：

1）框的正侧面垂直度≤3.0mm（1m靠尺）。

2）框的对角线长度差≤2mm（钢卷尺）。

3）框与扇、扇与扇接触处高低差≤2mm（钢直尺）。

4）扇与框留缝宽度1.5～2.5mm（塞尺）。

5）门扇与地面应有留缝，内门宜为6～8mm，卫生间、厨房宜为10～12mm（楔形塞尺）。

**3. 衣柜**

（1）框架应垂直、水平，柜内应洁净，表面应砂磨光滑，不应有毛刺和锤印。

（2）大面无划痕、碰伤、缺棱等现象，贴面板及线条应粘贴平整牢固，不脱胶，边角处不起翘；拼块应平整严密，镶钻幻彩线粘结平顺。

（3）柜门安装牢固，开关灵活，上下缝一致，横平竖直。

（4）夹板与墙之间防潮，墙面涂沥青，板刷光油。

（5）质量允许偏差及判定：

1）柜门缝宽度≤2.5mm（楔形塞尺）。

2）垂直度≤2.0mm（线锤、钢尺卷）。

3）对角线长度≤2.0mm（线锤、钢尺卷）。

每柜随机选门一扇，测量不少于两处，取最大值。采用目测和手感的方法验收。

**4. 墙面造型**

（1）玻璃、玻璃砖及镜面玻璃的品种、规格、图案和颜色应符合设计要求。

（2）安装应牢固端正，边角处不得有尖口、毛刺，表面应洁净，不得有污迹。周边打玻璃胶时，玻璃胶应均匀、美观、饱满。

（3）缝口紧密，板面间隙宽度均匀，木纹朝向一致，图案清晰。

（4）质量允许偏差及判定：

1）上口平直度≤3.0mm（5m拉线，不足5m拉通线，钢直尺）。

2）面板垂直度≤2.0mm（线锤、钢直尺）。

3）表面平整度≤1.50mm（1m靠尺，楔形塞尺）。

4）面板间隙宽度≤2.0mm（钢直尺）。

用目测、手感、全数检验均应符合要求，本条中每面测量不少于2处）。

**5. 木地板**

（1）地板与墙面间应留5～15mm的伸缩缝，伸缩缝应用踢脚线盖住。

（2）表面应洁净无沾污，应刨平磨光，无刨痕、刨茬、毛刺、开裂、明显凹痕、钉眼及其他影响美观和使用的缺陷。

（3）木格栅应安装牢固、间距符合设计要求。

（4）地板铺设应牢固无松动，行走时地板无响声。

（5）质量允许偏差及判定：

1）地板表面平整度≤2.0mm（2≤2m靠尺、楔形塞尺）。

2）缝隙宽度、长度不小于900mm的地板≤1.0mm，其他地板≤0.5mm（塞尺）。

3）地板接缝高低差≤0.5mm（游标卡尺）。

4）地板接缝平直度≤3.0mm（5m拉线不足5m拉通线、钢直尺）。

用目测及相应工具全数检验均应符合要求。本条中各独立空间每一项抽检不少于5处，若有2处以上（含2处）不符合要求或有一处大于等于质量要求的200%以上，即为不合格。

**6. 花饰**

（1）表面应洁净，图案清晰。

（2）安装应牢固，不得有裂纹、翘曲、缺楞、掉角，接缝严密。

（3）质量允许偏差及判定：

1）条形花饰安装尺寸偏差每米不得大于1mm；全长不大于3mm。

2）单独花饰安装尺寸偏差≤5mm。

目测、用钢卷尺、全数检验均应符合要求。

**7. 锦缎软包**

（1）所用材料应符合设计要求。

（2）构造、做法应符合设计要求，压条严密、牢固。

（3）尺寸正确、楞角方正、填充饱满平整、锦缎面松紧适度、手感舒适。

（4）安装平顺、紧贴墙面、花纹一致、接缝严密，无翘边、褶皱。

（5）表面平整、清洁，无污染，接缝处图案花纹吻合，无波纹起伏。

目测、手感、全数检验、均应符合要求。

**8. 吊顶**

（1）各种吊顶骨架安装应牢固，其间距、焊接应符合设计要求，主龙骨无明显弯曲，次龙骨连接处无明显错位，采用木龙骨架和嵌装灯具等物体时，应进行防火处理。

（2）吊顶位置应准确，所有连接件必须拧紧夹牢。

（3）吊顶安装应牢固，表面平整，无污染、拆裂、缺棱掉角、凹痕等缺陷。

（4）粘贴固定的罩面板不应有脱层，搁置的罩面板不应有漏透、翘角现象。

（5）偏差尺寸项目及检测判定：

1）罩面板表面平整度≤2mm（2m靠尺、楔形塞尺）。

2）罩面板接缝平整度≤3mm（5m拉线，不足5m拉通线、钢直尺）。

3）罩面板压条平整度≤3mm（5m拉线，不足5m拉通线、钢直尺）。

4）罩面板接缝高低差≤1mm（钢直尺、塞尺）。

5）罩面板压条间距≤2mm（钢直尺）。

6）吊顶水平度≤4mm（水平尺、塞尺）。

目测、手感、全数检验、均应符合要求。本条中每独立空间每项抽检相互垂直的方向不少于两处，均应符合要求。

### 9. 模板工程

（1）基本规定

1）验收内容包括模板的标高；顶板模板的平整度；梁、柱的截面尺寸；板的起拱高度；满堂架的稳定性，立杆、水平杆的间距；墙、柱模板的截面尺寸、垂直度；模板的背楞钢管间距；预埋件及预埋孔洞的留置位置等。

2）模板安装和浇筑混凝土时，应对模板及其支架进行观察和维护。发生异常情况时，应按预案及时处理。

（2）主控项目

1）安装现浇结构的上层模板及其支架时，下层楼板应具有承受上层荷载的承载能力，或加设支架；上、下层支架的立柱应对准，并铺设垫板。

2）模板与混凝土接触面应清理干净并涂刷隔离剂，但不得采用影响结构性能或妨碍装饰工程的隔离剂。

3）所有外模和边梁底模不得连于外脚手架上。

（3）一般项目

1）一般模板：

① 模板的接缝不应漏浆；在浇筑混凝土前，木模板应浇水湿润，但模板内不应有积水。

② 模板与混凝土的接触面应清理干净并涂刷隔离剂，但不得采用影响结构性能或妨碍装饰工程施工的隔离剂。

③ 浇筑混凝土前，模板内的杂物应清理干净。

④ 对清水混凝土工程及装饰混凝土工程，应使用能达到设计效果的模板。

2）用作模板的地坪、胎模等应平整光洁，不得产生影响构件质量的下沉、裂缝、起砂或起鼓。

3）对跨度不小于4m的现浇钢筋混凝土梁、板，其模板应按设计要求起拱；当设计无具体要求时，起拱高度宜为跨度的1/1000～3/1000。

① 检查数量：在同一检验批内，对梁，应抽查构件数量的10%，且不少于3件；对板，应按有代表性的自然间抽查10%，且不少于3间；对大空间结构，板可按纵、横轴线划分检查面，抽查10%，且不少于3面。

② 检验方法：水准仪或拉线、钢尺检查。

4）固定在模板上的预埋件、预留孔和预留洞均不得遗漏，且应安装牢固。

① 检查数量：在同一检验批内，对梁、柱和独立基础，应抽查构件数量的10%，且不少于3件；对墙和板，应按有代表性的自然间抽查10%，且不少于3间；对大空间结构，墙可按相邻轴线间高度5m左右划分检查面，板可按纵横轴线划分检查面，抽查10%，且均不少于3面。

② 预埋件和预留孔洞的允许偏差见表3-4。

**预埋件和预留孔洞允许偏差**　　　　　表 3-4

| 项　目 | | 允许偏差（mm） | 检验方法 |
|---|---|---|---|
| 预埋钢板中心线位置 | | 3 | |
| 预埋管、预留孔中心线位置 | | 3 | |
| 插筋 | 中心线位置 | 5 | |
| | 外露长度 | +10,0 | 钢尺检查 |
| 预埋螺栓 | 中心线位置 | 2 | |
| | 外露长度 | +10,0 | |
| 预留洞 | 中心线位置 | 10 | |
| | 尺寸 | +10,0 | |

注：检查中心线位置时，应沿纵、横两个方向量测，并取其中的较大值。

　　5）现浇结构模板安装偏差的规定：

　　① 检查数量：在同一检验批内，对梁、柱和独立基础，应抽查构件数量的 10%，且不少于 3 件；对墙和板，应按有代表性的自然间抽查 10%，且不少于 3 间；对大空间结构，墙可按相邻轴线间高度 5m 左右划分检查面，板可按纵、横轴线划分检查面，抽查 10%，且均不少于 3 面。

　　② 现浇结构模板安装的允许偏差及检验方法见表 3-5。

**现浇结构模板安装的允许偏差及检验方法**　　　　　表 3-5

| 项　目 | | 允许偏差（mm） | 检验方法 |
|---|---|---|---|
| 轴线位置 | | 5 | 钢尺检查 |
| 底模上表面标高 | | ±5 | 水准仪或拉线、钢尺检查 |
| 截面内部尺寸 | 基础 | ±10 | 钢尺检查 |
| | 柱、墙、梁 | +4,−5 | 钢尺检查 |
| 层高垂直度 | 不大于 5m | 6 | 经纬仪或吊线、钢尺检查 |
| | 大于 5m | 8 | 经纬仪或吊线、钢尺检查 |
| 相邻两板表面高低差 | | 2 | 钢尺检查 |
| 表面平整度 | | 5 | 2m 靠尺和塞尺检查 |

注：检查轴线位置时，应沿纵、横两个方向量测，并取其中的较大值。

　　6）预制构件模板安装偏差的规定：

　　① 检查数量：首次使用及大修后的模板应全数检查；使用中的模板应定期检查，并根据使用情况不定期抽查。

　　② 预制构件模板安装的允许偏差及检验方法见表 3-6。

**预制构件模板安装的允许偏差及检验方法**　　　　　表 3-6

| 项　目 | | 允许偏（mm） | 检 验 方 法 |
|---|---|---|---|
| 长度 | 板、梁 | ±5 | |
| | 薄腹梁、桁架 | ±10 | 钢尺量两角边，取其中较大值 |
| | 柱 | 0,−10 | |
| | 墙板 | 0,−5 | |

| 项　目 | | 允许偏(mm) | 检验方法 |
|---|---|---|---|
| 宽度 | 板、墙板 | 0，−5 | 钢尺量一端及中部，取其中较大值 |
| | 梁、薄腹梁、桁架、柱 | +2，−5 | |
| 高(厚)度 | 板 | +2，−3 | 钢尺量一端及中部，取其中较大值 |
| | 墙板 | 0，−5 | |
| | 梁、薄腹板、桁架、柱 | +2，−5 | |
| 侧向弯曲 | 梁、板、柱 | $l/1000$ 且≤15 | 拉线、钢尺量最大弯曲处 |
| | 墙板、薄腹梁、桁架 | $l/1500$ 且≤15 | |
| | 板的表面平整度 | 3 | 2m靠尺和塞尺检查 |
| | 相邻两板表面高低差 | 1 | 钢尺检查 |
| 对角线差 | 板 | 7 | 钢尺量两个对角线 |
| | 墙板 | 5 | |
| 翘曲 | 板、墙板 | $l/1500$ | 调平尺在两端量测 |
| 设计起拱 | 薄腹梁、桁架、梁 | ±3 | 拉线、钢尺量跨中 |

注：$l$ 为构件长度（mm）。

# 第五节　季节施工

## 一、钢筋混凝土工程在冬、雨期及夏季施工和养护知识

### 1. 钢筋混凝土工程在冬期施工措施

（1）当室外平均气温连续 5 天低于+5℃，最低气温低于−3℃时，各分项工程均应按冬期施工要求施工，确保混凝土在受冻前的强度不低于设计强度标准值的30%。

（2）在混凝土中掺入早强剂提高混凝土的早期强度，增强混凝土的抗冻能力。

（3）备足一定数量塑料薄膜和石棉被等覆盖物，用于覆盖新浇混凝土保温养护。

（4）延长混凝土构件的拆模时间，利用模板蓄热保温。

（5）冬期施工中须用的材料应事先准备，妥善保管；使用的砂、石中不得含冰、雪等结块；须用热水拌合混凝土时，热水温度不得大于80℃。

（6）钢筋焊接时应尽可能避开低温天气，以防焊接头冷却太快产生液断，闪光对焊采用玻璃棉覆盖保温约3~5分钟，电渣压力焊采用延长拆除焊接盒时间的办法进行保温。

（7）冬期施工期间，应注意收听天气预报，作业尽量安排在天气相对较暖的时间进行。

（8）对已浇筑的混凝土要指定专人负责现场测温工作，并做好测温记录，测温时间为浇筑后 6 小时、12 小时、18 小时、24 小时，严密监视气温变化，以便及时采取措施，防止混凝土被冻坏。

### 2. 钢筋混凝土工程在雨期施工措施

（1）砌筑工程：砖在雨期必须集中堆放，不宜浇水砌墙时应干湿合理搭配，如大雨来

临前，砌砖收工时在顶层砖上覆盖一层平砖，避免大雨冲刷灰浆，砌体在雨后施工，须复核已完工砌体的垂直度和标高。

（2）混凝土工程：模板隔离层在涂刷前要及时掌握天气预报信息，以防隔离层被雨水冲掉，遇到大雨时，应停止浇筑混凝土，已浇部位应加以覆盖。

（3）抹灰工程：

1）雨天不准进行室外抹灰，至少能预计1~2天的天气变化情况，对已施工的墙面应注意防止雨水冲刷。

2）室内抹灰尽量在做完屋面后进行。

3）雨天不宜做罩面油漆。

4）所有的机械棚要搭设牢固，防止倒塌漏雨。机电设备采取防雨、防淹措施，安装接地安全装置。

5）材料仓库应加固，保证不漏雨，不进水。

6）根据现场实际，在建筑物四周做好排水沟，开挖沉淀池，通过水泵排入下水道内。

7）如遇暴雨和雷雨，应暂停施工，尤其是塔吊遇到六级以上大风或雷雨时应停止作业。

**3. 钢筋混凝土工程在夏季炎热施工措施**

（1）砖块要充分湿润，铺灰长度相应减小。

（2）屋面工程应安排在下午3点钟以后进行，避开高温时间。

（3）对已浇筑的混凝土及时用草袋覆盖，并设专人浇水养护。

（4）高温季节做好防暑降温工作，适当调整休息时间，避开高温施工。

（5）做好防台防汛工作，遇有六级以上台风，禁止高空作业。

**二、其他木工工程季节性施工及养护**

**1. 木工工程雨期施工及养护**

（1）凡是集中堆放在露天的木模板，上面必须用彩条布覆盖，下部必须有木方架空，以防长时间淋雨而造成模板变形。

（2）雨后支模，要检查隔离剂是否被大雨冲刷掉，如有的模板被冲刷，一定要补刷完成后才能进行施工。

（3）每次雨后支模必须要清理完根部混凝土表面的杂物和用水冲淤泥，清理干净后才能支模。

（4）雨天不允许用木条填塞缝口，防止天晴后木材收缩后造成模板缝口不严出现混凝土浇筑时漏浆。

**2. 木工工程冬期施工及养护**

（1）冬期施工模板的支撑、断面、刚度、支点位置应适宜，支撑应可靠。

（2）应有防冻措施，支撑的地基不能为冰冻地基，以防化冻地基下沉。

（3）模板制作周期不宜过长，造成干缩缝变大，混凝土浇筑前应提前浇水湿润，但在冬季水不宜过多，以防模板面结冰，造成安全事故。

（4）冬期施工，应及时清除模板内冰块和冻雪，模板侧模拆除应在混凝土强度达到临界强度后，以防侧模拆除后混凝土受冻。

(5) 冬期施工必须做好保温措施，但同时更要注意安全防火。

## 第六节　施工质量通病的预防

主要工程施工质量通病的预防如下：

**1. 基础模板**

现象：带形基础要防止沿基础通长方向模板上口不直，宽度不够，下口陷入混凝土内，拆模时上段混凝土缺损，底部钉模不牢。

措施：

(1) 模板应有足够的强度和刚度，支模时垂直度要准确。

(2) 模板上口应钉木带，以控制带形基础上口宽度，并通长拉线，保证上口平直。

(3) 隔一定间距，将上段模板下口支撑在钢筋支架上。

(4) 支撑直接在土坑边时，下面应垫以木板，以扩大其承力面，两块模板长向接头处应加拼条，使板面平整，连接牢固。

**2. 柱模板**

现象：防止炸模、断面尺寸散出、漏浆、混凝土不密实，或蜂窝麻面、偏斜、柱身扭曲。

措施：

(1) 根据规定的柱箍间距要求钉牢固。

(2) 成排柱模支模时，应先立两端柱模，校直与复核位置无误后，顶部拉通长线，再立中间柱模。

(3) 柱模板四周斜撑要牢固。

**3. 楼板模板**

现象：防止板中部下挠，板底混凝土面不平。

措施：

(1) 楼板模板厚度要一致，搁栅木料要有足够的强度和刚度，搁栅面要平整。

(2) 支顶要符合规定的保证项目要求。

**4. 轴线位移**

现象：混凝土浇筑后拆除模板时，发现柱、墙实际位置与建筑物轴线位置有偏移。

措施：

(1) 模板轴线测放后，组织专人进行技术复核验收，确认无误后才能支模。

(2) 墙、柱模板根部和顶部必须设可靠的限位措施，如采用现浇楼板混凝土上预埋短钢筋固定钢支撑，以保证底部位置准确。

(3) 支模时要拉水平、竖向通线，并设竖向垂直度控制线，以保证模板水平、竖向位置准确。

(4) 根据混凝土结构特点，对模板进行专门设计，以保证模板及其支架具有足够强度、刚度及稳定性。

(5) 混凝土浇筑前，对模板轴线、支架、顶撑、螺栓进行认真检查、复核，发现问题及时进行处理。

（6）混凝土浇筑时，要均匀对称下料，浇筑高度应严格控制在施工规范允许的范围内。

**5. 标高偏差**

现象：测量时，发现混凝土结构层标高及预埋件、预留孔洞的标高与施工图设计标高之间有偏差。

措施：

（1）每层楼设足够的标高控制点，竖向模板根部须做找平。

（2）模板顶部设标高标记，严格按标记施工。

（3）建筑楼层标高由首层±0.000m 标高控制，严禁逐层向上引测，以防止累计误差，当建筑高度超过 30m 时，应另设标高控制线，每层标高测点应不少于 2 个，以便复核。

（4）预埋件及预留孔洞，在安装前应与图纸对照，确认无误后准确固定在设计位置上，必要时用电焊或套框等方法将其固定，在浇筑混凝土时，应沿其周围分层均匀浇筑，严禁碰击和振动预埋件与模板。

（5）楼梯踏步模板安装时应考虑装修层厚度。

**6. 接缝不严**

现象：由于模板间接线不严有间隙，混凝土浇筑时产生漏浆，混凝土表面出现蜂窝，严重的出现孔洞、露筋。

措施：

（1）翻样要认真，严格按 1/10～1/50 比例将各分部分项细部翻成详图，详细标注。

（2）严格控制木模板含水率，制作时拼缝要严密。

（3）木模板安装周期不宜过长，浇筑混凝土时，木模板要提前浇水湿润，使其胀开密缝。

（4）钢模板变形，特别是边框外变形，要及时修整平直。

（5）钢模板间嵌缝措施要控制，不能用油毡、塑料布、水泥袋等去嵌缝堵漏。

（6）梁、柱交接部位支撑要牢靠，拼缝要严密（必要时缝间加双面胶纸），发生错位要校正好。

**7. 模板未清理干净**

现象：模板内残留木板、浮浆残渣、碎石等建筑垃圾，拆模后发现混凝土中有缝隙，且有垃圾夹杂物。

措施：

（1）钢筋绑扎完毕，用压缩空气或压力水清除模板内垃圾。

（2）在封模前，派专人将模内垃圾清除干净。

（3）墙柱根部、梁柱接头外预留清扫孔，预留孔尺寸不小于 100mm×100mm，模内垃圾清除完毕后及时将清扫口处封严。

**8. 模板支撑选配不当**

现象：由于模板支撑系选配和支撑方法不当，结构混凝土浇筑时产生变形。

措施：

（1）模板支撑系统根据不同的结构类型和模板来选配，以便相互协调配套。使用时，应对支撑系统进行必要的验算和复核，尤其是支柱间距应经计算确定，确保模板支撑系统具有足够的承载能力、刚度和稳定性。

（2）木质支撑体系如与木模板配合，木支撑必须钉牢楔紧，支柱之间必须加强拉结连接，木支柱脚下用对拔木楔调整标高并固定，荷载过大的木模板支撑体系可采用枕木堆塔方法操作，用扒钉固定好。

（3）钢质支撑体系其钢楞和支撑的布置形式应满足模板设计要求，并能保证安全承受施工荷载，钢管支撑体系一般宜搭成整体排架式，其立柱纵横间距一般为 1m 左右（荷载大时应采用密排形式），同时应加设斜撑和剪刀撑。

（4）支撑体系的基底必须坚实可靠，竖向支撑基底如为土层时，应在支撑底铺垫型钢或脚手板等硬质材料。

（5）在多层或高层施工中，应注意逐层加设支撑，分层分散施工荷载。侧向支撑必须支顶牢固，拉结和加固可靠，必要时应打入地锚或在混凝土中预埋铁件和短钢筋头作撑脚。

**9. 木地板缝不严**

现象：木地板面层板缝不严，板缝宽度大于 0.3mm。

措施：

（1）制造地板条的木材应经过蒸煮和脱脂处理，含水率限值应符合规范要求，一般北方不大于 10%，南方不大于 15%，其他地区不大于 12%。材料进场后必须存放在干燥通风的室内。

（2）地板条拼装前，须经严格挑选，有腐朽、疖疤、劈裂、翘曲等疵病者应剔除，宽窄不一、企口不合要求的应经修理再用。长条地板条有顺弯者应刨直，有死弯者应从死弯处截断，适当修整后使用。

（3）为使地板面层铺设严密，铺设前房间应弹线找方，并弹出地板周边线。

（4）长条地板与木搁栅垂直铺钉，当地板条为松木或为宽度大于 70mm 的硬木条时，其接头必须在搁栅上。接头应互相错开，并在接头的两端各钉一枚钉子。为使拼缝严密，钉长条地板时要用扒锔加木楔楔紧。

（5）长条地板铺至接近收尾时，要先计算一下差几块到边，以便将该部分地板条修成合适的宽度。严禁用加大缝隙来调整剩余宽度。装最后一块地板条不容易严密，可容许地板条刨成略有斜度的大小头，以小头插入并楔紧。

（6）先完成室内湿作业并安装好门窗玻璃后再铺设木地板。木地板铺完应及时苫盖、刨平、磨光后立即上油或烫蜡，以免"拔缝"。

（7）慎用硬杂木材种作长条木地板的面层条。

（8）对用于高级建筑的木地板面层板条，制作好后六面应涂上清漆，使之免受温度变化的影响。

治理方法：缝隙小于 1mm 时，用同种木料的锯末加树脂胶和腻子嵌缝。缝隙大于 1mm 时，用相同材料刨成薄片（成刀背形），蘸胶后嵌入缝内刨平。如修补的面积较大，影响美观，可将烫蜡改为油漆，并加深地板的颜色。

**10. 门窗框变形**

现象：门窗框制作好后，边梃、上下槛、中贯档发生弯曲或者扭曲、反翘，门窗框立面不在同一个平面内，立框后，与门窗框接触的抹灰层挤裂或挤脱落，或者边梃与抹灰层离开，变形使门窗扇开关不灵活，甚至门窗扇关不上或关不平，关上后拉不开，无法使用。

措施：

（1）将木材干燥到规定的含水率。当采用窑干时，木材含水率不应大于12%，当受条件限制时，允许采用不大于当地平衡含水率的气干木材。

（2）对要求变形小的门框，应选用红松及杉木等制作。遇到偏心原木，要将年轮疏密部分分别锯割。变形大的阴面部分应挑出不用。木纹的斜率一般应控制在12%以内。

（3）掌握木材的变形规律，按变形规律合理下锯，多出径切板。对于较长的门框边梃，选用锯割料中靠心材部位。

（4）在木材窑干末期，根据木材内部的应力情况，加强终了处理，消除残余应力。

（5）当门框边梃、上槛料宽度超过120mm时，在靠墙面开5mm深、10mm宽的沟槽，以减少出现瓦形的反翘。

（6）门框重叠堆放时，应使底面支承点在一个平面内，以免产生翘曲变形，并在表面覆盖防雨布，防止雨水淋湿和太阳暴晒而再次受到膨胀干缩。

（7）门窗框制作好后，应及时刷底子油一遍。与砖墙接触的一面，应涂刷防腐油，防受潮变形。

治理方法：

（1）门窗框拼装好后发生变形，对弓形反翘、边弯的木材可通过烘烤凸面使其平直。

（2）若由于边梃或上下槛变形严重而使门窗框翘曲时，可将变形严重的框料取下，重新换上好料。

（3）在木材窑干末期，根据木材内部因木材干燥后截面形状的改变，通过髓心的弦切板，两端收缩较大，中央收缩小，其结果呈凸形。

**11. 门窗框翘曲（皮楞）**

现象：经检验合格的门窗扇安装后，出现以下现象：

（1）单扇门窗扇。装合页的一边与框平，另一边一个角与框平，而另一个角高出框面。

（2）双扇门窗扇。装合页的一边都与框平。中间裁口处的等扇与盖扇的接触面不能全部靠实，其中一个角挨上，另一个角则留有空隙。

措施：

（1）安装门窗时要用线坠吊直，按规程进行操作。安装完毕要进行复查。

（2）门框安完以后，可先把立梃的下角清刷干净，用水泥砂浆将其筑牢，以加强门框的稳定性。但应控制砂浆的厚度，上面留出抹面的余量。

（3）注意成品保护，避免框因车撞、物碰而位移。

（4）安扇前对门、窗框要进行检查，发现问题及早处理。

治理方法：

（1）偏差在2mm以内的，安扇时可以用调整合页在立梃上的横向位置来解决。即允许装合页的一边扇与框可以略有不平，而保证另一边扇与框的平整。

（2）偏差在4mm以内时，除了调整合页在立梃上的横向位置，还可将立梃上的梗铲掉一些，使扇与框接触严实，表面平整。

（3）偏差在 4mm 以上时，把不垂直的立梃上面的钉子锯断或起出，重新调整立梃的位置，使其垂直。

**12. 门窗框松动**

现象：门窗框安装后经使用产生松动；当门窗扇关闭时撞击门窗框，使门窗口灰皮开裂、脱落。

措施：

（1）木砖的数量应按图纸或有关规定设置，一般不超过 10 皮砖一块，半砖墙或轻质隔墙应在木砖位置砌入混凝土块。

（2）较大的门窗框或硬木门窗框要用铁挎子与墙体结合。

（3）门窗洞口每边空隙不应超过 20mm，如超过 20mm，钉子要加长，并在木砖与门窗框之间加木垫，保证钉子钉进木砖 50mm。

（4）门窗框与木砖结合时，每一木砖要钉长 100mm 钉子两个，而且上下要错开，不要钉在一个水平线上。垫木必须通过钉子钉牢，不应垫在钉子的上边或下边。

（5）门窗框与洞口之间的缝隙超过 30mm 时，应灌细石混凝土；不足 30mm 的应塞灰，要分层进行，待前次灰浆硬化后再塞第二次灰，以免收缩过大，并严禁在缝隙内塞嵌水泥袋纸或其他材料。

治理方法：

（1）如门窗框松动程度不严重，可在门窗框的立梃与砖墙缝隙中的适当部位加木楔楔紧，并用 100mm 以上的圆钉钉入立梃，穿过木楔，打入砖墙的水平灰缝中，将门窗框固定。

（2）木砖松动或间距过大时，可在门框背后适当部位刻一个三角形小槽，并在结构面上相应位置剔一个洞，下一个铁扒锔，小洞内浇筑细石混凝土。为使混凝土浇捣密实，模板应支成喇叭口，待混凝土终凝后，将凸出部分凿掉。

（3）门窗口塞灰离缝脱落，应重新做好塞灰。

**13. 门窗框安装不垂直**

现象：

（1）门窗框的边梃与墙轴线不垂直，门窗框在墙中里外倾斜。

（2）门窗扇安上后开关不灵或自动开闭（俗称走扇）。

措施：

（1）立门窗框时必须拉通线找平，并用线坠逐樘吊正、吊直。

（2）门窗框立好并吊直后，应用斜撑与地面的小木桩临时固定，然后再复查一次是否保持垂直。

（3）在施工过程中，瓦工、木工要密切配合，及时检查校正门窗框是否垂直，如发现歪斜，应及时纠正。

治理方法：

先将固定门窗框的钉子取出或锯断，然后将门窗框上下走头处的砌体凿开，重新对窗框进行吊直校正，经检查无误后，再用钉重新固定在两侧砖墙的木砖上，然后用高强度等级水泥砂浆将走头部分的砌体修补好。

**14. 门窗扇翘曲**

现象：

将门窗扇安装在检查合格的框上时，扇的四个角与框不能全部靠实，其中的一个角跟框保持着一定距离。

措施：

(1) 提高门窗扇的制作质量，门窗扇翘曲超过 2mm，不得出厂使用。

(2) 对已进场的门窗扇，要按规格堆放整齐，平放时底层要垫实垫平，距离地面要有一定的空隙，以便通风。

(3) 安装前对门窗扇进行检查，翘曲超过 2mm 的经处置后才能使用。

治理方法：

(1) 门窗扇安装时，翘曲偏差在 2mm 以内，可将门窗扇装合页一边的一端向外拉出一些，使另一边与框保持平齐。

(2) 把框上与扇先行靠在一起的那个部位的梗铲掉，使扇和框靠实。

(3) 借助门锁和插销将门窗扇的翘曲校正过来。

**15. 门窗扇缝隙不均匀、不顺直**

现象：

(1) 门窗扇与框之间的缝有大有小，不一致（指同一条缝）。

(2) 双层对扇窗（也包括带亮子的窗），中间的上下缝错开，十字缝不成十字。

措施：

(1) 加强基本功训练，并在操作实践中注意积累经验。

(2) 如果直接修刨把握不大时，可根据缝隙大小的要求，用铅笔沿框的里棱在扇上画出应该修刨的位置。修刨时注意不要吃线，要留有一定的修理余地。

(3) 安装对扇，尤其是安装上下对扇窗时，应先把对扇的口裁出来。裁口缝要直、严，里外一致。在框的中贯梃上分中，并向等扇的一边赶半个裁口画线，让扇的中缝对准此点，

然后再在四周画线进行修刨；合页槽要剔得深浅一致，这样就比较有把握使缝隙上下一致。

治理方法：

(1) 缝隙小或不均匀，可用细刨、扁铲将多余的部分修掉。

(2) 缝隙过大或上下错开的，根据情况将扇摘下来，加帮条重新安装。

**16. 窗帘盒安装不平、不严**

现象：

(1) 单个窗帘盒高低不平，一头高一头低；同一墙面若干个窗帘盒不在一个水平上。

(2) 窗帘盒与墙面接触不严。

(3) 窗帘盒两端伸出窗口的长度不一致。

措施：

(1) 窗帘盒的标高不得从顶板往下量，更不得按预留洞的实际位置安装，必须以基本水平线为标准。

(2) 同一墙面上有若干个窗帘盒时，要拉通线找平。

（3）洞口或预埋件位置不准时，应先予以调整，使预埋连接件处于同一水平上。

（4）安装窗帘盒前，先将窗框的边线用方尺引到墙皮上，再在窗帘盒上画好窗框的位置线，安装时使两者重合。

（5）窗口上部抹灰应设标筋，并用大杠横向刮平。安装窗帘盒时，盖板要与墙面贴紧。如果墙面局部不平，可将盖板稍为修刨调整，不得凿墙皮。

# 第七节　施 工 预 算

## 一、本工种的定额标准

基础定额有关说明：

（1）本定额是按机械和手工操作综合编制，不论实际采用何种操作方法，均按定额执行。

（2）本定额木材木种分类如下：

一类：红松、水桐木、樟子松。

二类：白松（方杉、冷杉）、杉木、杨木、柳木、椴木。

三类：青松、黄花松、秋子木、马尾松、东北榆木、柏木、苦楝木、梓木、黄菠萝、椿木、楠木、柚木、樟木。

四类：栎木（柞木）、檀木、色木、槐木、荔木、麻栗木（麻栎、青刚）、桦木、荷木、水曲柳。

（3）本定额木材木种均以一、二类木种为准，如采用三、四类木种时，分别乘以以下系数：

1）木门窗制作：按相应项目人工和机械乘以 1.3；

2）木门窗安装：按相应项目人工和机械乘以 1.16；

3）其他项目：均按相应项目人工和机械乘以 1.35。

（4）定额中木材是以自然干燥条件下含水率为准编制的，需人工干燥时，其费用可列入木材价格内，各地区另行确定。

（5）定额所用板、方材规格、分类见表 3-7。

**板、方材规格分类**　　　　　　　　　　　　　　　表 3-7

| 材　　种 | 板　　材 | 方　　材 |
|---|---|---|
| 按比例分（宽厚比） | $b:a\geqslant3$ | $b:a<3$ |
| 按厚度分（mm） | 薄板 $a\leqslant18$<br>中板 $a=19\sim35$<br>厚板 $a=36\sim65$<br>特厚板 $a\geqslant66$ | — |
| 按乘积分（宽×厚,cm²） | — | 小方<54<br>中方=55～100<br>大方=101～225<br>特大方≥226 |
| 长度（米） | 针叶树1～8,阔叶树1～6 | |

（6）定额中所注明的木材断面或厚度均以毛料为准。如设计图纸注明的断面或厚度为净料时，应增加刨光损耗：板、方材一面刨光增加 3mm；圆木每立方材积增加 0.05m³。

（7）定额中木门窗框、扇断面取定如下：

无扇镶板门框：60mm×100mm。

有扇镶板门框：60mm×120mm。

无纱窗框：60mm×90mm。

有纱窗框：60mm×110mm。

无纱镶板门扇：45mm×100mm。

有纱镶板门扇：45mm×100mm＋35mm×100mm。

无纱窗扇：45mm×60mm。

有纱窗扇：45mm×60mm＋35mm×60mm。

胶合板门扇：38mm×60mm。

定额取定的断面与设计规定不同时，应按比例换算，框断面以边框断面为准（框裁口如为钉条者加贴条的断面），扇料以主梃断面为准，换算公式为：

（设计断面（加刨光损耗）/定额断面）×定额材积

（8）木门窗不论现场或附属加工厂制作，均执行本定额。现场外制作点至安装地点的运输，另行计算。

（9）本定额普通木门窗、天窗按框制作、框安装、扇制作、扇安装分列项目。

## 二、本工种的工程量计算方法

（1）木板大门：按设计图示数量以樘计算，包含：门（骨架）制作、运输；五金配件安装；刷防护材料、油漆。

（2）木屋架（刚木屋架）：按设计图示数量以榀计算，包含：制作、运输、安装、刷防护材料、油漆。

（3）木柱、木梁：按设计图示数量以体积计算，包含：制作、运输、安装、刷防护材料、油漆。

（4）木楼梯：按设计图示尺寸以水平投影面积计算。不扣除宽度小于 300mm 的楼梯井，伸入墙内部分不计算，包含：制作；运输；安装；刷防护材料、油漆。

（5）木门：按设计图纸图示以樘计算，包含：门制作、运输、安装，五金、玻璃安装，刷防护材料、油漆。

备注：含镶板木门、企口木门板、实木装饰门、胶合板门、夹板装饰门、木质防火门、木纱门、连窗门。

（6）木窗：按设计图示数量以樘计算，包含：窗制作、运输、安装；五金、玻璃安装；刷防护材料、油漆。

备注：含木质平开窗、木质推拉窗、矩形木百叶窗、异形木百叶窗、木组合窗、木天窗、矩形木固定窗、异形木固定窗、装饰空花木窗。

（7）木门窗套：按设计图示尺寸以展开面积计算，包含：清理基层、底层抹灰、立筋制作、安装、基层板安装、面层铺贴、刷防护材料、油漆。

（8）木窗帘盒：按设计尺寸以长度计算，包含：制作、运输、安装、刷防护材料、油漆。

（9）木窗台板：按设计图示尺寸以长度计算，包含：清理基层、抹找平层、窗台板制作、安装、刷防护材料、油漆。

例：某小区 5 号楼南立面所使用的木窗 WC-02（图 3-4），依据窗户可计算出组材用料。

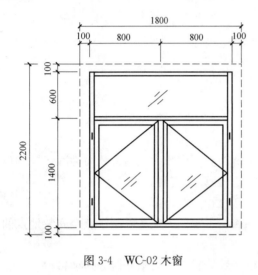

洞口尺寸：1800mm×2200mm；

木窗面积：1600mm×2000mm；

数量：16 樘。

图 3-4　WC-02 木窗

木窗组材计算表见表 3-8、表 3-9。

型材计算表

表 3-8

| 1600mm×2000mm<br>型材名称 | 长度(m) | 支数 | 总长度(m) | 每米重量(kg/m) | 总重量(kg) |
|---|---|---|---|---|---|
| 60 塑钢平开边框 | 1.60 | 2 | 3.20 | 1.113 | 3.56 |
| 60 塑钢平开边框 | 2.00 | 2 | 4.00 | 1.113 | 4.45 |
| 60 塑钢平开中梃 | 1.60 | 1 | 1.60 | 1.239 | 1.98 |
| 60 塑钢平开中梃 | 0.60 | 1 | 0.60 | 1.239 | 0.74 |
| 60 塑钢平开窗扇料 | 0.80 | 4 | 3.20 | 1.302 | 4.17 |
| 60 塑钢平开窗扇料 | 0.60 | 4 | 2.40 | 1.302 | 3.12 |
| 60 塑钢平开大中梃 | 0.00 | 0 | 0.00 | 1.758 | 0.00 |
| 60 塑钢压线 | 0.80 | 4 | 3.20 | 0.221 | 0.71 |
| 60 塑钢压线 | 0.60 | 4 | 2.40 | 0.221 | 0.53 |
| 60 塑钢压线 | 0.80 | 2 | 1.60 | 0.221 | 0.35 |
| 60 塑钢压线 | 0.60 | 2 | 1.20 | 0.221 | 0.26 |
| 60 塑钢压线 | 1.60 | 2 | 3.20 | 0.221 | 0.71 |
| 60 塑钢压线 | 1.40 | 2 | 2.80 | 0.221 | 0.62 |

五金配置表 表 3-9

| 序号 | 名称 | 规格 | 数量 | 品牌 | 单价(元/件) | 金额(元) |
|---|---|---|---|---|---|---|
| 塑钢内平开窗 | 执手 | CZ36 | 1 | — | 8.48 | 8.48 |
| | 传动锁闭器 | BNC11008 | 1 | — | 13.33 | 13.33 |
| | 锁座 | SBT61 | 2 | — | 1.13 | 2.26 |
| | 提升块 | SBT72 | 1 | — | 0.90 | 0.90 |
| | 上角部铰链 | HNC11A | 1 | — | 10.17 | 10.17 |
| | 下角部铰链 | HNC32C | 1 | — | 7.91 | 7.91 |
| | 限位撑 | DG10 | 1 | — | 6.78 | 6.78 |

注：依据表中单樘用材，则可求得 16 樘木窗总用材。

# 第八节 工程管理

## 一、岗位责任制的内容和制定方法

### 1. 岗位责任制内容
（1）认真执行国家、地方以及行业有关法律、法规、标准和规范。
（2）根据图纸和施工方案组织施工，保证施工质量符合规范要求。
（3）合理配置施工机具、材料、构配件等资源，限额领料，杜绝浪费。
（4）贯彻落实安全生产操作规程，正确佩戴和施工安全防护用品。
（5）杜绝违章指挥，制止违章作业，及时消除各种安全隐患。
（6）正确使用手工工具、机械设备，定期进行维修和保养。
（7）保证作业场地工程材料堆放整齐有序，机械设备布置工整。
（8）及时进行废品、垃圾清理，保证工完场清、活完脚下清。

### 2. 岗位责任的制定方法
（1）内容要详尽，条理要清晰，指标要明确，职责、权利和义务要对应。
（2）明确本岗位的工作方法和流程，覆盖本岗位的全部工作内容。
（3）明确质量、环境、职业健康与安全方面的要求。

## 二、复杂木结构的质量评定标准

### 1. 木屋架质量评定标准
（1）木屋架制作
1）保证项目
① 木材的树种、材质等级、含水率和防火、防虫、防腐处理必须符合设计要求和施工规范的规定。
　　检验方法：观察检查和检查测定记录。
② 采用钢材及附件的材质、型号、规格和连接构造等必须符合设计要求和施工规范及其专门规定。

检验方法：观察、尺量检查和检查出厂合格证、试验报告。

③ 屋架支座节点、脊节点和上、下弦接头的构造必须符合设计要求和施工规范的规定。

检查方法：观察、尺量检查和检查大样技术复核单。

2）基本项目

① 木结构的钢拉杆、垫板、螺帽应满足：螺帽数量及螺杆伸出螺帽长度符合施工规范的规定。钢拉杆顺直，垫板平整紧密，各钢件防锈处理均匀。

检查数量：按拉杆数量抽查10%，但均不少于3件。

检查方法：观察和尺量检查。

② 屋架木腹杆与上、下弦的连接应满足：腹杆轴线与承压面垂直，连接紧密，扒钉牢固，且在扒钉孔处无裂缝。

检查数量：按不同连接、接头形式的节点各抽查10%，但均不少于3件。

检查方法：观察和用手推拉检查。

3）允许偏差和检验方法，见表3-10。

木屋架的制作允许偏差和检验方法　　　　　　表3-10

| 项次 | 项目 | | | 允许偏差（mm） | 检验方法 |
|---|---|---|---|---|---|
| 1 | 构件截面尺寸 | 方木构件高度宽度 | | −3 | 尺量检查 |
| | | 板材厚度宽度 | | −2 | |
| | | 原木构件梢径 | | −5 | |
| 2 | 结构长度 | 长度不大于15m | | ±10 | 尺量检查屋架支座节点中心距离 |
| | | 长度大于15m | | ±15 | |
| 3 | 屋架高度 | 跨度不大于15m | | ±10 | 尺量检查脊节点中心与下弦中心距离 |
| | | 跨度大于15m | | ±15 | |
| 4 | 受压或压弯构件翘曲 | 方木构件 | | $L/500$ | 拉线尺量检查 |
| | | 原木构件 | | $L/200$ | |
| 5 | 弦杆节点间距 | | | ±5 | |
| 6 | 齿连接刻槽深度 | | | ±2 | |
| 7 | 支座节点受剪面 | 长度 | | −10 | |
| | | 宽度 | 方木 | −3 | |
| | | | 原木 | −4 | 尺量检查 |
| 8 | 螺栓中心间距 | 进孔处 | | ±0.2$d$ | |
| | | 出孔处 | 垂直木纹方向 | ±0.5$d$ 且不大于$4B/100$ | |
| | | | 顺木纹方向 | ±1$d$ | |
| 9 | 钉进孔处的中心间距 | | | ±1$d$ | |
| 10 | 屋架起拱 | | | +20 −10 | 以两支座节点下弦中心线为准，拉一水平线，用尺量下弦中心线与拉线之间距离 |

注：$d$为螺栓或钉的直径，$L$为构件长度，$B$为板束总厚度。

检查数量：木屋架应逐榀检查。

（2）木屋架安装

1）保证项目

木结构的支座、支撑连接、檩条等构造必须符合设计要求和施工规范的规定，连接必须牢固，无松动。

检查方法：观察和用手推拉检查。

2）基本项目

① 木屋架的支座部位处理应满足：屋架的支座部位不封闭在墙体之内，构件的两侧及端部留出空隙均不小于50mm。

检查数量：抽查支座总数的10%，但不少于3个。

检验方法：观察和尺量检查。

② 木屋架的支座部位防腐处理应满足：木构件的砖石砌体、混凝土的接触处，以及支座垫木用防腐处理的药剂、处理方法、吸收量符合施工规范规定。

检查数量：抽查支座总数的10%，但不少于3个。

检验方法：观察和尺量检查，检查施工记录。

③ 椽条安装应满足：椽条和檩条钉结牢固，屋脊处两椽条拉结可靠。椽条接头设在檩条上，并逐根错开布置。

检查数量：抽检不少于3间。

检查方法：观察和用手推拉检查。

④ 屋面板应满足：屋面板厚度符合设计要求，铺钉平整，接头应在檩条、椽条上分段错开，每段接头处板的总宽度不大于1m，无漏钉。

检查数量：抽检不少于3间。

检查方法：观察和尺量检查。

⑤ 封山板、封檐板满足：表面光洁，接头采用燕尾榫并镶接严密，下边缘至少低于檐口平顶25mm。

检查数量：抽检不少于3间。

检查方法：观察和尺量检查。

3）允许偏差和检验方法见表3-11。

**2. 木门窗质量检验评定标准**

（1）主控项目

1）通过观察、检查材料进场验收记录和复验报告等方法，检验木门窗的木材品种、材质等级、规格、尺寸、框扇的线形及人造夹板的甲醛含量符合设计要求。

2）木门窗应采用烘干的木材，含水率应符合《建筑木门、木窗》（JG/T 122）的规定。

3）木门窗的防火、防腐、防虫处理应符合设计要求。

4）木门窗的结合处和安装配件处不得有木节或已填补的木节，木门窗如有允许限值以内的死节及直径较大的虫眼时，应用同一材质的木塞加胶填补，对于清漆制品，木塞的木纹和色泽应与制品一致。

5）门窗框和厚度大于60mm的门窗扇应用双榫连接，榫槽应采用胶料严密嵌合，并应用胶楔加紧。

| 项次 | 项 目 | | 允许偏差（mm） | 检验方法 |
|---|---|---|---|---|
| 1 | 结构中心线的间距 | | ±20 | 尺量检查 |
| 2 | 垂直度 | | $H/200$ 且不大于 15 | 吊线尺量检查 |
| 3 | 受压或压弯构件纵向弯曲 | | $L/300$ | 吊（拉）线尺量检查 |
| 4 | 支座轴线对支座支承面中心位移 | | 10 | 尺量检查 |
| 5 | 支座标高 | | ±5 | 用水准仪检查 |
| 6 | 檩条、椽条 | 方木截面 | −2 | 尺量检查 |
| | | 原木梢径 | −5 | 尺量检查，椭圆时取大小径的平均值 |
| | | 间距 | −10 | 尺量检查 |
| | | 方木上表面平直 | 4 | 每坡拉线尺量检查 |
| | | 原木上表面平直 | 7 | |
| | | 悬臂檩接头位置 | $L/50$ | 尺量检查 |
| 7 | 油毡搭接宽度 | | −10 | 尺量检查 |
| 8 | 挂瓦条间距 | | ±5 | |
| 9 | 封山、封檐板平直 | 下椽 | 5 | 拉 10m 线，不足 10m 拉通线，尺量检查 |
| | | 表面 | 8 | |

注：$L$ 为檩条跨度。检查数量：抽检不少于 3 间。

6）胶合板门、纤维板门和模压门不得脱胶，胶合板不得刨透表层单板，不得有戗槎，制作胶合板门、纤维板门时，边框和横楞应在同一平面上，面层、边框及横楞应加压胶结，横楞和上、下冒头应各钻两个以上的透气孔，透气孔应通畅。

7）木门窗的品种、类型、规格、开启方向、安装位置及连接方式应符合设计要求。

8）门窗框的安装必须牢固，预埋木砖的防腐处理、木门窗框固定的数量、位置及固定方法应符合设计要求。

9）在木门窗上安装铰链时，其开槽深度、尺寸应与铰链厚度、大小匹配，螺钉面与铰链面平，不得用榔头将螺钉砸入框内。门窗上冒头须刷油漆。

10）木门窗扇必须安装牢固，并应开关灵活，关闭严密，无倒翘。

11）木门窗配件的型号、规格、数量应符合设计要求，安装应牢固，位置应正确，功能应满足使用要求。

（2）一般项目

1）木门窗表面应洁净，不得有刨痕、锤印。

2）木门窗的割角、拼缝应严密平整。门窗框、扇裁口应顺直，刨面应平整。

3）木门窗上槽、孔应边缘整齐，无毛刺。

4）木门窗与墙体缝隙的填嵌材料应符合设计要求，填嵌应饱满。寒冷地区外门窗（或门窗框）与砌体间的空隙应填充保温材料。

5）门窗制作的允许偏差和检验方法见表 3-12。

| 项次 | 项目 | 构件名称 | 允许偏差(mm) | | 检验方法 |
|---|---|---|---|---|---|
| | | | 普通 | 高级 | |
| 1 | 翘曲 | 框 | 3 | 2 | 将框、扇平放在检查平台上,用塞尺检查 |
| | | 扇 | 2 | 2 | |
| 2 | 对角线长度差 | 框、扇 | 3 | 2 | 用钢尺检查,框量裁口里角,扇量外角 |
| 3 | 表面平整度 | 扇 | 2 | 2 | 用1m靠和塞尺检查 |
| 4 | 高度、宽度 | 框 | 0;−2 | 0;−1 | 用钢尺检查,框量裁口里角,扇量外角 |
| | | 扇 | +2;0 | +1;0 | |
| 5 | 裁口、线条结合处高低差 | 框、扇 | 1 | 0.5 | 用钢直尺和塞尺检查 |
| 6 | 相邻棂子两端门距 | 扇 | 2 | 1 | 用钢直尺检查 |

6) 木门窗安装的留缝限值、允许偏差和检验方法见表 3-13。

| 项次 | 项目 | | 留缝限值(mm) | | 允许偏差(mm) | | 检查方法 |
|---|---|---|---|---|---|---|---|
| | | | 普通 | 高级 | 普通 | 高级 | |
| 1 | 门窗槽口对角线长度差 | | — | — | 3 | 2 | 用钢尺检查 |
| 2 | 门窗框的正、侧面垂直度 | | — | — | 2 | 1 | 用1m垂直检测尺检查 |
| 3 | 框与扇、扇与扇接缝高低差 | | — | — | 2 | 1 | 用钢直尺和塞尺检查 |
| 4 | 门窗扇对口缝 | | 1~2.5 | 1.5~2 | — | — | 用塞尺检查 |
| 5 | 工业厂房双扇大门对口缝 | | 2~5 | — | — | — | 用塞尺检查 |
| 6 | 门窗扇与上框门留缝 | | 1~2 | 1~1.5 | — | — | |
| 7 | 门窗扇与侧框门留缝 | | 1~2.5 | 1~1.5 | — | — | |
| 8 | 窗扇与下框间留缝 | | 2~3 | 2~2.5 | — | — | |
| 9 | 门扇与下框间留缝 | | 3~5 | 3~4 | — | — | |
| 10 | 双层门窗内外框间距 | | — | — | 4 | 3 | 用钢尺检查 |
| 11 | 无下框时门窗扇与地面间留缝 | 外门 | 4~7 | 5~6 | — | — | 用塞尺检查 |
| | | 内门 | 5~8 | 6~7 | — | — | |
| | | 卫生间门 | 8~12 | 8~10 | — | — | |
| | | 厂房大门 | 10~20 | — | — | — | |

## 三、独立编制本工种大型施工组织设计的方案

### 1. 方案编制的基本内容

(1) 编制依据;

(2) 工程概况;

(3) 施工部署;

(4) 施工准备;

（5）主要分项工程施工方法及管理措施。

**2. 方案编制的基本要求及要点**

（1）填写编制依据的基本要求

在编制依据部分，应详细列出用于本项目的合同、施工图、主要图集、主要规范（规程、标准）、主要法规及其他相关文件清单（现场条件、公司管理文件、现场情况等）。以列表形式表达，见表3-4～表3-18。在填写相关内容时，应注意图集、规范、法规和文件的有效性。

1）合同，见表3-14。

合同示意表格 表 3-14

| 合同名称 | 编　号 | 签订日期 |
|---|---|---|
|  |  |  |

2）施工图，见表3-15。

施工图示意表格 表 3-15

| 图纸名称 | 图纸编号 | 出图日期 |
|---|---|---|
|  |  |  |
|  |  |  |

3）主要规范、规程、标准（结合项目，按照公司规范清单选择），见表3-16。

规范、规程、标准 表 3-16

| 类　别 | 名　称 | 编　号 |
|---|---|---|
| 国家 |  |  |
| 行业 |  |  |
| 地方 |  |  |

4）主要法规，见表3-17。

法规 表 3-17

| 类　别 | 名　称 | 编　号 |
|---|---|---|
| 国家 |  |  |
| 行业 |  |  |

5）其他见表3-18。

其他 表 3-18

| 类　别 | 名　称 | 编　号 |
|---|---|---|
| 企业 |  |  |

（2）填写工程概况的基本要求

在这一部分，应该介绍清楚参与本项目施工管理的相关单位和专业的基本设计情况及特点，采用表格形式列出。

1）工程概况：

在工程概况中，应简明扼要的说明工程的主要技术参数、环境条件和参与本工程施工管理的各相关单位，见表 3-19。

工程概况表　　　　　　　　　　　　表 3-19

| 序　号 | 项　目 | 内　容 |
|:---:|:---:|:---:|
| 1 | 工程名称 | |
| 2 | 工程地点 | |
| 3 | 建筑功能 | |
| 4 | 建筑面积 | |
| 5 | 层数 | |
| 6 | 建筑高度 | |
| 7 | 结构形式 | |
| 8 | 建筑特点 | |
| 9 | 建设单位 | |
| 10 | 设计单位 | |
| 11 | 监理单位 | |
| 12 | 施工单位 | |
| 13 | 合同工期 | |
| 14 | 合同质量目标 | |

2）施工现场条件，见表 3-20。

施工现场条件　　　　　　　　　　　　表 3-20

| 序　号 | 项　目 | 内　容 |
|:---:|:---:|:---:|
| 1 | 地理位置 | |
| 2 | 环境、地貌 | |
| 3 | 地上情况 | |
| 4 | 地下情况 | |
| 5 | 三通一平情况 | |
| 6 | 施工用水情况 | |
| 7 | 施工供电情况 | |
| 8 | 施工供热情况 | |
| 9 | 需要解决的问题 | |

（3）施工部署基本要求

1）项目经理部组织机构。

必须绘制项目经理部组织机构图框。人员分工和职责以附件的形式给出。

2）施工部署的总原则、总顺序。

总原则是指为实现合同质量、工期目标，项目整体施工安排中的空间、时间等要求，以及施工流水、施工组织的总体介绍。

总顺序是指各分项、分部工程施工安排之间的逻辑关系,采用流程图的形式进行表达。

3) 工程目标。

质量方针、质量目标、工期目标、安全目标、消防目标、文明施工目标、科技管理目标。

4) 施工进度计划:

① 介绍本项目施工进度计划编制的原则。

② 提出本工程关键线路、各分部、分项工程的开始、完成时间。对有人防、消防、电梯安装等应列出其计划验收时间等。

③ 对主要分项、分部的施工日期进行统计。以表格的形式表达。

5) 各种资源使用量计划:

① 主要劳动力计划。

以列表的形式,分专业、工种提出劳动力使用计划,见表 3-21。

劳动力使用计划表                                                          表 3-21

| 专业工种 | 施工配合阶段 | 正常施工阶段 | 调试阶段 |
|---|---|---|---|
|  |  |  |  |
|  |  |  |  |

但不限于此,可以结合项目特点提出,必须绘制劳动力动态曲线图。

② 主要施工机械选用计划,见表 3-22。

施工机械选用计划表                                                        表 3-22

| 序号 | 名称 | 型号 | 单位 | 数量 | 进场时间 |
|---|---|---|---|---|---|
|  |  |  |  |  |  |

③ 其他重要资源、设备的进场计划。如大型设备的进场计划。

6) 总平面图布置。

按基础、结构、装修三个阶段制定。

(4) 施工准备基本要求

施工准备涉及以下四方面内容:

1) 技术准备;

2) 劳动力的配备;

3) 机具准备;

4) 物资准备。

(5) 主要分项工程施工方法要求

依据施工顺序按以下内容编写:

1) 作业条件;

2) 所需机具;

3) 工艺流程;

4) 施工方法;

5) 主控项目或关键部位施工的保证措施；

6) 应达到的验收标准；

7) 成品保护措施；

8) 安全环保措施。

# 第九节 班组管理

班组是企业的一个最基本单位，企业的各项施工任务都分解到每个施工班组，木工班组就是其中之一，班组中只有通过全体人员的共同努力，才能实现项目施工目标。

班组管理的基本内容有：班组人员管理，班组设备管理，班组材料管理，班组质量管理，班组安全管理，班组施工技术管理以及班组文明管理等。

## 一、班组人员管理

在班组管理中，对人员的管理为最基本的管理。主要管理内容有以下几点：

（1）加强班组人员思想管理。让每个人明白自己的本职工作是什么，出色完成自己的本职工作对社会有什么重要意义，会带来什么样的经济效益和社会效益，调动每个人员的积极性，使每个成员自觉履行职责。

（2）建立明确的岗位责任制及奖罚制度。根据编制的岗位职责，明确每个成员在规定的时间内要完成什么内容，完成的量有多大，以及完成的质量标准等。

（3）按照编制完成且已经过审批的施工方案要求，科学组织流水作业，妥善安排劳动力，保证施工全过程，在时间上和空间上有节奏的、均衡的、连续的进行，减少浪费、降低成本，从而获得最佳经济效益。

（4）发挥班组长模范带头作用。班组长要勇于负责，勇敢管理；尊重劳动、尊重人才、尊重知识、尊重创新，讲究工作方法和艺术，充分调动每个成员积极性和创造性；一定要以身作则，发挥好领头羊作用。

## 二、班组设备管理

班组设备管理涉及进度、质量与安全，是班组管理中重要的一环。主要内容如下：

（1）制定设备维修与保养制度，确保设备处于完好状态。

（2）按规定做好设备的维护保养，定期检测设备性能。在设备机械零件未出故障之前，进行检测、保养。

（3）按施工方案要求，合理安排设备使用。对设备进行归库管理，严格按照规定办理出库手续。设备出库时，要求使用人员正确使用并爱护机械设备。

（4）严格按照操作规程对设备进行使用，使用前须阅读使用说明，并进行交底。

## 三、班组材料管理

（1）制定材料质量鉴定标准，在进料及生产时应验证物料的质量，确保其符合要求。

（2）易混淆的材料应对其牌号、品种、规范等有明确的标识，确保分类堆放。

（3）检验程序应严格，确保不合格材料不进场，不合格材料不使用。

（4）做好物料在储存、搬运过程中的防护工作，配置必要的工器具、运输工具，防止磕碰损伤。

### 四、班组质量管理

班组施工质量管理贯穿于整个施工过程，其核心内容为"三检"制度和"三按"制度。主要内容如下：

（1）施工前，对每个成员进行质量交底，明确质量应达到的标准。

（2）按照编制的施工方案及相关规范，制定每道工序的工程质量标准及控制手段。

（3）加强成员的培训，提高员工实际操作能力、质量控制能力。

（4）建立严格的"三检"制度：即自检、专检和互检。

自检：自我检查、自己区分合格与不合格，严格控制自检正确率；互检：在一起工作的成员相互检查，相互督促，共把质量关；专检：对完工的工序和施工部位，及时通知质检人员，按质量标准进行质量验收，合格产品须填写验收记录，进行签字，不合格产品则须组织相关人员进行返修和重做。

（5）建立严格的"三按"制度：严格的按照图纸、施工工艺、施工标准进行施工。

（6）努力学习新工艺，提高现代化施工水平，引进先进的质量管理方法。

### 五、班组安全管理

班组安全生产的管理至关重要，可以说安全管理是班组管理中最不容忽视的管理。施工过程中的每一个环节、每一方面都应注意安全，把安全放在头等重要的位置上来，认真贯彻执行"安全第一，预防为主"的方针，做到安全生产。

班组安全管理的主要内容如下：

（1）进入施工现场前的基本原则：

1）严禁酒后作业，严禁赤脚或穿拖鞋进入施工现场。

2）新入场的工人必须经过三级安全教育，考核合格后方可上岗作业；特殊工种作业如电工、焊工、起重工、架子工、信号工等，必须经过专门培训，考核合格并取得相应资格证书后方可上岗操作。

3）工作时要思想集中，坚守岗位，遵守劳动纪律，严禁现场随意乱窜。

（2）施工生产中应注意的事项

施工安全交底时，应向每个成员交代以下注意事项：

1）首先了解工程概况及施工现场各种设备、设施的分布，料具堆放的具体情况，以便熟知施工现场的危险区和各项安全规定，增强自身防范意识。

2）熟练掌握"三宝"的正确使用方法，达到辅助预防的效果。"三宝"即指安全帽、安全带和安全网。

3）当工程开工之前，对该项工程和工序进行详细的安全交底，操作人员交底完成后，须签字才能进入现场施工。相关的机械设备、用电设备等在检验合格后方可使用。

4）注意现场"四口"、"五临边"等重点部位的安全性及其防护。施工现场的"四口"是指楼梯口、电梯口、预留洞口和通道口。"五临边"一般是指沟、坑、槽、深基础周边，楼层周边，楼梯周边，平台或阳台边，屋面周边。

5）正确处理交叉作业。交叉作业是建筑施工现场经常遇到的问题，也是事故的多发点。多工种、多工序在一起施工，施工现场大量交叉作业现象不可避免，所以必须引起高度的重视。

6）正确使用工具设备。

**六、班组施工技术管理**

班组的技术管理，也是班组管理的一个重要环节。主要包含以下内容：

（1）熟悉有关设计图纸，熟悉施工组织设计及相关施工规范，进行技术交底并在交底记录上签字。

（2）在施工过程中进行监督，检查工人是否能按照交底内容施工，必要时进行示范；检查一些关键部位是否符合要求，及时提醒工人；随时注意施工过程中的质量安全隐患，按工程进度及时进行工程隐蔽检验，配合质量检查人员，搞好工程质量评定。

（3）做好施工日志和相关技术资料记录。

**七、班组文明管理**

班组必须坚持文明施工，自觉服从工地文明管理，基本要求如下：

（1）施工现场周围应设置围栏、围墙、密目安全网等维护设施，以保障文明生产。

（2）每个施工现场的入口处，都要按相关规定悬挂五牌一图，使每个进入现场的工人熟悉现场实际情况，保障安全文明生产。

（3）施工现场道路要有指示标志，人行道、车行道应坚实平坦，保持畅通。

（4）施工现场材料堆放整齐，不同材料有标识、标牌。

（5）施工现场做到工完、料净、场地清。

（6）施工现场设置排水、绿化设施，避免积水，美化环境。

# 第十节　安全管理

**一、安全施工的一般规定、防火知识及劳动防护常识**

安全生产管理是一个系统性、综合性的管理，必须坚持"安全第一，预防为主，综合治理"的方针，加强安全管理。

**1. 一般规定**

（1）建筑施工工人必须熟知本工种的安全操作规程和施工现场的安全生产制度，服从领导和安全检查人员的指挥，自觉遵章守纪，做到"三不"伤害。

（2）施工现场的各种安全设施、设备和警告、安全标志等未经领导同意不得任意拆除和随意挪动。

（3）进入施工现场必须正确戴好安全帽，系好下颌带；在没有可靠安全防护设施的高处、悬崖和陡坡施工时，必须系好安全带。

（4）不满18周岁的未成年人，不得从事建筑工程施工工作。

（5）施工现场行走要注意安全，不得攀登脚手架、井字架、龙门架、外用电梯。禁止乘坐非载人的垂直运输设备上下。

（6）在沟、槽、坑内作业必须经常检查沟、槽、坑壁的稳定状况，上下沟、槽、坑必须走坡道或梯子。

（7）着装要整齐，严禁赤脚穿拖鞋、高跟鞋进入施工现场；严禁酒后作业。

（8）工作时思想集中，坚守作业岗位，对发现的危险情况必须报告，对违章作业的指令有权拒绝，并有责任制止他人违章作业。未经许可，不得从事非本工种作业。

（9）作业前应检查所使用的工具，如手柄有无松动、断裂等。

（10）作业时使用的工具应随时放进工具箱内；使用的铁钉，不得含在嘴中。

（11）使用手锯时，锯条必须调紧适度，下班时要放松，以防再使用时锯条突然暴断伤人。

（12）成品、半成品木材应堆放整齐，不得任意存放，码放高度不超过1.5m。

（13）上班作业前，应认真察看在施工程洞口、临边安全防护和脚手架护身栏、挡脚板、立网是否齐全、牢固；脚手板是否按要求间距放正、绑牢，有无探头板和空隙。

（14）高处作业时，材料码放必须平稳整齐，工具随时入袋，不得向下投掷物料。

（15）木工作业场所的刨花、木屑、碎木必须"三清"：自产自清、日产日清、活完场清。

（16）施工现场发生伤亡事故，必须立即报告领导，抢救伤员，保护现场。

**2. 施工现场防火要求**

（1）施工单位必须按照已批准的设计图纸和施工方案组织施工，有关防火安全措施不得擅自改动。

（2）凡有建筑自动消防设施的建筑工程，在工程竣工后，施工安装单位必须委托具备资格的建筑消防设施检测机构进行技术测试，取得建筑消防设施技术测试报告。

（3）建立、健全建筑工地的安全防火责任制度，贯彻执行现行的工地防火规章制度。建筑施工现场的管理人员要加强法制观念。每个建筑工地都应成立防火领导小组，各项安全防火规章和制度要书写上墙。

（4）要加强施工现场的安全保卫工作。建筑工地周边都应设立围挡，其高度应不低于1.8～2.4m。较大的工程要设专职保卫人员。禁止非工地人员进入施工现场。公事人员进入现场要进行登记，有人接待，并告知工地的防火制度。节假日期间值班人员应当昼夜巡逻。

（5）建筑工地要认真执行"三清、五好"管理制度。尤其对木制品的刨花、锯末、料头、防火油毡纸头、沥青，冬期施工的草袋子、稻壳子、苇席子等保温材料要随用完随清，做到工完场清。各类材料都要码放成垛，整齐堆放。

（6）临时工、合同工等各类新工人进入施工现场，都要进行防火安全教育和防火知识的学习。经考试合格后方能上岗工作。

（7）建筑工地都必须制定防火安全措施，并及时向有关人员、作业班组交底落实。

（8）建筑工地的木工作业场所要严禁动用明火，工人吸烟要到休息室。工作场地和个人工具箱内要严禁存放油料和易燃易爆物品。

（9）要经常对工作间内的电气设备及线路进行检查，发现短路、电气打火和线路绝缘老化破损等情况要及时找电工维修。电锯、电刨子等木工设备在作业时，注意勿使刨花、锯末等物将电机盖上。

（10）木工作业要严格执行建筑安全操作规程。完工后必须做到现场清理干净、剩下的木料堆放整齐，锯末、刨花要堆放在指定的地点，并且不能在现场存放时间过长，防止自燃起火。

（11）做好生产、生活用火的管理。

**3. 施工劳动防护常识**

（1）劳防护用品的用途分类

1）头部防护用品主要是安全帽，它能使冲击分散到尽可能广的表面，并使高空坠落物向外侧偏离。

2）呼吸器官防护用品主要是防尘用的口罩和防毒用的防毒面具。它分过滤式与隔离式二种，有防毒口罩、滤毒罐、氧气呼吸器、空气呼吸器、长管呼吸器等。

3）眼（面）防护用品主要是护目镜与面罩。

4）听力防护用品主要是耳塞。

5）手与手臂防护用品主要是防护手套，有耐酸（碱）手套、焊工手套等。

6）足部防护用品主要是安全鞋，保护足趾（防砸）工作鞋、绝缘鞋、焊接防护鞋等。

7）躯干防护用品主要是防护服，高温作业的阻燃工作服、化工作业的防酸（碱）工作服、易燃易爆场所的防静电工作服、氢氟酸防护服、放射性射线的防护镜、防护面具等。

8）高处作业防护用品主要是安全带、安全网等。

企业应根据作业场所的危险因素与危害程度，指导、督促劳动者在作业时正确使用安全防护用品，使员工做到"三会"，会检查防护品的可靠性、会正确使用、会正确维护保养护品。

（2）安全帽

1）帽内缓冲衬垫的带子要结牢，人的头顶与帽内顶部的间隔不能小于32毫米。

2）不能把安全帽当坐垫用，以防变形，降低防护作用。

3）发现帽子有龟裂、下凹、裂痕和磨损等情况，要立即更换。

（3）护目镜、面罩

1）防打击的护目镜能防止金属、砂屑、钢液等飞溅物对眼部的伤害，多用于机床操作、焊接、铸造捣冒口等工种。

2）防辐射护目镜能防止有害红外线、耀眼的可见光和紫外线对眼部的伤害，主要用于炼钢、浇注、烧割、铸造热处理等工种。这种护目镜大多与帽檐连在一起，有固定的，也有可以上下翻动的。

3）防辐射线面罩主要用于焊接作业，防止在焊接过程中产生的强光、紫外线和金属飞屑损伤面部，防毒面具要注意滤毒材料的性能。

护目镜、面罩的宽窄大小要适合使用者的脸型，镜片磨损、粗糙、镜架损坏会影响操作人的视力，应立即调换新的。

（4）防护手套

1）厚帆布手套多用于高温、重体力作业，如炼钢、铸造等工种。

2）薄帆布、纱线、分指手套主要用于检修工、起重机司机、配电工等工种。

3）翻毛皮革长手套主要用于焊接工种。

4）橡胶或涂橡胶手套主要用于电气、铸造等工种。戴各类手套时，注意不要将手腕裸露出来，以防在作业时焊接火星或其他有害物溅入袖内受到伤害；各类机床或有被夹挤危险的地方，严禁使用手套。

（5）防护服

1）白帆布防护服能使人体免受高温的烘烤，并有耐燃烧特点，主要用于炼钢、浇钢、焊接等工种。

2）劳动布防护服对人体起一般屏蔽保护作用，主要用于非高温、重体力作业的工种，如检修、起重、电气等工种。

3）涤卡布防护服能对人体起一般屏蔽保护作用，主要用于后勤和职能人员等岗位。

（6）防护鞋

1）橡胶鞋有绝缘保护作用，主要用于电气、水力清砂、露天作业等岗位。

2）球鞋有绝缘、防滑保护作用，主要用于检修、电气、起重等工种。

3）防滑靴能防止操作人员滑跌，主要用于油库、退火炉等岗位。

## 二、木工安全生产操作规程

班组所有人员必须按时参加班前安全会议，施工前检查相关的安全配备情况（安全帽、安全带、安全衣等）以及工作面的安全情况，如发现问题及时向上级反映。

（1）使用锯板机、刨板机、圆盘锯等机械前，必须检查锯片、刀片的松紧程度，有无裂缝、损伤及运转是否正常等情况，检查安全防护装置是否有效，并派有经验的人员进行操作。

（2）锯割长料须由两人配合进行，推料一端距锯200mm就要放手；锯割短料时必须用推杆送料。

（3）严禁用手直接接触未完全停止运行的木工机具，使用各种木工机具不得戴手套。严禁非木工人员操作各种木工机械。

（4）木工场内严禁吸烟和明火作业，要设置消防设备，学会使用灭火器。

（5）使用手工工具应先检查手柄是否牢固，挥斧锤击时，必须顾及四周和上下的安全。

（6）工具袋、工具等不准在脚手架上乱堆、乱放；工具、物料传递严禁抛掷。

（7）模板支撑不能固定在脚手架或门窗框上，避免发生倒塌或模板位移，腐朽、破裂木板材料不得使用；连接钢模的"U"形卡应正反交替安装。

（8）模板支撑系统的基础处理必须符合模板工程的专项安全施工组织设计（或方案）的要求，搭设模板支撑系统的场地必须平整坚实，回填土地面必须分层回填，逐层夯实，并做好排水，经验收达到设计要求后方可进行下一道工序的作业。

（9）拆除临边处的柱、梁、墙模板时，使用撬杠严禁向外用力；拆模必须干净彻底，不得留有悬空模板，操作人员严禁站在正在拆除的模板上。

（10）拆下的模板不准乱丢、乱放，有钉子的一面要朝下或拔除，防止钉子扎脚伤人；楼层边口、通道口、脚手架边缘严禁堆放任何拆下物件。

（11）模板安装作业过程中，如需中途休息或因故暂停作业，应将模板、支撑及拉杆等固定牢靠，不得留有松动和悬挂着的风险；拆下的模板应及时传递至地面，并运送到指定地点集中堆放。

（12）拆除薄腹梁、吊车梁、桁架等预制构件模板，应随拆随加顶撑支牢，防止构件倾倒。

### 三、高处作业的安全要求

高处作业，国家标准《高处作业分级》（GB/T 3608—93）将其定义为：在坠落高度基准面 2m 以上（含 2m）有可能坠落的高处进行的作业。

**1. 从事高空作业的人员要求**

（1）身体健康，体检合格，并经过相应培训。

（2）患高血压、心脏病、贫血病、癫痫病等不适于高空作业者不得从事高空作业。

（3）禁止酒后、疲劳和生病期间从事高空作业。

**2. 穿着要求**

（1）衣着灵便，禁止赤脚，穿拖鞋、硬底鞋和带钉易滑的鞋。

（2）高空作业的人员要戴好安全帽，系好安全带，交叉作业的人员必须戴安全帽。

（3）指挥吊重并向上看的人员要戴护目镜。

**3. 天气要求**

在五级以上风力或遇雷雨、大雾，禁止在露天高处作业。雨天、雪天注意防滑、防寒、防冻，高耸的建筑物应设避雷设施，暴风雪及台风暴雨过后应检查高处作业设施，安全可靠后方可重新施工。

**4. 上高空作业的梯子要求**

（1）梯子要牢固可靠，不得缺档，梯子脚不能垫高，梯子整体距离墩身 20～30cm 为宜，踏板间距 30cm 为宜。

（2）一架梯子严禁同时两人同时上下。

（3）在通道处或平台使用梯子必须设围栏。

（4）上下梯子时，必须面向梯子，且手不能持器物。

（5）使用直爬梯进行攀登作业，高度超过 8m 时，每隔 6～8m 设平台；使用斜梯进行作业，斜梯高度大于 10m 时，应在 7.5m 处设休息平台，在以后的高度上，每隔 6～10m 设休息平台。

（6）高空便桥两边要设置护栏并用安全网围好，便桥因工作需要临时中断行人通行的，要在该处两头设围栏围好，以防行人通过。

**5. 用电要求**

（1）在电源线路附近作业，必须切断电源。

（2）严禁雨天在高压线下高空作业。

（3）电线不准直接绑在架子上。

**6. 作业要求**

（1）作业前，现场负责人应组织作业人员对现场安全状况进行全面检查，明确作业监护人员的工作内容、程序和联系方法。

（2）多个单位共同作业时，作业现场由总承包单位指定一名主要负责人，全面落实各项安全防范措施。

（3）参与作业的每个岗位人员应对本单位高空作业防护用品进行检查，发现问题立即进行整改。

（4）夜间作业时，应对现场照明装置及照明情况进行检查，达不到要求应立即整改。

（5）高空作业禁止下列行为：

1）违反规定不戴安全帽或不系安全带。

2）两个以上人员在同一梯子上同时攀爬或作业。

3）沿梯子扶手下滑，在作业面奔跑、跳跃、打斗嬉戏或在易滚动圆滑物件上行走。

4）将无关物品带上高空作业面，擅自拆除扶手、围板、护网、盖板等防坠落设施。

（6）高处作业的设施的主要受力杆件，必须经力学计算达到安全可靠方可实施。

（7）高处作业时，与地面相距 3.2m 以上应设安全网，安全网随工作面的升高而升高。高处作业前，必须制定安全技术措施，并逐级进行安全技术教育及交底，落实所有安全技术措施和合格的防护用品，未经落实不得进行施工。高处作业中的安全标志、工具、仪表、电器设施和各种设备在施工前加以检查，确认其完好，否则不能使用。

**7. 架子要求**

（1）严格检查脚手架。

（2）作业需要不得不临时取下扶手时，作业完成后必须立即安装上。

（3）架子搭设或拆除应设警戒区，有专人监护，严禁上下同时拆除。

（4）架子、电梯及脚手架等与建筑物通道的两侧边，必须设防护栏杆。

（5）不准使用霉烂的架子材料。

**四、劳动保护的相关规定**

为全面贯彻执行《中华人民共和国劳动保护法》，保证设备财产与人身安全。特制定安全生产和劳动保护制度如下：

（1）所有设施必须符合国家规定的安全标准。工作场所必须符合安全生产、劳动保护和环境保护的要求。

（2）员工在工作过程中，必须严格遵守安全技术操作规程，防止人身伤害事故的发生，做到安全生产、文明生产。

（3）按《劳动法》的规定，按时为员工提供符合劳动安全卫生标准的劳动防护用品，对从事有职业危害作业的工种，按规定给予特殊劳动保护用品与营养补贴，并定期进行身体检查。

（4）按《劳动法》规定作息时间，确实保障法律赋予员工的工作权利和休息权利。

（5）员工对管理人员违章指挥、强令冒险作业，有权拒绝执行；对危害生命安全和身体健康的行为，有权提出批评、检举和控告。

（6）对违反安全技术操作规程的单位或个人未造成事故的要进行批评教育，对造成设备或人身事故的要查明原因，追究责任，严肃处理。

（7）要严格执行《劳动法》中关于"女职工特殊待遇"的规定。

（8）公司管理部门要组织有关人员定期进行安全检查，及时消除隐患，做到防患于未然。

（9）公司管理部门要经常对员工进行安全教育，按计划对员工进行安全培训。从事技术和特殊工种者，上岗前必须经过培训，经考试合格，持证上岗。

（10）消防器材按有关规定进行配置，并进行使用的培训，要经常检查，失效的要及时更换，使消防器材处于良好状态。

## 五、安全施工的有关规定

### 1. 支模拆模

（1）采用扣件式钢管脚手架或门式钢管脚手架作模板支撑时应遵守下列规定：

1）支撑系统的搭设必须符合模板工程专项安全施工组织设计（或方案）的要求并符合现行行业标准《建筑施工扣件式钢管脚手架安全技术规范》（JGJ 130）、《建筑施工门式钢管脚手架安全技术规范》（JGJ 128）的有关规定，经验收合格后，方可进行施工作业。

2）应严格按照模板工程专项安全施工组织设计（或方案）及现行行业标准《建筑施工扣件式钢管脚手架安全技术规范》（JGJ 130）、《建筑施工门式钢管脚手架安全技术规范》（JGJ 128）的有关规定，对所使用的构配件进行严格检查，严禁不合格的构配件投入使用。

3）扣件安装除应符合设计的要求外，并应符合现行行业标准《建筑施工扣件式钢管脚手架安全技术规范》（JGJ 130）的规定，连接扣件和防滑扣件应检查其螺栓扭力矩是否符合设计要求。

4）支撑系统搭设完毕，施工负责人必须组织有关人员对模板支撑系统进行验收，合格后方可进入下一道工序。

（2）采用桁架支模应遵守下列规定：

1）应对桁架进行严格检查，发现严重变形、螺栓松动等应及时修复或向有关负责人报告。

2）桁架的搁置长度不得少于 120mm，桁架间应设水平拉条；梁下设置单桁架时，应与毗邻的桁架拉结稳固。

（3）模板的支撑系统不得与外脚手架连接。

（4）拆除模板作业应在有关拆模的安全防护措施已经落实并履行模板拆除申请审批手续后方可进行。拆除模板时必须设置警戒区域，并派人监护。

### 2. 木工机械

（1）开关箱及电源的安装和拆除、机械设备电气故障的排除，应由电工进行。木工棚内严禁吸烟并应按规定设置消防器材。

（2）操作木工机械设备人员的衣着、鞋子必须符合要求，并不得系领带。使用木工机械前，应对木工机械周边的场地进行清理，使之符合安全要求。工作完毕，应做到工完料清。

（3）使用木工机械前，应对木工机械及其安全防护装置进行检查，严禁使用破损、没有安全防护装置或安全防护装置失效的木工机械。严禁使用平刨、电锯和电钻合用一台电机的多功能联合木工机械。

（4）使用平刨机时必须遵守下列规定：

1）刨料应保持身体稳定，双手操作。刨大面时，手要按在料上面；刨半面时，手指不低于料高的一半，并不得少于 30mm。禁止手在料后推送。

2) 刨削量每次一般不得超过 1.5mm。进料速度应保持均匀，经过刨口时用力要轻，禁止在刨刃上方回料。

3) 刨厚度小于 15mm、长度小于 300mm 的木料，必须用压板或推棍，禁止用手推进。

4) 遇节疤、戗槎要减慢推料速度，禁止手按在节疤上推料。刨旧料必须将铁钉、泥砂等清除干净。

5) 换刀片应拉闸断电并锁好开关箱，卸下传动皮带。

6) 同一台刨机的刀片重量、厚度必须一致，刀架、夹板必须吻合。刀片焊缝超出刀头和有裂缝的刀具不准使用。紧固刀片的螺钉，应嵌入槽内，并离刀背不少于 10mm。

（5）使用压刨机（包括三面刨、四面刨）应遵守下列规定：

1) 机床只准采用单向开关，不准采用倒顺双向开关。三四面刨，要按顺序开动。

2) 送料和接料不准戴手套，并应站在机床的一侧。刨削量每次不得超过 5mm。

3) 进料必须平直，发现材料走横或卡住，应停机降低台面拨正。遇硬节应减慢送料速度，送料时手指必须离开滚筒 200mm 以外，接料必须待料走出台面。

4) 刨短料，其长度不得短于前后压辊距离；刨厚度小于 10mm 的木料，必须垫托板。

（6）使用圆盘锯（包括吊截锯）应遵守下列规定：

1) 操作前应进行检查，锯片不得有裂口，螺栓应上紧。

2) 操作时要戴防护眼镜，并站在锯片一侧，禁止站在与锯片同一直线上。作业时手臂不得跨越锯片。

3) 进料必须紧贴靠山，不得用力过猛，遇硬节应慢推。接料要待料出锯片 150mm 后，不得用手硬拉。

4) 短窄料应用推棍，接料应使用刨钩。超过锯片半径的木料，禁止上锯。

### 六、安全事故的处理方法

#### 1. 按事故的原因及性质分类

从建筑活动的特点及事故的原因和性质来看，建筑安全事故可以分为四类，即生产事故、质量问题、技术事故和环境事故。

（1）生产事故

生产事故主要是指在建筑产品的生产、维修、拆除过程中，操作人员违反有关施工操作规程等而直接导致的安全事故。这类事故一般都是在施工作业过程中出现的，事故发生的次数比较频繁，是建筑安全事故的主要类型之一。

（2）质量问题

质量问题主要是指由于设计不符合规范或施工达不到要求等原因而导致建筑结构实体或使用功能存在瑕疵，进而引起安全事故的发生。质量问题可能发生在施工作业过程中，也可能发生在建筑实体的使用过程中。质量问题也是建筑安全事故的主要类型之一。

（3）技术事故

技术事故主要是指由于工程技术原因而导致的安全事故，技术事故的结果通常是毁灭性的。技术是安全的保证，曾被确信无疑的技术可能会在突然之间出现问题，起初微不足道的瑕疵可能导致灾难性的后果，很多时候正是由于一些不经意的技术失误才导致了严重的事故。

（4）环境事故

环境事故主要是指建筑实体在施工或使用的过程中，由于使用环境或周边环境原因而导致的安全事故。使用环境原因主要是对建筑实体的使用不当，如荷载超标、静荷载设计而动荷载使用，以及使用高污染建筑材料或放射性材料等。环境事故的发生，往往归咎于自然灾害，其实是缺乏对环境事故的预判和防治能力。

**2. 按事故类别分类**

按事故类别分，建筑业相关职业伤害事故可以分为12类，即：物体打击、车辆伤害、机械伤害、起重伤害、触电、灼烫、火灾、高处坠落、坍塌、爆炸、中毒或窒息、其他伤害。

**3. 按事故严重程度分类**

可以分为轻伤事故、重伤事故和死亡事故三类。

**4. 伤亡事故**

伤亡事故是指职工在劳动的过程中发生的人身伤害、急性中毒事故，即职工在本岗位劳动或虽不在本岗位劳动，当由于企业的设备和设施不安全、劳动条件和作业环境不良、管理不善以及企业领导指派到企业外从事本企业活动中发生的人身伤害（轻伤、重伤、死亡）和急性中毒事件。

按国务院2007年4月9日发布的《生产安全事故报告和调查处理条例》（国务院令第493号），根据生产安全事故（以下简称事故）造成的人员伤亡或直接经济损失，把事故分为如下几个等级：

（1）特别重大事故，是指造成30人以上死亡，或者100人以上重伤（包括急性工业中毒，下同），或者1亿元以上直接经济损失的事故。

（2）重大事故，是指造成10人以上30人以下死亡，或者50人以上100人以下重伤，或者5000万元以上1亿元以下直接经济损失的事故。

（3）较大事故，是指造成3人以上10人以下死亡，或者10人以上50人以下重伤，或者1000万元以上5000万元以下直接经济损失的事故。

（4）一般事故，是指造成3人以下死亡，或者10人以下重伤，或者1000万元以下直接经济损失的事故。

条例中所称的"以上"包括本数，所称的"以下"不包括本数。

**5. 建筑工程最常发生事故的类型**

根据对全国伤亡事故的调查统计分析，建筑业伤亡事故率仅次于矿山行业。其中高处坠落、物体打击、机械伤害、触电、坍塌为建筑业最常发生的五种事故，近几年来已占到事故总数的80%～90%，应重点加以防范。

**6. 生产安全事故报告制度**

《建设工程安全生产管理条例》第五十条对建设工程生产安全事故报告制度的规定为："施工单位发生生产安全事故，应当按照国家有关伤亡事故报告和调查处理的规定，及时、如实的向负责生产监督管理的部门、建设行政主管部门或者其他有关部门报告；特种设备发生事故的，还应当同时向特种设备安全监督管理部门报告。接到报告的部门应当按照国家有关规定，如实上报。"

一旦发生安全事故，及时报告有关部门是及时组织抢救的基础，也是认真进行调查分清责任的基础。事故报告应当及时、准确、完整，任何单位和个人对事故不得迟报、漏报、谎报或者瞒报。参加事故调查处理的部门和单位应当互相配合，提高事故调查处理工作的效率。

**7. 生产安全事故报告程序**

（1）事故发生后，事故现场有关人员应当立即向本单位负责人报告；单位负责人接到报告后，应当于 1 小时内向事故发生地县级以上的人民政府安全生产监督管理部门和负有安全生产监督管理职责的有关部门报告。

（2）情况紧急时，事故现场有关人员可以直接向事故发生地县级以上人民政府安全生产监督管理部门和负有安全生产监督管理职责的有关部门报告。

（3）安全生产监督管理部门和负有安全生产监督管理职责的有关部门接到事故报告后，应当依照以下规定上报事故情况，并通知当地公安机关、劳动保障行政部门、工会和人民检察院。

特别重大事故、重大事故逐级上报至国务院安全生产监督管理部门和负有安全生产监督管理职责的有关部门；

较大事故逐级上报至省、自治区、直辖市人民政府安全生产监督管理部门和负有安全生产监督管理职责的有关部门；

一般事故上报至设区的市级人民政府安全生产监督管理部门和负有安全生产监督管理职责管理有关部门。

（4）安全生产监督管理部门和负有安全生产监督管理职责的有关部门依照前款规定上报事故情况，应当同时报告本级人民政府。国务院安全生产监督管理部门和负有安全生产监督管理职责的有关部门以及省级人民政府接到发生特别重大事故、重大事故的报告后，应当立即报告国务院。

（5）必要时，安全生产监督管理部门和负有安全生产监督管理职责的有关部门可以越级上报事故情况。

（6）安全生产监督管理部门和负有安全生产监督管理职责的有关部门逐级上报事故情况，每级上报的时间不得超过 2 小时。

（7）报告事故应当包括下列内容：

事故发生单位概况；

事故发生时间、地点及事故现场情况；

事故的简要经过；

事故已经造成或者可能造成的伤亡人数（包括下落不明的人数）和初步估计的直接经济损失；

已经采取的措施；

其他应当报告的情况。

事故报告后出现的新情况的，应当及时补报。

（8）自事故发生之日起 30 日内，事故造成的伤亡人数发生变化的，应当及时补报。道路交通事故、火灾故事自发生之日起 7 日内，事故造成的伤亡人数发生变化的，应当及时补报。

(9) 事故发生单位负责人接到事故报告后，应当立即启动事故相应应急预案，或者采取有效措施，组织抢救，防止事故扩大，减少人员伤亡的财产损失。

(10) 事故发生地有关地方人民政府、安全生产监督管理部门和负有安全生产监督管理职责的有关部门接到事故报告后，其负责人应当立即赶赴事故现场，组织事故救援。

(11) 事故发生后，有关单位和人员应当妥善保护事故现场以及相关证据，任何单位和个人不得破坏事故现场、毁灭相关证据。

因抢救人员、防止事故扩大以及疏通交通等原因，需要移动事故现场物件的，应当做出标志，绘制现场简图并做好书面记录，妥善保存现场重要痕迹、物证。

(12) 事故发生地公安机关根据事故的情况，对涉嫌犯罪的，应当依法立案侦查，采取强制措施和侦查措施。犯罪嫌疑人逃匿的，公安机关应当迅速追捕归案。

(13) 安全生产监督管理部门和负有安全生产监督管理职责的有关部门应当建立值班制度，并向社会公布值班电话，受理事故报告和举报。

**七、安全生产预案的编制方法**

安全管理工作应当以预防为主，即通过有效的管理和技术手段，制定科学的安全生产预案，防止人的不安全行为和物的不安全状态出现，从而使事故发生的概率降到最低。

**1. 施工安全管理程序**

(1) 确定安全管理目标；

(2) 编制安全措施计划；

(3) 实施安全措施计划；

(4) 安全措施计划实施结果的验证；

(5) 评价安全管理绩效并持续改进。

**2. 应单独编制安全专项施工方案的工程**

对于下列危险性较大的分部分项工程，应单独编制施工方案：

模板工程及支撑体系：

(1) 各类工具式模板工程：包括大模板、爬模、滑模、飞模等工程。

(2) 混凝土模板支撑工程：搭设高度 5m 及以上；搭设跨度 10m 及以上；施工总荷载 $10kN/m^2$ 及以上；集中线荷载 15kN/m 及以上；高度大于支撑水平投影宽度且相对独立无联系构件的混凝土模板工程。

(3) 承重支撑体系：用于钢结构安装等满堂支撑体系。

起重吊装及安装拆卸工程：采用非常规起重设备、方法，且单件起重重量在 10kN 及以上的起重吊装工程；采用起重机械进行安装的工程；起重机械设备自身的安装、拆卸。

脚手架工程：搭设高度 24m 及以上的落地式钢管脚手架工程；附着式整体和分片提升脚手架工程；悬挑式脚手架工程；吊篮脚手架工程；自制卸料平台、移动操作平台工程等；新型及异形脚手架工程。

**3. 对于超过一定规模的危险性较大的分部分项工程，还应组织专家对单独编制的专项施工方案进行论证**

(1) 模板工程及支撑体系：

1）工具式模板工程：包括爬模、滑模、飞模等工程。

2）混凝土模板支撑工程：搭设高度 8m 及以上；搭设跨度 18m 及以上；施工总荷载 15kN/m² 及以上；集中线荷载 20kN/m 及以上。

3）承重支撑体系：用于钢结构安装等满堂支撑体系，承受单点集中荷载 700kg 以上。

（2）起重吊装及安装拆卸工程：采用非常规起重设备、方法，且单件起重重量在 100kN 及以上的起重吊装工程；起重量在 300kN 及以上的起重设备安装工程；高度 200m 及以上内爬起重设备的拆除工程。

（3）脚手架工程：搭设高度 50m 及以上落地式钢管脚手架工程；提升高度 150m 以上附着式整体和分片提升脚手架工程；架体高度 20m 以上悬挑式脚手架工程。

**4. 危险源辨识**

危险源辨识是安全管理的基础工作，为了做好辨识工作，把危险源按工作活动的专业进行分类，如机械类、电器类、辐射类、物质类、高坠类、火灾类和爆炸类等加以分析。常用的方法有专家调查法、头脑风暴法、德尔菲法、现场调查法、工作任务分析法、安全检查表法、危险与可操作研究法、事件树分析法和故障树分析法等。

**5. 重大危险源的评价**

根据危险物质及其临界量标准进行重大危险源辨识和确认后，就应对其进行风险分析评价：

（1）辨识各类危险因素及其原因与机制；

（2）依次评价与辨识的危险事件发生的概率；

（3）评价危险事件的后果；

（4）进行风险评价，即评价危险事件发生概率和发生后果的联合作用；

（5）风险控制，即将上述评价结果与安全目标值进行比较，检查风险值是否达到了可接受水平，否则需要进一步采取措施，降低危险水平。

**6. 重大危险源的管理**

在对重大危险源进行辨识和评价后，应针对每一个重大危险源制定出一套严格的安全管理制度，通过技术措施和组织措施对重大危险源进行严格控制和管理。

**7. 事故应急救援预案**

事故应急救援预案是重大危险源控制系统的重要组成部分，企业应负责制定现场事故应急救援预案，并且定期检验和评估现场事故应急救援预案和程序的有效程度，以及在必要时进行修订。场外事故应急救援预案，由政府主管部门根据企业提供的安全报告和有关资料制定。事故应急救援预案的目的是抑制突发事件，减少事故对工人、居民和环境的危害。因此，事故应急救援预案应提出详尽、实用、明确和有效的技术措施与组织措施。政府主管部门应保证发生事故将要采取的安全措施和正确做法的有关资料，散发给可能受事故影响的公众，并保证公众充分了解发生重大事故时的安全措施，一旦发生重大事故，应尽快报警。每隔适当的时间应修订和重新散发事故应急预案宣传材料。

# 第二部分

# 操作技能

# 第四章　工具设备的使用和维护

## 第一节　检测工具

### 一、水平尺与线坠找平，吊线和弹线的使用

**1. 水平尺**

水平尺有木制和钢制两种，尺的中部及端部各装有水准管。水准尺用于校验物面的水平或垂直，当水平放置于物面上，如中部水准管内气泡居中间位置，表明物面呈水平状态，将水平尺直立一边紧靠物体的侧面，如端部水准管内气泡居中间位置，表示该侧面垂直。

**2. 线坠（锤）**

它是用钢制成的正圆锥体，并经电镀防锈，在其上端中央设有中心带孔螺栓盖，通过中心孔可系一条线绳。

线坠用于校验物体的垂直度，在使用时手持线的上端，线锤自由下垂把线张直，目光顺着线绳观察与物体自上到下距离是否一致，若一致则表示物体呈垂直。

**3. 吊线和弹线**

画线笔包括木工铅笔、竹笔等，木工铅笔的笔杆为椭圆形，铅芯有黑色、红色、蓝色三种，使用前将铅芯削成扁平形，画线时使铅芯扁平面靠着尺顺画。

竹笔又称墨衬，是用韧性好的竹片制成的，一般长 200mm 左右，削笔时竹青一面应平直，竹黄一面削薄，笔端削成扁宽 15～18mm，并成 40°斜角，同时削成多条竹丝。竹丝越细，吸墨越多，竹丝越薄，画线越细，竹丝长度 20mm 左右，笔尖稍削成弧形，使画线时笔尖转动方便。使用时，手持竹笔要垂直不偏。

墨斗由硬木制成，由墨池、线轮、摇把和定针组成，墨斗用于在木板或原木上弹出较长而直的墨线条，操作时须注意提起线绳要保持垂直，以使墨线弹得正确。

拖线器又称为勒线器、线勒子，它由导板、画线刀、刀杆、元宝式螺栓组成，导板用硬木制成，中间开有两个长方形孔眼，上面装有两个螺栓，用于紧固刀杆。刀杆穿过孔眼，可在孔眼中来回移动，刀杆一端嵌入画线刀。使用时，按需要调整好画线刀与导板之间的距离，并在导板上的螺栓固定住刀杆，右手握住拖线器，使导板紧贴木料侧面，轻轻移动导板，就可在木料面上画平行线，画单线时用一个刀杆，画双线时用两根刀杆。

### 二、其他检测工具的使用

（1）圆规。主要用来划分线段，或画圆和圆弧等，划规角的尖端应锐利，否则画出的线段往往不准确。

（2）分度角尺。由尺座、量角器、尺翼、销钉、螺栓等组成，尺座用金属（或胶木、塑料、不易变形的硬木）制成，其尺寸为长×宽×厚＝(150～200)mm×20mm×(20～25)mm，量角器外缘最好是直径为90mm，使用时，在量角器半圆直径的中心点钻一孔，尺翼用厚度为2mm的胶木板或不锈钢尺制作，长度为300～500mm，宽为25mm，在尺翼长度的中段中心钻一孔，孔与螺栓成对配合，尺翼和量角器用环氧树脂胶和销钉牢固组合成一整体。在组合过程中，尺翼与量角器叠合时，量角器上90°画线必须垂直于尺翼外边，二者的孔必须对正。

### 三、自用检测工具的保养、维护

对于自用常用类检测工具，要像对待其他精密仪器一样，需要养成良好的保养、维护习惯，确保测值精准。

**1. 建立保养制度**

使检测仪器满足要求，提高其精确度及使用寿命。

**2. 游标卡尺**

（1）游标卡尺不要放在强磁场附近（例如磨床的磁性工作台上），也不要将它和其他工具，如锤子、锉刀、凿子、车刀等堆放在一起。

（2）游标卡尺使用完后擦净，涂上保护油。

（3）游标卡尺如零位不准确，应及时送相关部门维修。

（4）不准把卡尺的量爪尖端当作划针、圆规、钩子或螺钉旋具等使用，也不可将游标卡尺代替卡钳或卡板等用。

（5）游标卡尺要正确使用，不能测量粗糙的表面。

（6）测量结束后要把卡尺平放，尤其是大尺寸的游标卡尺更应注意，否则，尺身会弯曲变形。

**3. 千分尺的维护和保养**

（1）不能手握千分尺的微分筒任意摇动，以防丝杠过快磨损和损伤。

（2）要防止千分尺受到撞击，万一受到撞击或由于脏物侵入到测微螺杆内造成旋转不灵时，不能用强力继续旋转，也不能自行拆卸，应送相关机构进行检查和调整。

（3）不准在千分尺的微分筒和固定套管之间加酒精、柴油及普通机油，也不能把千分尺浸在机油、柴油及冷却液里。

（4）千分尺要经常保持清洁，使用完毕后应把切屑和冷却液擦干净，同时还要将千分尺的两测量面涂一薄层防锈油，并让测量面互相离开一些，然后放在专用盒内，并保存在干燥的地方。

（5）为了保持千分尺的精度，必须进行定期检定。

**4. 天平的维护和保养**

（1）天平应放置在远离震源、腐蚀性气体，温度合适的环境中，工作台应稳固可靠，避免阳光直射及空气扰动或单面受冷受热。

（2）使用旋钮开关时，必须缓慢均匀转动，过快会使刀刃损坏，以致天平使用时秤盘晃动加剧，造成误差。

（3）天平量时应预估添加砝码，至影屏中出现读数指示止。

（4）每次称量时应先关闭天平，不能在天平工作状态时增减砝码。

（5）被称物品应放置秤盘中央，并不得超过天平最大称量。

（6）尽量少开天平前门，取放物品时应轻拿轻放。

### 四、水平仪的使用和保养

（1）使用前，认真检查作业面是否有碰伤、划痕和锈蚀，水准器是否清洁、透明。安装是否牢固，气泡移动是否平稳。

（2）使用前必须认真擦洗水平仪的测量面，否则影响测量结果的准确。

（3）测量时应避免温度的影响，为减少温度的影响，可在气泡两端读数，取其平均值作为测量结果。

（4）测量时要等气泡稳定后再在垂直于水准器的位置上读数。

（5）注意保护水准仪的各工作面不要划碰，使用后清洗干净放入盒内，不要放在高温或震动的地方，在运输过程中要在盒内外加切碎的纸屑或棉纱，以防震动或损坏。

### 五、经纬仪和激光仪器的使用和保养

**1. 经纬仪使用**

光学经纬仪包括照准部、水平度盘、基座三大部分。

（1）照准部

照准部由下列主要部件组成：

1）望远镜，望远镜和水准仪上的望远镜一样是用于精确瞄准目标的，它和水准轴连接在一起，而水平轴则放在支架上，所以经纬仪上的望远镜可以绕水平轴在竖直面内上下任意转动，为了控制望远镜上下移动，设置了望远镜制动扳钮和望远镜微动螺旋。

2）竖直度盘：竖直度盘由光学玻璃制成，用于观测竖直角，它和望远镜连成一体并随望远镜一起转动。

3）水准器：照准部上有一个水准管和一个圆水准器，和水准仪一样，圆水准器用于粗略整平仪器，水准管用于精确整平仪器。

照准部的下部有一个能插在轴座内的竖轴，整个照准部可在轴座内任意地作水平方向的旋转。为了控制照准部的转动，照准部下部也装有水平制动扳钮和水平微动螺旋。

（2）水平度盘

水平度盘也由光学玻璃制成，盘上有 0°～360°顺时针注记的分划线，水平度盘的外壳上还有一个特殊装置，称为复测扳钮。按下该扳钮时，水平度盘和照准部可以一起转动，拨上该扳钮时，水平度盘就不能随照准部一起转动。这个扳钮用于复测法测角，故称复测扳钮。

（3）基座

基座是仪器的底座，其上有脚螺旋和连接板。测量时必须将三脚架上的中心螺旋旋进连接板，这时仪器和三脚架就连接在一起了，中心螺旋下端挂上垂球，即指示水平度盘的中心位置，基座上还有一个轴座固定螺旋，旋紧它可使照准部的竖轴和基座连接在一起；放松它可以将整个照准部和水平度盘从基座上取下来。所以，在测量时必须特别注意，要把轴座固定螺旋和中心螺旋适当地旋紧并随时检查，以免发生损坏仪器事故。

**2. 激光仪器使用**

激光垂准仪是一种专用的铅垂定位仪器，精度较高，操作也比较简单，适用于高层建筑物、烟囱及高塔架的铅垂定位测量，激光垂准仪的基本构造主要由氦氖激光管、精密竖轴，发射望远镜、水准器、基座、激光电源及接收屏等部分组成。

激光器通过两组固定螺钉固定在套筒内，激光铅垂仪的竖轴是空心筒轴，两端有锁扣，上下两端分别与发射望远镜和氦氖激光器套筒相连接，二者位置可对调构成向上或向下发射激光束的铅垂仪，仪器上设置有两个互成 90°的管水准器，仪器配有专用激光电源。

（1）激光垂准仪的投测方法

1）在首层轴线控制点或预留标志上安置激光铅垂仪，利用激光器底端所发射的激光束进行对中，通过调节基座整平螺旋，使管水准器气泡严格居中。

2）点位初步确定后，确保垂直点位以上投影均在混凝土板上。

3）精确复核校验。

4）在上层模板支撑好后，在模板上吊准垂直点。

5）混凝土浇筑后，进行上层投影检测后，在控制点位上架设垂准仪，对准点位向上投影激光束，上层用靶盘进行控制，并旋转垂准仪。

（2）经纬仪及激光仪器的保养

1）经纬仪的保养：

① 避免在阳光下暴晒，不要将仪器望远镜直接照准太阳观察，避免人眼及仪器的损伤。

② 仪器使用时，确保仪器与三脚架连接牢固，遇雨时可将防雨袋罩上。

③ 仪器装入仪器箱时，仪器的止动机构应松开，仪器及仪器箱保持干燥。

④ 仪器运输时，要装在仪器箱中，并尽可能减轻仪器振动。

⑤ 在潮湿、雨天环境下使用仪器后，应把仪器表面水分擦干，并置于通风环境下彻底干燥后装箱。

⑥ 避免在高温和低温下存放仪器，亦应避免温度剧变（使用时气温变化除外）

⑦ 擦拭仪器表面时，不能用酒精、乙醚等刺激性化学物品，对光学零件表面进行擦拭要使用本仪器配备的擦镜纸。

⑧电子经纬仪如果长时间不用，应把电池盒从仪器上取下，并放空电池盒中的电容量。

⑨仪器如果长时间不用，应把仪器从仪器箱中取出，罩上塑料袋并置于通风干燥的地方。

⑩若发现仪器有异常现象，非专业维修人员不可擅自拆开仪器，以免发生不必要的损坏。

2）激光仪器的保养：

① 每天注意清洗镜片、导轨，清扫工作台杂物。

② 定期清扫抽风机、抽烟机，保持清洁。

③ 设备机械传动部分需每月上润滑油一次。

④ 激光输出功率达到 80％。新的激光设备，激光输出功率最好控制在 80％以下，主

要因为新激光管气体比较满，用大功率加工时容易造成气体消耗过快使其激光管寿命下降，连续工作 5 小时时，要休息 10 分钟左右再工作，主要原因是激光管长期工作会引起激光管温度上升，使其功率出现不稳定及减弱现象。

激光经纬仪指标调差：先开机，不要转动仪器。按住切换键 3 秒，直到原来显示水平角的位置显示 1，这时候再转动望远镜过零，盘左照准平行光管，短按开机键，刚才的 1 变为 2，转动盘右照准，短按开机键即完成校正。

# 第二节　工 具 修 理

## 一、自用手工工具的修磨

常用的木工手工工具有锯、刨等，锯齿迟钝后需要及时予以维修，锉锯齿时，把锯条卡在桩顶上锯缝内，使锯齿露出，根据锯齿大小，用 100～200mm 长的三角钢锉，从右向左逐齿锉，两手用力要均匀，锉的一面垂直地紧贴锯齿的下刃，另一面贴靠临齿的上刃。

刨的一般维修，需要在使用时，刨底要经常擦油（机油、食用油均可），进、退刨刀敲击刨尾，不要乱打，刨削时木楔不要打得太紧，以免损坏刨梁，用完后必须退松刨楔和刨刃，底面朝上平放在工作台上，擦净、上油，或刨口朝里挂在工具橱中，不要乱丢，如长期不用，应将刨刀和盖铁退出上油防锈（最好是黄油），将刨楔插在刨口内以防刨口向内收缩，并要经常检查刨底是否平直，如有不平整应及时修理，否则不能使用。

磨刨刃前要检查磨石是否平整，如磨石面凹陷，不能研磨刨刃，需要用砂放在水泥地面，再用磨石在上面来回用力推磨，直至磨石平整。研磨刀刃时，刀口斜面贴在磨石上，不能翘起，刨刀与磨石平面夹角始终保持 25°～30°，往前推磨刨刀时，稍用力压紧刨刀，退回时放松，使刨刀沿磨石平面滑过。

磨刨刀平面要特别注意，绝对不能在有凹陷的磨石上研磨，否则，一旦将刨刀平面磨成凹面，刨刀将无法使用，所以磨平面时最好选用略带凸面的磨石，将刨刀平面紧贴磨石，且尾部不能抬起，研磨时随时加水，清除粉状物，减少阻力，以免刃口发热退火。磨刀时不要总在一处（或一条线）磨，以保持磨面平整。

新买的盖铁也需研磨，一是将斜面磨平整，磨光滑；二是将与刨刀相结合面磨平直，使其与刨刀拼合后密实无缝。

磨好的刨刀和盖铁应及时用干布或干刨花将水渍擦净，装入刨身，以免碰伤刃口。

## 二、常用木工机械、刃具

### 1. 电钻

电钻可对金属材料、塑料、木材等装饰构件钻孔，是一种体积小、重量轻、操作简单、使用灵活、携带方便的小型电动机具。

电钻一般由外壳、电动机、传动机构、钻头和电源连接装置等组成。

从技术性能上看，电钻有单速、双速、四速和无级调速，其中双速电钻为齿轮变速，工程中使用电钻钻孔多在 13mm 孔径以下，钻头直接卡固在钻头夹内，若钻削 13mm 以上的钻径，则还要加装莫氏锥套筒。

**2. 电锤**

电锤是一种在钻削的同时兼有锤击的小型电动机具，国外也叫冲击电钻。它是由电动机、传动装置、曲轴、连杆、活塞机构、离合器、刀夹机构和手柄等组成。

电锤的旋转运动是由电动机经一对圆柱斜齿轮转动和一对螺旋锥齿轮减速来带动钻杆旋转。当钻削出现超载时，保险离合器使旋转打滑，不会使电动机过载和零件损坏。电锤冲击运动，是使电动机旋转，以较高的冲击频率打击工具端部，造成钻头向前冲击来完成的。电锤的这种旋转加冲击的复合钻孔运动，比单一的钻孔运动钻削效率要高得多，并且因为冲击运动可以冲碎钻孔周围的硬物，还能钻削电钻不能钻削的孔眼，因而拓宽了使用范围。

电锤广泛适用于饰面石材、铝合金门窗和铝合金龙骨吊顶的安装装饰工程，也可用它在混凝土地面钻孔，预埋膨胀螺栓，以代替普通地脚螺栓来安装各种设备。

**3. 电锯**

电锯又称手提式木工电锯。主要用来对木材横纵截面的锯切及胶合板和塑料板的锯割，具有锯切效率高、锯切质量好、节省材料和安全可靠等特点，是建筑物室内装饰工程施工时重要的小型电动机具之一。

木工用锯的核心是锯齿，不同锯割目的的锯子，其齿形和锯路的设计也各不相同。齿刃形状与锯齿的角度有关，一般情况下，顺锯齿形稍微倾斜，约在 $90°\sim95°$ 之间，截锯和弯锯则在 $80°\sim85°$ 之间。使用时，锯齿角度和锯条齿根线所形成的角度越大，锯割力越弱，锯末易排出，反之，角度越小，锯割力越强，锯末不易排出。木料材质的软硬及燥湿程度也决定着锯齿角度，如硬质或干燥的木料在锯割时，锯齿的角度要小一些，而软质或潮湿的木料锯割时，锯齿角度尽量大一些。新制作的锯子或使用刃钝后的锯子，都要用锉刀进行锉齿。锉齿时，应注意齿形的齿背不高于齿刃，齿喉角刃部平直不凸出，齿距远近一致，齿室大小统一，齿喉角应稍作弯曲，齿尖锋利光亮。锯子由于锯割目的的不同还要对锯齿进行不同形式的分岔处理，从而形成齿刃左右分开呈或宽或窄的"锯路"。锯路多用特制的"拨料器"辅助完成，拨锯齿时，要注意锯路均匀，大小角度一致，锯路平直，无凸出、凹进或扭曲齿存在，否则在使用时会出现锯子跳动或"跑路走线"的现象而影响正常的锯割。锯路大，宜锯割软质或潮湿木材，而锯路小则适于锯割硬质或干燥木材。

**4. 斧**

斧是用来劈削木材和锤击物体的主要工具，木工常用斧刃将多余的木材砍掉，它比锯和刨要快而省力，但劈削面比较粗糙，用其顶部可锤击錾子或进行木制品的组装，斧子由斧头和斧把组成，用柞木、檀木等硬木作斧把，斧把的中心线应偏向斧顶一边，用斧砍削木料是效率较高的粗加工方式，基本的操作姿势有平砍和立砍两种。

**5. 刨**

刨是利用刨刀与工件在水平方向上的相对直线往复运动的切削加工，刨削可加工平面和沟槽，如果采用成形刨刀或加上仿形装置，也可以加工成形面。刨削可在牛头刨床或龙门刨床进行（见图 4-1）。前者刨刀作往复运动，每次回程后工件作间歇的进给运动，用于加工较小的工件；后者工件作往复运动，每次回程后刨刀作间歇的进给运动，用于加工

图 4-1 龙门刨

较长较大的工件。

### 6. 气动磨光机

也称风磨机。它是利用 0.4～0.6MPa 或 0.6～0.8MPa 的压缩空气为动力进行磨光的，品种型号很多，如板式磨光机、盘式磨光机等。各种气动磨光机的重量通常为 2.5～3kg，具有磨光速度快，磨平质量好，使用安全等特点。板式气动磨光机是将砂纸或砂布卡紧在机身的底板上，工作时利用压缩空气为动力在平整的木制品表面进行白木磨光或腻子层磨光，但不适于异形物面的磨光。盘式磨光机既可用于金属表面的锈蚀磨光，也可用于腻子磨光、砂蜡和光蜡抛光等。各种气动磨光机有国产产品和进口产品等许多品种，如国产板式气动磨光机有 F66、F32、N3、N2 型等多种型号，其中 N3 型气动磨光机在结构设计方面较其他磨光机更为合理，也便于使用维修和保养。

### 7. 木锉刀

合理选用锉刀，对保证加工质量，提高工作效率和延长锉刀使用寿命有很大的影响。粗齿木锉刀：粗锉刀的齿距大，齿深，不易堵塞，适宜于粗加工（即加工余量大、精度等级和表面质量要求低）及较松软木料的锉削，以提高效率；细齿木锉刀：适宜对材质较硬的材料进行加工，在细加工时也常选用，以保证加工件的准确度。

锉刀锉削方向应与木纹垂直或成一定角度，由于锉刀的齿是向前排列的，即向前推锉时处于锉削（工作）状态，回锉时处于不锉削（非工作）状态，所以推锉时用力向下压，以完成锉削，但要避免上下摇晃，回锉时不用力，以免齿磨钝。

正确握持锉刀有助于提高锉削质量，木锉刀的握法：右手心抵着锉刀木柄的端头，大拇指放在锉刀木柄的上面，其余四指弯在木柄的下面，配合大拇指捏住锉刀木柄，左手则根据锉刀的大小和用力的轻重，可有多种姿势。

# 第三节 机械设备

## 一、木工机械的修理

### 1. 小修的工作内容

（1）局部拆卸已遭严重磨损或损坏的零部件。

（2）清洗拆卸的零部件，进行修理或更换。

（3）检验主轴、刀轴或锯轴，必要时加以修理。

（4）易损件如轴承、导向装置和其他摩擦表面的修整或更换。

（5）工作台、刀架、导尺等工作表面的修整。

（6）操纵机构、电气联锁装置、开关和定位器的检验和调整。

（7）液压系统及润滑装置的调整和修理，更换油液。

（8）传动件的配合精度的检验、弹簧张紧度的调节以及刀架均匀性和工作台移动的调节。

（9）保护装置、吸尘装置的检查和调整。

（10）机床空载试车，检验噪声及温升，工件精度的检查。

**2. 中修的工作内容**

（1）拆卸全部零部件进行清洗和拭净。

（2）更换易损件，修理主轴、刀轴或锯轴。

（3）修整工作台、导向装置及摩擦表面。

（4）修理液压和润滑设备，更换油液。

（5）更换传动件，装配机床。

（6）修理防护装置。

（7）按照技术要求，检验机床和制品的精度及光洁度。

（8）空载运转，检查噪声及温升。

（9）机床外表喷涂油漆。

（10）恢复标记、标线、刻度和其他标志。

**3. 大修**

一般情况是从基础上拆下，在机修车间进行维修，对大型带锯机可在制材车间进行。

（1）机床全部拆开，进行清洗、拭净，检查所有零部件。

（2）更换磨损的刨刀轴及圆锯、铣床、钻床、木工车床等主轴。

（3）更换磨损的滚动轴承、轴套及轴瓦。

（4）更换磨损的齿轮、链轮及离合器等。

（5）更换磨损的传动轴、丝杆及联轴器。

（6）更换磨损的紧固件，如螺栓、键销等。

（7）更换磨损的皮带，链条及其他零件。

（8）更换磨损的压板和斜铁。

（9）修理对刀装置，调整表示切削厚度的标尺。

（10）刨削或修刮所有导轨顶，修复或更换工作面。

（11）修理液压系统和润滑装置，更换油液及润滑剂。

（12）修理防护装置及吸尘管道。

（13）机床的装配和调整，调节刀架和支架行程的平滑性及校正操纵机构。

（14）检查并校正大型机床的基础，如大带锯。

（15）进行空转及负载试验，按照技术要求检验工件的精度。

（16）非工作表面喷涂油漆。

（17）恢复标记、标线、刻度及其他标志。

**二、木工机械使用的日常维护、清理、保养**

（1）定期检查电器线路，更换陈旧的电线和截面积不够的电缆线，保证机械电器使用的需要。

（2）为机械使用提供充足的动力保障，尤其是盛夏之际，空调、电扇等民用耗电很多，必然会产生电压不稳的现象，影响木工机械的运用，需充分考虑调节使用频率，合理利用。

（3）在区域性电压稳定的情况下，单位内电压不稳可考虑更换电缆线；在区域性电压不稳的情况下，要考虑增容并更换电缆线。

（4）木工机械的耗电功率有大有小，在家具生产中要合理搭配功率大小不一的机械，保持单位时间内机械耗电功率的相对平衡。例如，避开用电高峰时间开启机器，可以减少机器因电力不足而发生的故障。

（5）配备专职或兼职的机械保养维修人员，定期对木工机械进行保养维修。

（6）木工机械对维修人员的专业水平要求较高，一般的电器人员对难度较大的机械电器维修还有一定困难，需要在机器制造厂家的指导下，做好电器的日常保养和定期检修，随时排除木工机械使用过程中产生的事故隐患。

（7）加强日常机械的清理，减轻机械运转的无效负荷，避免因杂物、污屑造成的机械故障，但需要确保清理的规范性，严格按照操作说明实施，避免造成机械破坏或人员伤亡。

（8）重视木工机械的保养，按照厂方使用要求规范保养，对消除机械故障，延长机械使用寿命，保证正常生产都是很有益的。

### 三、复杂木工机械设备的维修保养

任何设备从安装调试完成，到投入使用都与保养维修分不开。对使用的设备保养不当或者是不按时保养都会造成设备的损坏。

以数控木工机床的维修保养为例说明维修保养事项：

**1. 整机维修保养**

（1）新机床使用10天后需进行一次检查，避免磨合中螺栓出现松动，出现松动应及时拧紧，以后应定期检查。

（2）每工作2小时清理木粉一次。

（3）每工作10～15天应对主轴轴承注一次油，尤其是滑动导轨应特别注意按期加油。

（4）每工作10～15天应对跟刀架轴承补油一次。

（5）机床防尘罩既起着防尘作用又起着保证安全作用，不得随便拆下。

**2. 机械机构的养护**

（1）下班前应清除存留于机体的木屑，尤其滑动导轨、转动轴及丝杠部分应进行认真清理，坚决不允许有杂物残留。

（2）滑动导轨、转动轴及丝杠部分清理完毕后应及时进行注油润滑，润滑油以优质轴承润滑油脂或机用润滑油为宜，禁止使用汽油、煤油、柴油及其他稀释油品替代润滑油。严禁缺油作业。

（3）应定期对各紧固件进行紧固检查，可能由于长期震动而导致某些紧固件出现松动，这会造成震动加大，机械磨损变快，设备无法稳定工作造成加工件精度下降，易出现波纹和变形。发现此类情况应及时进行紧固处理。

（4）机械限位开关附近不应有杂物，感应片上不可有杂余金属物品悬挂。否则将导致机械动作出错，开关失灵。

**3. 电气配件的养护**

（1）电箱内除尘，封闭电箱可以更好的保证内部电器件不受粉尘影响，但在长时间使用后允许用户开箱除尘，除尘方法为：采用 0.6～0.8MPa 干燥压缩空气全面吹喷内部电盘及内部控制面板至无粉尘堆积即可。

（2）步进电机及动力电机主轴应定期进行润滑，其外表面也应随时除尘，以保持其良好的散热性能。

（3）控制面板及按钮可用干燥棉布（可蘸少许酒精）轻轻擦拭除尘。

（4）外部连接线应定期检查，看有无破损现象，如有破损应立即更换。

**4. 常用件的更换**

机械运动和转动部分使用的标准件，长久使用会间隙增加，精度下降，可由机械专业人员更换。

（1）主轴轴承为高速轴承。

（2）直线滑动单元为 TBR25 型标准件，滑块采用了高分子板遮挡和羊毛毡圈密封，可更换内部的直线轴承，型号为 LM25。

（3）三角带为 B 型。

（4）夹头为自制品，可根据加工件直径自制或找机械厂加工。

（5）顶尖为机床标准件，可到机床配件商店购买。

（6）主轴电机为标准 4kW 的 4 极电机。

**5. 长期封存**

若设备在十天以上没有加工任务无需启用时，应作封存处理。封存时应注意：

（1）封存前对机械及电器进行全面清洁除尘处理，滑动及转动部件应加注润滑油脂，设备机械裸露部件表面应涂抹防锈油脂。

（2）机械滑动行走部分应进行适当的覆盖保护。

（3）设备封存期内每间隔 5 天左右应开机自动空运行 30 分钟以上，以借助电器元件自身的热量除湿。

（4）设备封存时应切断外部三相电源。

（5）封存环境应当干燥、通风良好、无灰尘污染及腐蚀物质。

# 第五章　木工操作实务

## 第一节　选　配　料

### 一、合格板、方材的选取

常用板、方材选用，需要充分利用木料原材及组合性质，合理选用。

（1）纤维板是以木材、竹材或其他农作物茎秆等植物纤维加工而成的人造板，按性质不同分为硬质纤维板、半硬质纤维板和软质纤维板三种。

（2）拼装木地板是用水曲柳、柞木、核桃木、柚木等优良木材，经干燥处理后加工出的条状小木板，它们经拼装后可组成美观大方的图案。

（3）木线条是选用质硬、木质较细、耐磨、耐腐蚀、不劈、切面光、加工性质良好、油漆性上色性好、粘结性好、钉着力强的木材，经过干燥处理后，用机械加工或手工加工而成的，包括天花线、天花角线。

### 二、缺陷木材的合理利用

木材在加工成形材或制作成构件的过程中，会留下大量的碎块、废屑等，将这些下脚料进行加工处理、合理利用，就可变废为宝，制成各种人造板材。

（1）胶合板是将原木旋切成的薄片，用胶粘合热压而成，大大提高了木材的利用率，其主要特点是：材质均匀，强度高，无疵病，幅面大，使用方便，板面具有真实、立体和天然的美感，广泛用作建筑物室内隔墙板、护壁板、顶棚板、门面板以及各种家具及装修。在建筑工程中，常用的是三合板和五合板。

（2）纤维板是将木材加工下来的板皮、刨花、树枝等边角废料，经破碎、浸泡、研磨成木浆，再加入一定的胶料，经热压成形、干燥处理而成的人造板材，分硬质纤维板、半硬质纤维板和软质纤维板三种。纤维板的表观密度一般大于 $800\mathrm{kg/m^3}$，适合作保温隔热材料。

纤维板的特点是材质构造均匀，各向同性，强度一致，抗弯强度高（可达 $55\mathrm{MPa}$），耐磨，绝热性好，不易胀缩和翘曲变形，不腐朽，无木节、虫眼等缺陷。生产纤维板可使木材的利用率达 $90\%$ 以上。

（3）刨花板、木丝板、木屑板分别是以刨花木渣、边角料、刨下的木丝、木屑等为原料，经干燥后拌入胶粘剂，再经热压成形而制成的人造板材。所用胶粘剂为合成树脂，也可以用水泥、菱苦土等无机的胶凝材料。这类板材一般表观密度较小，强度较低，主要用作绝热和吸声材料，但其中热压树脂刨花板和木屑板，其表面可粘贴塑料贴面或胶合板作饰面层，这样既增加了板材的强度，又使板材具有装饰性，可用作吊顶、隔墙、家具等材料。

（4）复合板主要有复合地板及复合木板两种。

1）复合地板是一种多层叠压木地板，板材 80％为木质。这种地板通常是由面层、芯板和底层三部分组成，其中面层又是由经特别加工处理的木纹纸与透明的蜜胺树脂经高温、高压压合而成；芯板是用木纤维、木屑或其他木质粒状材料等，与有机物混合经加压而成的高密度板材；底层为用聚合物叠压的纸质层。

复合地板规格一般为 1200mm×200mm 的条板，板厚 8mm 左右，其表面光滑美观，坚实耐磨，不变形、不干裂、不沾污及褪色，不需打蜡，耐久性较好，且易清洁，铺设方便。复合地板适用于客厅、起居室、卧室等地面铺装。

2）复合木板又叫木工板，它是由三层胶粘压合而成，其上、下面层为胶合板，芯板是由木材加工后剩下的短小木料经加工制得木条，再用胶粘拼而成的板材。

复合木板一般厚为 20mm，长 2000mm，宽 1000mm，幅面大，表面平整，使用方便。复合木板可代替实木板应用，现普遍用作建筑室内隔墙、隔断、橱柜等的装修。

# 第二节　画线打眼

## 一、画线

画线不但要根据设计图纸和大样，同时要考虑到制作、加工、装配以及后续安装的需要。画线工作的内容有：弹下料墨线、画刨料线、画长度截断线、榫眼线、画榫头线、画大小割角线等。常用的工具有直尺、折尺、墨斗、线勒子、角尺、墨株等。

**1. 画线工具**

（1）直尺

直尺常见有木质、钢质两种。木直尺是画直线和校验工件平直度的工具，用不易变形的硬木制成。钢质直尺在木工中也已盛行，用不锈钢制成，有尺寸刻度，长度尺寸有 150mm、300mm、500mm 和 1000mm 等。钢质直尺精度较高。

（2）折尺

有四折尺和八折尺两种。

1）四折尺：用薄木板和钢质铰链、铜质包头制成，上有尺寸刻度，公制四折尺长 500mm，四折尺较精确，可度量和画线。

2）八折尺：八折尺用薄木板条、铁皮圈及铆钉连接而成，八折尺全长 1000mm。尺面刻度为公制，可度量较长的尺寸，亦可用一折来画线。

（3）角尺

直角尺是木工用来画线和衡量物体是否符合标准的重要工具，由尺梢和尺座构成，尺梢可用笔直接沿它画线，尺座上刻有尺寸，尺座与尺梢所夹的内外角都是 90°，角尺的用处很多，一般有下面几种：

1）检查工作面是否平直，一是使角尺的尺梢靠近工作面，并来回移动，用眼看物面和尺梢接触部分是否密合，若整个物面没有缝隙，说明物面平了；若有凹凸现象，则需继续刨削；二是用尺梢交叉放在物面上，看是否有缝隙，即可确定平直还是有翘曲。

2）在工作面上画垂直线和平行线，画平行线时，用尺座的端部作笔依靠，由身外向身内画线，左手移动时，右手要用笔靠着尺端部同时移动。左手拇指和食指握尺，中指尖捏住所要求的尺寸，紧贴在材料的侧面，这种方法一般是用来画眼边线的，或首先有一面平直，需要确定另一面是否平直时采用。

3）检查刨好的木料是否成直角，检查时，如两面在角尺移动时始终与角尺密合，则说明两面是 90°的夹角，要经常检查直角尺是否是 90°。检查的方法是：将尺座靠在一块平直的板边上，沿尺梢画与板边的垂直线，再将角尺翻面，在板边的同点上画板边的垂线，若两线重叠，则说明角尺角度准确，否则就要进行修正。

（4）墨斗

用硬质木料凿削而成，前半部分是斗槽，后半部分是线轮、摇把，丝绵浸满墨汁，装于斗槽内，线绳通过斗槽，一端绕在线轮上，另一端与定针相连，操作时，定针扎在木料的前端，将线绳拖到木料后端，用左手拉紧压住，右手把线绳提起，放手回弹，即可弹出墨线来。

（5）墨株

在较整齐的木料上需画大批纵向直线时，也可用固定的墨株画线。

**2. 画线**

（1）下料画线时，必须留出加工余量和干缩量，锯口余量一般留 2～4mm，单面刨光余量为 3mm，双面刨光余量为 5mm。

（2）对木材的含水率要求：用于建筑制品的含水率不大于 12%，用于家具加工的木料不大于 8%，否则，应先经干燥处理后再使用，如果先下料而后才干燥处理，则毛料尺寸应增加 4%的干缩量。

（3）画对向料的线时，必须把料合起来，对称画线。

（4）制品的结合处必须避开节子和裂纹，并把允许存在的缺陷放在隐蔽处或不易看到的地方。

（5）榫头和榫眼的纵向线，要用线勒子紧靠正面画线。

（6）成批画线应在画线架上进行，把料叠放在架子上，将螺钉拧紧固定，然后用丁字尺一次画下来，标识出门窗料的正面或看面。所有榫眼注明是全眼还是半眼，透榫还是半榫。正面眼线画好后，要将眼线画到背面，并画好倒棱、裁口线。

（7）画线时，必须注意尺寸的精确度，一般画线后要经过校核才能进行加工。

（8）画线符号标识要准确，防止该指示"语言"误导。要求线要画得清楚、准确、齐全。

**二、打眼**

（1）打眼之前，应选择等于眼宽的凿刀，凿出的眼，顺木纹两侧要直，不得出错槎。先打全眼，后打半眼。

（2）将木料放在垫木或工作凳上，打眼的面向上，人可坐在木料上面，如果木料短小，可以用脚踏牢。

（3）打眼时，左手紧握凿柄，将凿刃放在靠近身边的横线附近（约离横线 3～5mm），凿刃斜面向外，凿要拿垂直，用斧或锤着力地敲击凿顶，使凿刃垂直进入木料内，这时木料纤维被切断，再拔出凿子，把凿子移前一些斜向打一下，将木屑从孔中剔出。

（4）如此反复打凿及剔出木屑，当凿到另一条线附近时，要把凿子反转过来，凿子垂直打下，剔出木屑，当孔深凿到木料厚度一半时，再修凿前后壁，但两根横线应留在木料上不要凿去。

（5）打全眼时（凿透孔），应先凿背面到一半深，将木料翻身，从正面打凿直到贯穿。眼的正面要留半条里线，反面不留线，但比正面略宽。这样装榫头时，可减少冲击，以免挤裂眼口四周。成批生产时，要经常核对，检查眼的位置尺寸，以免发生误差。

## 第三节　刨料开榫

### 一、平面刨、压刨、推槽

#### 1. 平面刨

（1）在开机前，应上好刨刀，调整好刨削厚度（切削深度）和导尺与台面的角度。调整合适后，要加以紧固。机床调整完毕后，清理台面和工作场所，检查安全防护装配，确认安全后方可开车。

（2）刨刀的安装：刨刀用楔形压条固定在刀轴上，刀轴上安装 2～4 片刨刀。装刀时，要将刨刀片夹紧，所有刃口各点切削圆半径应相等，可用对刀器检查。刃口伸出刀轴的长度要适宜（1～1.5mm）。

（3）一人在平刨上刨削木料时，应站在平刨左侧前方工作台旁，两脚一前一后（左前右后），目视刨口站稳，将木料的加工面朝下放在前台面上，两手一前一后（左前右后），左手主要按住木料防止振动，右手偏重于推动木料，使之与台面平稳接触，并匀速推向刨口进行顺木纹方向刨削。当木料剩 100mm 时，即应抬起右手靠左手进料。刨完第一行程后，将木料拿离台面退回，观察加工面是否达到质量要求。一般经过 1～2 个刨削行程即可刨平刨直。刨削相邻面（基准边）时，左手既要按压木料，又要使其贴紧导尺，以保证刨削后木料平面与侧面之间的夹角符合要求。

（4）无论何种材质的木料，一般都应顺茬刨削。当遇到逆茬、节疤、纹理不顺、材质坚硬、刨刀不锋利时，则会因刨刀冲击使木料产生振动，操作人员一定要特别注意，应适当减慢刨削的进料速度（一般进料速度应控制在 4～15m/min）或更换刨刀。

（5）短小木料和薄板的刨削：当木料的长度在 250mm 以下，或薄板的厚度在 20mm 以下时，必须使用安全棒或安全推板来推动木料进行刨削，以免伤手。

（6）端面的刨削：刨削端面时，木料应靠紧导尺，刀刃必须锋利，切削深度要小，进料速度要慢，以防末端劈裂。木料过窄或过长时，不应在平刨床上作端面刨削。

#### 2. 压刨

（1）压刨床在操作前，首选要对好刨刀，之后根据木料的加工厚度旋转手轮，将工作台调到要求的高度。然后开动电机，待刀轴和辊筒都运转正常后（1～3min）方可进行刨削。

（2）刨削过程中，应使木料的基准面向下贴紧台面，木料的加工面向上，顺纹进给；

接料工人应等木料离开出料辊筒后接料，不得硬拉，接料工人在接料的同时，应随时注意刨削后木料的规格和质量，如发现有质量问题应立即报告送料工人。两人均站在机床侧面，以防木料飞出伤人。

（3）为了提高机床效率，可将几个木料同时连续进给刨削，但厚度过大（2mm 以上）的木料，不许同时刨削，以防止较薄的木料因压不紧而弹回伤人。

（4）在刨削时，如木料突然挤住，应用安全棒推进，如无效，应停车（先停进料辊筒，后停刀轴），停稳后放低台面，排除故障，切忌在机器运转时伸手进去推拉及探头张望。

（5）在刨削时，如果有木屑等杂物进入下辊筒与台面间的缝隙、阻碍木料进给或影响刨削精度时，应停车或降低工作台，清除木屑等杂物。

（6）刨削时，应认定台面一边进料，等这一边刨刀用钝后再移动一段距离进料刨削，使刨刀每一部分都能得到充分利用。

（7）更换刨刀时应在关机并等刀轴自然停稳后进行，不可人为强 制使刀轴停止旋转。

（8）较短的木料在压刨加工时，为了防止在刨削过程中发生水平回转现象，应在台面的中间纵向加一木条，木条的厚度要小于木料的厚度（5mm 以上），长度小于前后辊筒间距的木料，禁止在压刨床上刨削。

（9）刨削较长木料时，由于木料前部悬在工作台外面，因而会加大辊筒和压紧装置的压力，并会使木料翘起，造成木料加工缺陷，为了解决这个问题，应该在压刨的工作台出料台面后加设一个等高的辅助工作台。

**3. 推槽**

手工槽刨是专供刨削凹槽用的，有固定槽刨和万能槽刨两种。常用槽刨的规格为 3～15mm，使用时应根据需要选用适当的规格。万能槽刨由两块 4mm 厚的铁板将两侧刨床用螺栓结合在一起，在两侧铁板上锉有斜刃槽和槽刨刃槽，使用时，将斜刃插入燕尾形刀槽内固定，槽刨刃装入刨床槽内，利用两只螺栓拧紧两侧刨床，将刨刀夹紧固定。万能槽刨可以有不同宽度的刨刃，根据刨削槽的宽度，可更换适当规格的刨刃使用，万能槽刨的刨床有用几块硬木制作的，推槽时，刨身要放平，两手用力均匀，向前推刨时，两手大拇指需加大力量，两个食指略加压力，推至前端时，压力逐渐减小，至不用压力为止，退回时用手将刨身后部略微提起，以免刃口在木料面上拖磨。

**二、开榫、拉肩**

（1）开榫又称倒卯，就是按榫头线纵向锯开。拉肩就是锯掉榫头两旁的肩头，通过开榫和拉肩操作就制成了榫头。

（2）开榫、拉肩要留半个墨线，锯出的榫头要方正、平直，榫眼处完整无损，没有被拉肩操作面锯伤，半榫的长度应比半眼的深，榫头倒棱，以防装榫头时将眼背面顶裂。

（3）锯半榫时，榫头长度小于榫眼深度 5mm 左右，使拼装后既有少许空隙，又不影响牢固。

（4）第一根榫头锯好后，先与凿好的榫眼试套一下，松紧适当时，再大批生产，生产中，也应检查核对，防止差错。

## 第四节 测量放线

### 一、一般地面、楼层抄平、放线

**1. 放线**

平面控制，地下部分多采用外控法，用全站仪直接对各轴线进行放样，地上部分多采用内控法，轴线控制点分阶段向上传递。

（1）地下平面控制测量

1）轴线放样。

采用全站仪方向线法，将全站仪架设在基坑边上的轴线控制桩上，经对中、整平后，后视同一方向桩（或轴线标志点），以方向线交会法将所需的轴线投测到施工的平面层施工段上，在同一施工段上投测的纵、横线各不得少于两条，且要组成闭合图形，以此作为角度、距离的校核，如图 5-1 所示。

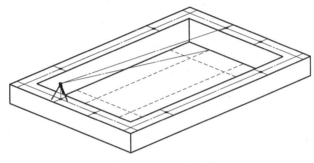

图 5-1　平面轴线放样

2）轴线加密控制工艺。

正倒镜分中法：如图 5-2（a）所示，设地面上有 AB 两点，要在 A 点以 AB 为起始方向，向右测设出设计的水平角 β。将经纬仪安置在 A 点后的操作过程如下：

盘左瞄准 B 点，读取水平度盘读数为 $L_A$；松开水平制动螺旋，顺时针旋转照准部，当水平度盘读数约为 $L_A+β$ 时，制动照准部，旋转水平微动螺旋，使水平度盘读数准确地对准 $L_A+β$，在视线方向定出 $C'$ 点。

倒转望远镜为盘右位置，用与上述同样的操作方法在视线方向定出 $C''$ 点，取 $C'$，$C''$ 的中点 $\overline{C}$ 点，则 $∠BA\overline{C}$ 即为要设的 β 角。

多测回修正法：如图 5-2（b）所示，先用正倒镜分中法测设出 $\overline{C}$ 点，再用测回法观测 $∠BA\overline{C}$ 2～3 测回，设角度观测的平均值为 $\overline{β}$，则其于设计角值 β 的差值为 $Δβ'=\overline{β}-β$（以秒为单位），如果 C 点至 A 点的水平距离为 D，则 $\overline{C}$ 点偏离正确点位 C 的弦长为：

$$C\overline{C}=D\frac{Δβ'}{ρ}$$

假设求得 $Δβ'=-12''$，$D=123.456$m，则 $C\overline{C}=7.2$mm。$Δβ'=-12''<0$，说明测设的 $\overline{β}$ 角比设计角 β 小，使用小三角板，从 $\overline{C}$ 点，沿垂直于 $A\overline{C}$ 方向向背离 B 方向量 7.2mm，定出 C 点。

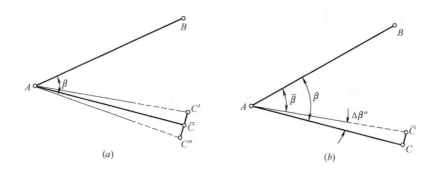

图 5-2　轴线加密控制测量

（a）正倒镜分中法；（b）多测回修正法

（2）楼层平面控制测量

为减少各种因素影响，提高测量精度，多引用高精度的激光铅直仪配合电子数显激光靶，进行轴线竖向传递。

1）控制点的转移。

待首层板施工完成，预埋件埋设完毕后，利用全站仪将轴线全部投测至楼板上，进行角度距离校核工作，完成测量内控点的工作（图 5-3）。

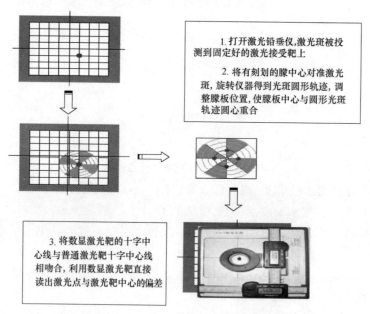

图 5-3　楼层平面控制测量

2）平面内控点的布设。

结合建筑物的平面几何形状，内控点的布设组成相应图形，为保证轴线投测点精度，内控点要闭合，以提高边角关系，并相互之间衔接，作为测量内控点。

3）激光点捕捉。

为消除误差，同方向旋转激光准直器 0°、90°、180°、270°，激光点在投影面上留下圆形旋转轨迹，移动接收靶使其中心与旋转轨迹圆心同心，通过接收靶上的刻划线使全圆等分并取其中点作为控制点的垂影点，如图 5-3 所示。

4）内控点确定后，记下每个垂准点在不同高度平面上目标控制点，一系列垂准点标定后作为测站，即可进行测角、放样以及测设建筑物各楼层的轴线或进行垂直度控制和倾斜观测等测量工作，如图 5-4 所示。

5）细部控制线放线。

轴线投测完毕验收后，即可进行细部控制线的放线。

① 以轴线控制线为依据，依次放出各轴线，在此过程中，要坚持"通尺"原则，若存在偏差范围允许的偏差，则在各轴线的放样中逐步消除，不能累积到一跨中。

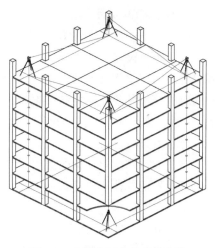

图 5-4　内控点竖向传递示意图

② 轴线放样完毕后，根据就近原则，以各轴线为依据，依次放样出离其较近的墙体或门窗洞口等控制线和边线。放样完毕后，务必再联测到另一控制线找出其标高位置，以此来控制预埋件的空间位置。

**2. 抄平**

（1）在四周墙身或柱身上投测出 500mm 水平线，作为施工标高控制线。对于结构形式复杂的工程，为了能够便于施工及标高控制，需要在给定原有标高控制点的基础上，引测装饰标高基准点。

（2）采用 DS3 型水准仪（适用于大开间区域使用）或 4 线激光水准仪（适用于室内小开间使用）在墙体、柱体上引测出装饰用标高控制线，并用墨斗弹出控制线，通常控制线设置为＋50 线。

（3）在全部标高引测完成后，应使用水准仪对所有高程点和标高控制线进行复测，以避免粗差。

（4）在混凝土地面、自流平地面等整体地面施工时，根据建筑＋50 线（或其他水平控制线），用水准仪测设出地面上的控制点的标高，施工中随时检测标高的控制情况。

**二、标高**

**1. 楼层标高点的布设**

在楼层标高测量中，标高点的布设原则有以下几点：

（1）独立柱宜在每个柱面抄测两个点。

（2）剪力墙应在转角部位、有门窗洞口部位、墙体范围内每 3～4m 设置一个抄测点。

（3）楼梯在休息平台、地段板有结构墙部位均应在板内两端各设一个抄测点。

（4）坡道标高点的布设，应根据其坡度及弧度布设；其沿坡度延伸方向的相邻两点间的高差应小于 50mm，个别情况根据实际情况而定，原则上不应大于 100mm。

**2. 楼层标高测量**

（1）单一矩形几何建筑。

每一施工段墙、柱支模后均应在钢筋上抄测结构 500mm 控制线，作为墙体支模和混凝土浇筑的控制依据。墙体混凝土浇筑后及时校正结构 500mm 控制线，作为顶板支模、钢筋绑扎、各种预埋件控制依据；每一施工段墙体拆模后应在同样部位抄测建筑 500mm 或 1m 线，作为装饰与安装标高依据。抄测完毕后，每一侧站均应进行重点部位的抽样复查，合格后方可进行下一测站。

在高大空间框架结构的厂房标高施测中，如果有吊车梁的柱子，应在施测完毕后，对准备预埋牛腿的柱子再进行一次小范围的闭合复核，使得控制埋件的标高控制线之间的较差满足其技术要求。

（2）复杂特殊几何建筑。

对于复杂几何图形的建筑，标高抄测时，圆弧部位应在其平面控制线的上方相应部位抄测其标高，在衔接点部位以及跟建筑物轴线相交部位都应有标高控制点；若其有坡度，根据标高抄测点的布设原则，可通过计算或计算机辅助（CAD）等方法，算出其标高值，然后依次抄测即可。

抄测完毕，将所有标高点连成直线或平滑曲线，至此楼层标高抄测完毕。

## 三、垂直度

垂直度是竖向构件质量的主要参数，其测量方法有多种，下面就以柱为例介绍几种常用的测量方法。

**1. 线坠法或激光垂准仪法**

线坠法是最原始而实用的方法，通过在两个互相垂直的方向悬挂两条铅垂线与立柱比较，上端距柱面水平距离与下端都相同时，说明柱子处于垂直状态。为避免风吹铅垂线摆动，可把锤球放在水桶或油桶中。另外，用靠尺检查垂直度也是方便操作的一种。

激光垂准仪法是利用激光垂准仪的垂直光束代替线坠，量取上端和下端垂直光束到柱边的水平距离是否相等，判断柱子是否垂直。

**2. 经纬仪法**

经纬仪法是用两台经纬仪分别架在互相垂直的两个方向上，同时对立柱进行测量，此方法精度高，是施工中常用的测量方法。

**3. 全站仪法**

采用全站仪校正柱顶坐标，使柱顶坐标等于柱底的坐标，钢柱就处于垂直状态。此方法适用于只用一台仪器批量校正立柱，而不用将仪器进行搬站。

**4. 标准柱法**

标准柱法是采用以上三种方法之一，先校正出一根或多根垂直的立柱作为标准柱，相邻的或同一排的柱子以此柱为基准，用钢尺、钢线来校正其他钢柱的垂直度。校正方法为：将四个角柱用经纬仪校正垂直作为标准垂直立柱，其他柱子通过校正柱顶间距的距离，使之等于柱间距，然后，在两根标柱之间拉细钢丝线，使另一侧柱边紧贴钢丝线，从而达到校正钢柱的目的。

#### 四、尺寸

尺寸即空间距离的测量，根据不同的精度要求，距离测量有普通量距和精密量距两种方法。精密量距时所量长度一般都要加尺长、温度和高差三项改正数，有时必须考虑垂曲改正。丈量两已知点间的距离，使用的主要工具是钢卷尺，精度要求较低的量距工作，也可使用皮尺和测绳。

##### 1. 量距方法

一般先用经纬仪进行定线，精度要求不高时也可目估进行定线。如地面平坦，可按整尺长度逐步丈量，直至最后量出两点间的距离。若地面起伏不平，可将尺子悬空并目估使其水平。以垂球或测钎对准地面点或向地面投点，测出其距离。地面坡度较大时，则可把一整尺段的距离分成几段丈量，也可沿斜坡丈量斜距，再用水准仪测出尺端间的高差，然后结合高差改正数，将倾斜距离改化成水平距离。

如使用经检定的钢尺丈量距离，当其尺寸改正数小于尺长的 1/10000，可不考虑尺长改正。量距时的温度与钢尺检定时的标准温度（一般规定为 20℃）相差不大时，也可不进行温度改正。

##### 2. 精度要求

为了校核并提高精度，一般要求进行往返丈量。取平均值作为结果，量距精度以往测与返测距离值的差数与平均值之比表示。在平坦地区应达到 1/3000，在起伏变化较大地区要求达到 1/2000，在丈量困难地区不得大于 1/1000。

# 第五节　工　艺

#### 一、木模型的制作

在建筑工程中，木质模型的做法较为普遍，一个建筑的模型、一个商区的模型或者建筑物局部复杂构件的模型等都会用到。

##### 1. 木质建筑模型制作

木质建筑模型的制作难度较纸质模型大，主要是两个方面，一是模型中的墙与墙之间连接点的处理难度，二是模型中的门窗洞与门窗安装的难度，除此之外，其他制作环节基本较为常规。模型制作一般是通过确定设计方案，精心选制板材等环节，逐步展开木质建筑模型的制作。

板材的选制环节比较重要，因为木质的建筑模型，大多数都会保留其原木本色的，用原木本色制作出来的建筑模型，会给人们带来一种温暖的亲切感，同时木板本身的纹理和色彩也会给建筑模型带来特殊的效果，所以对木板的选择需注意其色调、纹理、品质和它的可塑性。

选好了木板后，接下来就是要把设计好的模型方案裁剪图和缩放尺寸，绘制在选好的木板上。然后进行裁制加工，特别提示一点，木质建筑模型的制作只能采用榫眼拼接、胶质粘贴和钉连接等手法来处理。由于其不能像做卡纸模型那样任意弯曲或折叠裁剪，因此制作过程中，要特别注意连接点的处理，尽量不要让连接点结构暴露敞开，除非需要特殊效果。

把大结构处理好后，进行门窗的制作。首先在画好的门窗线框内的四个角上，用电钻打出四个小孔，再用线锯从其中一个小孔开始进行门窗洞的切割，切割过的门窗洞不一定标准，要用锉刀把没有锯直的门窗洞再次修直，直到符合设计要求为止。接着，把事先做好的小门窗框镶入到锯好的门窗洞内。同时，把所有的细小部件，如小门窗框及门窗框内的小玻璃、小烟囱、小雨篷、小阳台、小瓦片、小瓷砖等小配饰都组装到墙体上、屋顶上、基座上，再进行整体拼装。

**2. 雕刻构件模型的制作**

根据构件的尺寸、数量进行规格木料加工，并适当留出余量。配料要求方正直顺、尺寸准确；雕花板材的拼缝应当采取"指接"等方法，避免使用"平缝"，同时对标准允许范围内的木材瑕疵采取相应的技术措施处理。配好的木料应当码放平实。

根据雕刻做法，采取不同的国画方法，浮雕（平雕、落地雕、贴雕、线雕）、透雕做法是将定稿的大样图粘贴或复描在雕刻构件的木胎上，对于重复性的图案及曲面、折面形的基底，一般可选用 0.3～0.8mm 厚的牛皮纸刻制成样板，进行重复过画和随型过画，圆（立体）雕则是在"落荒"工序后的木胎上直接用笔画出欲雕物体或人物的大致部位、造型。

雕刻做法大致可分为留地雕刻和无地雕刻。留地雕刻有：线雕、阴雕、锓阳雕、浮雕、阳雕等。无地雕刻有：透雕、镂雕、圆（立体）雕等。

**二、制作、安装各种异形门窗**

异形门窗在追求特性和新奇的现代，有着不俗的市场，其形式也有许多种，在施工操作上方法大同小异，下面就以圆弧形窗为例作一介绍。

常见的圆弧形窗有圆形和椭圆形两种，椭圆形窗的制作过程为：放大样→出墙板→算料→窗棂制作→窗桄制作→拼装。

**1. 放大样**

按照设计要求，根据椭圆的做法做出椭圆，同理再做出里面另外两个椭圆，椭圆的常用做法有钉线法和四圆心法两种。

**2. 出墙板**

椭圆形窗桄一般由块材拼接而成，且两两对称。

样板制作要准确，偏差不得超过 0.2mm，窗桄榫接位置也应在拼板上画出，同时画出窗桄样板。

**3. 配料**

椭圆形窗的材料应选用没有节子、斜纹和裂缝，木纹顺直且含水率不大于 12% 的硬材。

**4. 窗桄制作**

（1）先用窄细锯（线锯）留半线锯割成形，然后用细刨将窗桄内边刨修光滑，窗桄刨好后，即可画出榫眼线、线脚线以及窗桄间连接的榫槽位置线，窗桄凿眼时的位置要正确。

（2）四块窗桄料的连接，一般采用带榫高低缝，中间加木销或斜面高低缝。木销的两个对角应在窗梃的直线上，即窗梃的连接缝上。销孔的形状、尺寸应与木销吻合，用细锯锯割，阴角要方正，且不锯割过线，以免损伤窗梃。

（3）窗梃高低缝结合面应平整、兜方，且齐口缝的榫、槽大小相等。制作齐口缝榫、槽时，榫头和凹槽的外边线应留半线，结合面处不留线，斜面锯割时，外口应该留半线，里口不留线，这样拼装能保证高低缝结合面严密无缝隙。

（4）榫眼、结合面等加工完毕后，最后加工窗梃内周边的线脚（起线）。

**5. 窗棂制作**

按要求的尺寸，对窗棂进行全长刨削成形，然后根据相应的安装尺寸，锯断为多根短窗棂，并做好编号，以便拼装，窗棂和窗梃采用半榫、飘扇结合的方法。

**6. 拼装**

先将窗棂拼装成形，四块窗棂两两相连，然后将窗棂与连成一体的两块窗梃榫接，最后将另两块连成一体的窗棂拼装，并用木销楔紧，拼装时，榫头、榫眼、凹槽、木销、高低缝结合面等都应涂胶加固。

窗扇拼装成形后，应按大样图校核，24h后修整接头，细刨净面。

**三、制作安装复杂门窗、仿古式门窗**

为了追求美观，一批造型优美、灵动优雅的仿古式门窗入潮，随之各色复杂门窗兴起，尤以木质门窗居多，其形态各异，建造方式、工艺手段各有不同，但制作、安装的方法基本相同。

工艺流程：放样→配料、截料→划线→打眼→开榫、拉肩→裁口与倒角→拼装。

**1. 放样**

放样是根据施工图纸上设计好的木制品，按照足尺1：1将木制品构造画出来，做成样板（或样棒），样板采用松木制作，双面刨光，厚约2.5cm，宽等于门窗樘子梃的断面宽，长比门窗高度大200mm左右，经过仔细校核后才能使用，放样是配料和截料、画线的依据，在使用的过程中，注意保持其画线的清晰，不要使其弯曲或折断。

**2. 配料、截料**

（1）配料是在放样的基础上进行的，因此，要计算出各部件的尺寸和数量，列出配料单，按配料单进行配料。

（2）配料时，对原材料要进行选择，有腐朽、斜裂节疤的木料，应尽量躲开不用；不干燥的木料不能使用，精打细算，长短搭配，先配长料，后配短料，先配框料，后配扇料，门窗樘料有顺弯时，其弯度一般不超过4mm，扭弯者一律不得使用。

（3）配料时，要合理的确定加工余量，各部件的毛料尺寸要比净料尺寸加大些，具体加大量可参考如下：断面尺寸：单面刨光加大1～1.5mm，双面刨光加大2～3mm。机械加工时单面刨光加大3mm，双面刨光加大5mm。门窗构件长度加工余量见表5-1。

（4）配料时还要注意木材的缺陷，节疤应躲开眼和榫头的部位，防止凿劈或榫头断掉；起线部位也禁止有节疤。

（5）在选配的木料上按毛料尺寸画出截断、锯开线，考虑到锯解木料的损耗，一般留出2～3mm的损耗量，锯时要注意锯线直，端面平。

| 构 件 名 称 | 加 工 余 量 |
|---|---|
| 门樘立梃 | 按图纸规格放长 7cm |
| 门窗樘冒头 | 按图纸放长 10cm,无走头时放长 4cm |
| 门窗樘中冒头、窗樘中竖梃 | 按图纸规格放长 1cm |
| 门窗扇梃 | 按图纸规格放长 4cm |
| 门窗扇冒头、玻璃棍子 | 按图纸规格放长 1cm |
| 门扇中冒头 | 在五根以上者,有一根可考虑做半榫 |
| 门芯板 | 按图纸冒头及扇梃内净距放长各 2cm |

**3. 刨料**

（1）刨料时，宜将纹理清晰的里材作为正面，对于樘子料任选一个窄面为正面，对于门、窗框的梃及冒头可只刨面，不刨靠墙的一面，门、窗扇的上冒头和梃也可先刨三面，靠樘子的一面待安装时根据缝的大小再进行修刨。

（2）刨完后，应按同类型、同规格樘扇分别堆放，上、下对齐，每个正面相合，堆垛下面要垫实平整。

**4. 画线**

（1）画线是根据门窗的构造要求，在各根刨好的木料上画出榫头线、打眼线等。

（2）画线前，先要弄清楚榫、眼的尺寸和形式，什么地方做榫，什么地方凿眼，弄清图纸要求和样板式样，尺寸、规格必须一致，并先做样品，经审查合格后再正式画线。

（3）门窗樘无特殊要求时，可用平肩插。樘梃宽超过 80mm 时，要画双实榫；门扇梃厚度超过 60mm 时，要画双头榫，60mm 以下画单榫。冒头料宽度大于 180mm 者，一般画上下双榫，榫眼厚度一般为料厚的 $1/4 \sim 1/3$，半榫眼深度一般不大于料断面的 $1/4$，冒头拉肩应和榫吻合。

（4）成批画线应在画线架上进行。把门窗料叠放在架子上，将螺钉拧紧固定，然后用丁字尺一次画下来，既准确又迅速，并标识出门窗料的正面或看面，所有榫眼注明是全眼还是半眼，透榫还是半榫，正面眼线画好后，要将眼线画到背面，并画好倒棱、裁口线，这样所有的线就画好了，要求线要画得清楚、准确、齐全。

**5. 打眼**

（1）打眼之前，应选择等于眼宽的凿刀，凿出的眼，顺木纹两侧要直，不得出错槎，先打全眼，后打半眼，全眼要先打背面，凿到一半时，翻转过来再打正面直到贯穿，眼的正面要留半条里线，反面不留线，但比正面略宽。这样装榫头时，可减少冲击，以免挤裂眼口四周。

（2）成批生产时，要经常核对，检查眼的位置尺寸，以免发生偏差。

**6. 开榫、拉肩**

（1）开榫又称倒卯，就是按榫头线纵向锯开。拉肩就是锯掉榫头两旁的肩头，通过开榫和拉肩操作就制成了榫头。

（2）拉肩、开榫要留半个墨线。锯出的榫头要方正、平直、榫眼处完整无损，没有被拉肩操作面锯伤，半榫的长度应比半眼的深度少 2～3mm，锯成的榫要求方正，不能伤榫根。榫头倒棱，以防装榫头时将眼背面顶裂。

### 7. 裁口与倒棱

（1）裁口即刨去框的一个方形角部分，供装玻璃用，用裁口刨子或用歪嘴刨子。快刨到要刨的部分时，用单线刨子刨，去掉木屑，刨到为止，裁好的口要求方正平直，不能有戗槎起毛、凹凸不平的现象。

（2）倒棱也称为倒八字，即沿框边刨去一个三角形部分，倒棱要平直、板实，不能过线，裁口也可用电锯切割，需留 1mm，再用单线刨子刨到需求位置为止。

### 8. 拼装

（1）拼装前对部件应进行检查，要求部件方正、平直，线脚整齐分明，表面光滑，尺寸规格、式样符合设计要求，并用细刨将遗留墨线刨光。

（2）门窗框的组装，是把一根边梃的眼里，再装上另一边的梃，用锤轻轻敲打拼合，敲打时要垫木块，防止打坏榫头或留下敲打的痕迹，待整个拼好归方以后，再将所有榫头敲实，锯断露出的榫头，拼装先将榫头抹上胶再用锤轻轻敲打拼合。

（3）门窗扇的组装方法与门窗框基本相同，但木扇有门心板，须先把门心板按尺寸裁好，一般门心板应比门扇边上量得的尺寸小 3～5mm，门心板的四边去棱，刨光净好，然后，先把一根门梃平放，将冒头逐个装入，门心板嵌入冒头与门梃的凹槽内，再将另一根门梃的眼对准榫装入，并用锤垫木块敲紧。

（4）门窗框、扇组装好后，为使其成为一个结实的整体，必须在眼中加木楔，将榫在眼中挤紧，木楔长度为榫头的 2/3，宽度比眼宽窄 1/2，如 4′眼，楔子宽为 3 1/2′，楔子头用扁铲顺木纹铲尖，加楔时应先检查门窗框、扇的方正，掌握其歪扭情况，以便在加楔时调整、纠正。

（5）一般每个榫头内必须加两个楔子，加楔时，用凿子或斧子把榫头凿出一道缝，将楔子两面抹上胶插进缝内，敲打楔子要先轻后重，逐步打入，不要用力太猛，当楔子已打不动，眼已扎紧饱满，就不要再敲，以免将木料打裂。在加楔的过程中，对框、扇要随时用角尺或尺杆卡窜角找方正，并校正框、扇的不平处，加楔时注意纠正。

（6）组装好的门窗扇用细刨刨平，先刨光面。双扇门窗要配好对，对缝的裁口刨好。安装前，门窗框靠墙的一面，均要刷一道防腐剂，以增强防腐能力。

（7）为了防止在运输过程中门窗框变形，在门框下端钉上拉杆，拉杆下皮正好是锯口，大的门窗框，在中贯档与梃间要钉八字撑杆，外面四个角也要钉八字撑杆。

（8）门窗框组装、净面后，应按房间编号，按规格分别堆放整齐，堆垛下面要垫木块，不准在露天堆放，要用油布盖好，以防止日晒雨淋。门窗框进场后应尽快刷一道底油，防止风裂和污染。

### 9. 门窗框的后安装

（1）门窗安装前，复查洞口标高、尺寸及木砖位置。

（2）将门窗框用木楔临时固定在门窗洞口内相应位置。

（3）用吊线坠校正框的正、侧面垂直度，用水平尺校正框冒头的水平度。

（4）将门窗框用砸扁钉帽的钉子钉牢在木砖上，钉帽要冲入木框内 1～2mm，每块木砖要钉两处。

（5）高档硬木门框应用钻打孔，木螺钉拧固，并拧进木框 5mm，用同等木补孔。

### 四、制作安装形状复杂的格扇和挂落

#### 1. 格扇制作安装

（1）边框

格扇、槛窗、风门的大边与上下抹头交角必须做大割角、双榫实肩，大边与中抹交角为人字双榫蛤蟆肩，门窗、格扇的边框制作要选择好木材的正、背面，门窗边抹的肩角必须严实，使胶加楔严实，榫眼饱满，不劈裂，不得用母榫，不要闷头榫，边框的表面应光平，无明显戗槎、刨痕、锤印，门窗、格扇老边的裁口、起线、割角、拼缝应做到打槽宽度准确，线角交圈，线条直顺。

（2）门窗扇

门窗扇制安是根据原制加工，所制安的门窗扇要四角方正，起线通顺一致，扇活整体表面平整，不皮楞，制作时应根据现有抱框间距分扇定宽，按门窗扇的上下槛间距定门窗扇的高度，确定每扇门窗扇的规格尺寸，门窗扇表面平整，棂条仔屉整体更换与制作应按原构件套样，仔屉安装时，应保证线条直顺，深浅一致，胶榫饱满，大框与仔屉纹套严实，松紧适度，棂条补配要区分内檐、外檐进行，外檐棂条应为凸面，内檐棂条应为凹面，仔边里口必须做窝角线，内外装修仔边榫卯必须做 3 道线，外檐棂条榫卯丁字交接处做飘肩、半榫，搭拉处做马蜂腰，内檐棂条榫卯须做半银锭大割角。

门窗扇安装应做到裁口顺直，刨面平整，分缝适度，开关灵活。

（3）槛框、塌板制安

1）构件的安装要与其他工序顺流水进行，即：下槛安装必须在地面铺墁完成后进行，塌板的安装必须在槛墙砌好后进行。

2）外檐下槛安装可用钉钉牢，但两端必须做抱肩；内檐下槛必须做溜销，严禁用钉固定，中槛两端必须做倒退榫，上下口按要求起线。安装塌板，柱与塌板相交处必须按圈口圈活。塌板如为拼板做法，板缝应两面钉扒锔或落银锭，八字应为六方尺（八字外楞应与柱同），要求所制作及安装的槛框不皮楞、倒楞、窜角，要表面光平，无明显刨痕、戗槎和残损，线条直顺，线肩严实平整，无明显疵病，塌板制作与安装应达到表面平整直顺，不皮楞，无明显凹凸，裂缝，板面外口有泛水。

3）所复建的格扇、槛窗、隔芯、仔屉要在边框内安装头缝榫或销子榫，抹头对应打槽，上起下落安装，制作门窗扇部件应边框和抹头榫卯结合，榫卯相交做割角，合角肩抹边线条交圈，边挺抹头内面打槽装裙板、环板，同时制作及安装边框与裙板、环板，安装活扇时要先下好连槛位置，并预留好两扇间的缝路，以保证扇活开启灵活，扇活关严后要与框里皮平行一致。

#### 2. 挂落

"挂落"又称为"倒挂楣子"，有木挂落和砖挂落之分。木挂落是用于木构架枋木之下的装饰构件，常用于门窗洞口上方，作为门窗过梁的外观装饰。

"木挂落"由两个边框、上下大边和中间花屉所组成，上下大边的距离为 30cm 至60cm，外框长按柱间距离。边框截面看面宽一般为 4~4.5cm，厚为 5~6cm。

（1）挂落的操作工艺顺序

刨料→画线→制作→拼装→安装。

（2）挂落的操作工艺要点

1）刨料：挂落边框断面为小面为看面，大面为进深。由于挂落的花格是依柱间开间的大小，以基本式样反复变化相连，所以断料长度应按设计图样放足尺大样后确定。花牙子的进深同棂条，面宽及高度按设计图样。

2）画线：

① 边框：边框两上交角采用单榫双肩大割角，两旁框下端做钩夹形，画以如意。上框作榫，旁框做卯眼。

② 花格：花格的棂条画线应按具体式样而定，同格扇。一般说来，丁字相交，采用半榫，十字相交，采用十字刻半榫，斜相交，按图形角度斜半榫；单直角相交，采用大割角，半榫。

③ 花牙子常见的花纹图案有草龙、番草、松、竹、梅、牡丹等，应依设计图样画线。

3）制作：花棂条及边框制作要求同格扇，花牙子通常做成双面透雕。

4）拼装：一般应从中间向两旁涂胶粘拼，后再装上花牙子，花格拼成后在三边拼上边框。拼装完成后应校核外皮尺寸，并修正花格棂条与花牙子等交接处，打磨光滑。

5）安装：安装时，先将挂落试安于柱间枋子下，如挂落与柱子、枋子交接处有需要修正的部位，可用铅笔记上，并确定竹销固定的位置。然后取下挂落，用刨略作修正，在竹销处钻孔，最后将挂落安上，在柱子上钻孔，用竹销将挂落与柱子连接。

### 五、螺旋式楼梯模板的制作和安装

非定制式旋转楼梯模板板面采用木材，次龙骨为螺旋弧形（类似于弹簧的一段），同时承担模板荷载和楼梯面成形作用，主龙骨呈水平射线布置，只在节点向立杆传递竖向荷载。

### 1. 模板计算

螺旋楼梯的楼梯板内外两侧为同一圆心，但半径不同；楼梯板的内外两侧升角不同。楼梯板沿着贯穿楼梯两侧曲线的水平射线绕圆心上旋，形成螺旋曲面；其上的楼梯踏步以一定角度分级，一般转 $360°$ 达到一个楼层高度。由于梯面荷载集度随半径而不同，使得其自重荷载统计和对模架的作用力较为复杂。

旋转楼梯梯段模板的起、终点位置，与普通直跑楼梯在方法上没有差异，只是因为楼梯内、外侧升角不同，所以相应数据应分别计算。上下两侧四个端点的起、终点位置确定了，休息平台的位置也就确定了。

根据下跑楼梯起、终点位置，确定两个端点位置，然后算出休息平台内侧与外侧的弧长。此长度是根据图纸数据直接算得的，实际支模尺寸（长度方向）为：弧长＋$L_2$＋$L_3$。其中

$$L_2 = \delta \times \tan(\alpha/2)$$

$$L_3 = (H - \delta + \delta/\cos\alpha)/\tan\alpha$$

式中　$L_2$——第一级踏步的起步位置向楼梯段方向延伸的距离；

　　　$L_3$——为最上一级踏面位置向上延伸的距离；

　　　$\alpha$——梯段升角；

$\delta$——梯段厚度。

旋转楼梯平台内外弧分别计算。由于首段楼梯支模时考虑了踏步踢面的面层厚度，以后的平台、楼梯等依次后移，故不必在计算平台支模尺寸中再考虑，每层楼梯只考虑一次。

**2. 旋转楼梯施工工艺**

（1）工艺流程

熟悉图纸→确定支模材料→放楼梯内、外侧两个控制圆及过圆心射线的线→计算楼梯梯段、休息平台、楼梯踏步尺寸→确定支模位置→加工楼梯段弧形底楞钢管（次龙骨）→确定休息平台水平投影位置及标高→支平台模板→支楼梯段控制点放射状水平小横杆→安放楼梯段弧形底楞钢管→铺楼梯段模板→加固支撑→封侧帮模板→绑钢筋→吊楼梯踏步模板→浇筑混凝土。

（2）模板用料

1）立柱：采用扣件、$\phi$48 钢管，根据相应踏步的底标高确定钢管的不同长度，相同长度的各截 2 根为 1 组。长度为相应踏步的底标高减去梯段底板厚及楞木、底板木模的厚度。

2）主龙骨：$\phi$48 钢管采用扣件与立柱锁固，若外侧立杆一只扣件不满足要求，可再增加一只；长度为楼梯宽度加 600mm，即每边长出 300mm，以供固定边模板用。

3）模板面板：可按楼梯的图纸尺寸，锯出梯形板，亦可用 50mm×50mm 方木加楔，沿着弧面铺设。由于弧形底楞间距较大，板厚不宜小于 40mm。

4）侧帮：侧帮应能完成一定弧度，由于材料较薄刚度差，除了在主龙骨处加固外，尚需以扁钢等材料做好径向约束。

5）立帮：因为踏步的高度和长度一致，故按正常板式楼梯的支模方法即可。

（3）放线

1）定中心点：根据图纸尺寸，定出楼梯中心点位置，然后在中心点处做出标记，中间为结构筒时需将中心点引测上来。

2）画圆定轮廓：以中心点为圆心，分别以中心点至内外弧的距离为半径，在地面上画出两条半圆弧，即为旋转楼梯轮廓的水平投影基准线。

3）建立中垂线：在中心点处设一根垂直线，在楼梯位置上方固定一根方木，定出一个点与地面中心点重合。

4）画点、线：按图示尺寸，画出分割点、踏步线，找踏步交点，确定梯段底板线。

（4）支模

1）立支柱、主龙骨、弧形次龙骨，形成支撑骨架。

2）安装梯段底板：在立好的骨架上钉牢事先配好的小块梯形底板。

3）钉侧帮：按内外圆弧的不同尺寸分别安装梯形侧模板，要把每个侧帮靠近，两相邻侧帮用短木方钉牢，但必须钉在踏步外侧。

4）检查楼梯的尺寸和标高，当确认无误后，对楼梯模板进行整体加固。

5）立踏步板、钉上口拉条：与普通楼梯做法相同。

（5）弧形底楞钢管的加工

弧形底楞钢管（次龙骨）是旋转楼梯的梯段模板成形的重要杆件。加工时，先按弧形管与弦长处在同一水平面弯曲成水平投影夹角的圆弧形，然后再按所支撑的梯段高差加工弧形管竖向弧度。

（6）定位问题

为了防止积累偏差，休息平台端点和梯段控制点，一般应直接从楼梯水平投影位置引测上去。在楼梯根部，弹出两个水平投影范围以外的同心控制圆线和圆心射线。同心控制圆比旋转楼梯水平投影半径大（小）200mm左右。圆心射线的密度，根据立杆间距定，一般每15°～20°放一根。

### 六、修缮古式木斗拱、屋顶及檐头

古建筑修缮需遵循的一般原则为：安全为主的原则，不破坏文物价值的原则，风格统一的原则，风格统一的原则，排除造成损坏的根源和隐患、以预防性的修缮为主的原则，以及尽量利用旧料的原则。

**1. 斗拱的修改**

一般由是否大拆来决定。如果大拆，破损较重，就必须大部分更换新料，如果不拆，除少量更换的构件以外，一般破损轻微的构件，可根据"保持现状"的原则，进行修补，具体办法如下：

（1）斗。劈裂为两半，断纹能对齐的，粘牢后可继续使用，断料不能对齐或糟朽严重的应予以更换，斗耳断落的，应按原尺寸式样补配，粘牢钉固。

（2）拱。劈裂未断的可灌缝粘牢，左右扭曲不超过3mm的可继续使用，超过的应更换。

（3）昂。最常见的情况是昂嘴断裂，甚至脱落，裂缝粘结与拱相同，昂嘴脱落时，依照原样用干燥硬杂木补配，与旧件相接平接或榫接。

（4）正心枋、外拽枋、挑檐枋等。斜劈裂纹的可用螺栓加固、灌缝粘牢，部分糟朽的可剔除糟朽部分，并用木料补齐。整个糟朽超过断面2/5以上或折断时应予以更换。

斗拱的更换构件木料宜采用相同树种的干燥材料或接近树种的木料，依照样板进行复制。一般要先做好更换构件的外形，榫卯部分暂时不做。如遇到总体建筑物的斗拱构件的修理和更换时，对其细部处理尤应特别慎重。在复制此类构件时，不仅外廓需要严格依照标准样板，其细部纹样也要进行描绘，将画稿印在实物上进行精心雕刻，以保持它原来的式样和风格。

**2. 屋顶修缮**

其措施有除草清垄、查补雨漏、抽换底瓦和更换盖瓦、局部挖补等。

（1）除草清垄。实践证明，凡是年久失修以致倒塌的房屋，必定有杂草丛生的历史。凡是最终造成大患的建筑，也一定是先从杂草丛生开始，所以，拔草清垄工作与房屋漏雨有着极为重要的关系。除草清垄工作应注意以下几个方面：

1）拔草时应"斩草除根"，即应连根拔掉。

2）要用小铲将苔藓和瓦垄中的积土、树叶等一概铲除，并用水冲净。

3）要注意季节性。由于杂草和树木种子的传播具有很强的季节性，所以这项工作的时间应安排在种子成熟之前。

4）在拔草拔树的过程中，如造成和发现瓦件掀揭、松动或裂缝，应及时整修。除了进行人工除草以外，还可采用化学除草法，即用化学除草剂进行除草。

（2）查补雨漏。查补雨漏一般可以分为以下两种情况：

1）整个屋顶比较好，漏雨的部位也很明确，且漏雨的部位不多，这种情况下只需进行零星的查补即可。确定漏雨部位有以下几种：

① 盖瓦破碎，瓦垄出现裂缝，瓦瓦泥（甚至泥背）裸露。

② 有植物存在，雨水得以沿植物根须下渗。

③ 局部低洼或堵塞，因而形成局部存水。

④ 底瓦有裂纹、裂缝或质量不好。

2）大部分瓦垄不太好，或漏雨的部位较多，或经多次零星查补后仍不见效。这时便需要进行大面积的查补，即大查补。大查补的项目分为和瓦夹腮（或满夹腮）、筒瓦（包括琉璃瓦）捉节（或满捉节）、筒瓦裹垄（或满裹垄）、装垄（或满装垄）和青灰背查补五类。

① 合瓦夹腮。先将盖瓦垄两腮上的苔藓、土或已松动的旧灰铲除掉并用水冲净洇湿，破碎的瓦件应及时更换，然后用麻刀灰将裂缝及坑洼处塞严找平，再沿盖瓦垄的两腮用瓦刀抹一层夹垄灰。

② 筒瓦捉节。此种方法常在因筒瓦脱节而造成漏雨的情况下采用。先将脱节的部分清理干净并用水冲净洇湿，破碎的瓦件要及时更换，然后用小麻刀灰将缝塞严勾平。

③ 筒瓦裹垄。此种做法常用于布筒瓦大部分已损坏的情况。新旧灰茬子处要搭接严密并应打水槎子，未裹垄之前应将表面处理干净。

④ 装垄。此种做法适用于底瓦已无法查补或局部严重坑洼存水的情况。先把底瓦上的植物和积土清理干净并用水冲净洇湿，然后用灰在底瓦待修部位反复揉擦，以使灰与瓦结合得更为牢固。

⑤ 青灰背查补。造成青灰背屋面漏雨的原因主要有裂缝、空鼓酥裂和局部低洼存水三种，查补应主要针对这些部位进行。

（3）抽换底瓦和更换盖瓦。底瓦破碎或质量不好时，可进行抽换，抽换底瓦的方法是先将上部底瓦和两边的盖瓦撬松，去除坏瓦，并将底瓦泥铲掉，然后铺灰用好瓦按原样瓦好。

（4）局部挖补。此种做法适用于局部损坏严重，瓦面凹陷或经多次大查补均无效的情况。先将瓦面处理干净，然后将需挖补部分的底盖瓦全部拆卸下来，并将底、盖瓦泥（灰）清除。如泥（灰）背酥碱脱落，应铲除干净，如发现望板或椽子糟朽均应更换。

**3. 檐头的修缮**

分揭瓦檐头和整修檐头两种。

（1）揭瓦檐头。此种做法适用于檐头损坏严重的情况，先将勾头、滴子（或花边瓦）拆下，送至指定地点存好备用，然后将檐头部分需揭瓦的底、盖瓦全部拆下，存好备用。

（2）整修檐头。此种做法适用于檐头损坏不严重的情况。整修檐头一般只需揭去损坏的盖瓦和归整檐头勾滴即可。檐头全部整修完毕后，黑活瓦面应在檐头刷浆绞脖。

无论是整修还是揭瓦檐头，均应注意以下几点：

1）新、旧瓦搭接处应清理干净，搭接严密，新瓦坡度适宜，不得出现"倒喝水"

现象。

2）新瓦插入旧瓦的部分不少于瓦长的 1/2。

3）凡新做苫背的，新旧灰背接茬处一定要在新、旧接茬处的上方。也就是说，在铲除旧灰背的过程中，当铲至瓦的接茬处时，应继续向里掏空一部分。

### 七、钢、木模板施工工艺的编制

**1. 钢模板施工工艺**

（1）施工准备

大模板及配件进入现场后，应按设计方案、有关规范及设计图纸要求的质量标准进行验收，并按规格、品种编号分类、码放整齐，以备现场安装取用。

模板及配件码放场地应平整坚实，并应有排水设施。为节省施工现场空间，配置相应大模板支撑架。

合模前检查钢筋、水电预埋管件、门窗洞口模板、穿墙套管是否遗漏，位置是否准确，安装是否牢固或是否削弱混凝土断面，墙内杂物是否清理干净。

（2）模板安装工艺流程

楼板上弹墙皮线、模板外控制线→剔除接茬混凝土软弱层→安门窗洞口模板并于大模板接触的侧面加贴海绵条→在楼板上的墙线外侧 5mm 贴 20mm 厚海绵条→安内横墙模板安内纵墙模板→安堵头模板→安外墙内侧模板→安外墙外侧模板→办理预检……→模板拆除→模板清理。

（3）施工工艺

1）模板安装：

① 按照方案要求，安装模板支架平台架。

② 安装洞口模板、预留洞模板及水电预埋件。门窗洞口模板与墙模板结合处应加垫海绵条防止漏浆。如果采用大模内置工艺，应先安装保温板。

③ 安装内横墙、内纵墙模板，将模板吊至安装位置初步就位，检查角模与墙模，确保缝隙严密，防止漏浆、错台，校核垂直度、水平度、标高，紧固再校正，合格后拧紧螺栓。

④ 模板及其支架在安装过程中，必须设置足够的临时支撑，以防倾覆。安装上层支架及模板时，下层楼板应达到足够的强度或有足够的支架支撑。

⑤ 为保证墙筋保护层准确，大模板上口顶部应配合钢筋工安装控制竖向钢筋位置、间距和保护层工具式的定距框。

2）模板拆除：

① 模板拆除时，结构混凝土强度应符合设计和规范要求，混凝土强度应以保证表面及棱角不因拆除模板而受损，且混凝土强度要达到 1.2MPa。

冬期施工中，混凝土强度达到 1.2MPa 时可松动螺栓，当采用综合蓄热法施工时，待混凝土达到 4MPa 时方可拆模，且应保证拆模时混凝土温度与环境温度之差不大于 20℃，混凝土冷却到 5℃ 及以下。拆模后的混凝土表面应及时覆盖，使其缓慢冷却。

② 拆除模板：遵循拆模板连接器、加强背楞、角模连接器→拆模板→拆阳角→拆阴角的工艺顺序。

③ 如果模板与混凝土墙面吸附或粘结不能离开时，可用撬棍撬动模板下口，但不得在墙体上撬模板，或用大锤砸模板，且应保证拆模时不晃动混凝土墙体。

④ 当风力大于 4 级时，停止对墙体模板的拆除。

3) 模板保养：

① 钢模板吊至存放地点时，必须一次放稳，其自稳角应根据模板支撑体系的形式确定，中间留 500mm 工作面，及时进行模板清理，涂刷隔离剂，保证不漏刷、不流淌。每块模板后面挂牌、编号，标明清理、涂刷人名单。

② 钢模板应定期进行检查和维修，在大模板上开的孔洞应打磨平整，不用者应补堵后磨平，保证使用质量。冬季大模板背后做好保温，拆模后发现有脱落及时补修。

③ 拆下的大模板，必须先用扁铲将模板内、外和周边灰浆清理干净，模板外侧和零部件的灰浆和残存混凝土也应清理干净，然后将吸附在板面的浮灰擦净，擦净后的大模板再用滚刷均匀涂刷隔离剂。

**2. 木模板施工注意事项**

由于木模板拼装随意的优点，对于浇筑外形复杂、数量不多的混凝土结构或构件多有选用，不同部位的木模施工拼接顺序略有不同，在使用时需注意以下事项：

（1）模板安装前，先检查模板的质量，不得用脆性、严重扭曲和受潮后容易变形的木材，不符合质量标准的不得投入使用。

（2）带形基础要防止沿基础通长方向出现模板上口不直、宽度不准、下口陷入混凝土内、拆模时上端混凝土缺损、底部上模不牢的现象。

（3）杯形基础应防止中心线不准，杯口模板位移；混凝土浇筑时芯模浮起，拆模时芯模起不出的现象。

（4）梁模板要防止梁身不平直、梁底不平及下挠、梁侧模炸模、局部模板嵌入柱梁间拆除困难的现象。

（5）柱模板要防止模板炸模、断面尺寸鼓出、漏浆、混凝土不密实，或蜂窝麻面、偏斜、柱身扭曲的现象。

（6）板模板要防止板中部下挠，板底混凝土不平的现象，对于跨度等于或大于 4.0m 的整体式钢筋混凝土梁，模板应起拱，起拱高度宜为全跨度的 $1/1000 \sim 3/1000$。

（7）钉子长度应为木板厚度的 $2 \sim 2.5$ 倍，每块木板与木挡相叠处不少于 3 枚钉子。

（8）配置好的模板应在反面编号并写明规格，分类堆放保管，以免错用。备用模板要垫起并加以遮盖保护，以免变形。

**八、模板工程施工组织**

模板工程施工组织应以工程结构特点，有针对性的进行技术准备，从配置、安装、拆除方面进行。

以某工程施工为例，说明模板工程施工组织。

**1. 模板设计**

（1）垫层模板：垫层厚度为 100mm，垫层模板采用钢模板。沿垫层边线设置方木，方木支撑在基坑壁上，如果支撑不到基坑壁上，用 $\phi$12 钢筋棒插入地面固定模板。

（2）柱模板：柱模板采用小型钢模板，竖楞采用方木，方木均经压刨找平，每

200mm一道，柱箍采用钢管，每400mm一道，最底一层距地面300mm，其板块与板块竖向接缝处理做成企口式拼接，然后加柱箍，支撑体系将柱固定，支撑采用$\phi48\times3.5$mm钢管。

（3）梁板模板：梁的底模与侧模均采用10mm厚竹胶板，柱龙骨采用50mm×100mm@60mm单面刨光方木，次龙骨采用50mm×100mm@200mm双面刨光方木，梁侧模、梁底模按图纸尺寸进行现场加工，然后加横楞并利用支撑体系将梁两侧夹紧，在梁高二分之一处用M4穿墙螺栓，按600mm间距布置。板模板采用10mm厚竹胶板，柱龙骨采用100mm×100mm单面刨光方木，次龙骨选用50mm×200mm双面刨光方木，为保证板的整体混凝土成形效果，将整个顶板的竹胶板按同一顺序、同一方向对缝平铺，必须接缝处，下方有龙骨且接缝严密，表面无错台现象。若与柱相交，则不可以躲开柱头，只在该处将多层板锯开与柱尺寸相应洞口，下垫方木作为柱头的龙骨。

**2. 模板加工**

柱梁的模板加工必须满足截面尺寸，两对角线偏差小于1mm，尺寸过大的模板需进行刨边，否则禁止使用。次龙骨必须双面刨光，主龙骨至少要一面刨光，翘曲、变形的方木，不得作为方木使用，模板加工完毕后，必须经过项目技术人员验收合格后方可使用。

**3. 模板安装**

（1）模板安装的一般要求：

竖向结构钢筋等隐蔽工程验收完毕，施工缝处理完毕后，准备模板安装。安装柱模前，要清除杂物，焊接或修整模板的定位预埋件，做好测量放线工作，抹好模板下口的找平砂浆。

（2）梁模板安装顺序及技术要点：

① 模板安装顺序：搭设和调整模板支架→按标高铺梁底模板→拉线找直→绑扎梁钢筋→安装垫块→梁两侧模板→调整模板。

② 技术要点：按设计要求起拱（跨度大于4m时，起拱2‰）并注意梁的侧模包住底模，下面龙骨包住侧模。

（3）板模板安装顺序及技术要点：

① 模板安装顺序：满堂脚手架→主龙骨→次龙骨→柱头模板龙骨→柱头模板顶板模板→拼装→顶板内、外墙柱头模板龙骨→模板调平验收→进行下道工序。

② 技术要点：楼板模板当采用单块就位时，宜以每个铺设单元从四周先用阳角模板与墙、梁模板连接，然后向中央铺设，按设计要求起拱（跨度大于4m时，起拱2‰）起拱部分为中间起拱，四周不起拱。

（4）柱模板安装顺序及技术要点：

① 柱模板安装顺序：搭设脚手架→柱模就位安装→安装柱模→安设支撑→固定柱模→浇筑混凝土→拆除脚手架、模板→清理模板。

② 技术要点：板块竖向接缝处理，做成企口拼接，然后加柱箍支撑体系将柱固定。

**4. 模板拆除**

（1）柱模板拆除：在混凝土强度达到1.2MPa、能保证其表面棱角不受损后方可拆除，拆除顺序为先纵墙后横墙。拆下的模板及时清理，刷好隔离剂，做好模板检验批质量验收记录，保证使用质量。

（2）门洞口模板拆除：松开洞口模板四角脱模器及大模连接螺栓，撬棍从侧边撬动脱模。禁止从垂直面砸击洞口模板，防止门洞口过梁混凝土拉裂，拆下的模板及时修整，所有洞口＞1m 时拆模后立即用钢管加顶托回撑。

（3）跨度大于 8m 的顶板，当混凝土强度达到设计强度 100％后方可拆除外，其余顶板、梁模板在混凝土强度达到设计强度的 75％后方可拆除。拆顶板模板时从房间一端开始，防止坠落造成质量事故。同时，注意保护顶板模板，不能硬撬模板接缝处，以防损坏竹胶板，拆除的竹胶板、龙骨及扣件要码放整齐。注意不要集中堆放，拆掉的钉子要回收再利用，把作业面清理干净，以防扎脚伤人。

## 第六节　大样、样板制作

**1. 门窗放样**

（1）放样是根据施工图纸上设计好的木制品，按照足尺 1：1 将木制品构造画出来，做成样板，样板采用松木制作，双面刨光，厚约 2.5cm，宽等于门窗栏子梃的断面宽，长比门窗高度大 200mm 左右，经过仔细校核后才能使用。

（2）放样是配料和截料、画线的依据，在使用的过程中，注意保持其画线的清晰，不要使其弯曲或折断。

（3）样板制作要求：

1）样板要用木纹平直、不易变形和干燥（含水率低于 18％）的木材制作。

2）套样板时，先按照各构件的尺寸将样板开好，两边抛光，然后放在大样上，将构件的榫齿、榫槽、螺栓孔等位置及形状画到样板上，按形状正确锯割后再修光。

3）样板配好后，放在大样上试拼，在检查其是否与大样一致。最后在样板上弹出轴线。

4）所有样板需用油漆或墨水标注名称，依次编号，并由专人保管，且经常检查是否变形，以便及时修整或重制。

5）样板的偏差不大于 ±1mm。

**2. 楼梯模板放样**

（1）放大样方法：

楼梯模板有的部分可按楼梯详图配制，有的部分则需要放出楼梯的大样图，以便量出模板的准确尺寸。

1）在平整的水泥地坪上，用 1：1 或 1：2 的比例放大样。先弹出水平基线 $x$-$x$ 及其垂线 $y$-$y$。

2）根据已知尺寸及标高，先画出梯基梁、平台梁及平台板。

3）定出踏步首末两级的角部位置 $A$、$a$ 两点，及根部位置 $B$、$b$ 线的平行线，其距离等于梯板厚，与梁边相交得 $C$、$c$。

4）在 $Aa$ 及 $Bb$ 线之间，通过水平等分或垂直等分画出踏步。

5）按模板厚度于梁板底部和侧部画出模板图（图 5-5）。

6）按支撑系统的规格画出模板支撑系统及反三角等模板安装图。

（2）第二梯段、第三梯段等放样方法与第一梯段基本相同，重复作业。

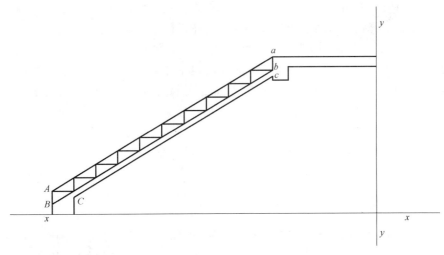

图 5-5　模板图

## 第七节　地　　板

木地板铺设可分为"空铺式"木地板、"实铺式"木地板、硬木锦砖地面和"实铺式"复合式木地板四种。在实际工程中常见的是"实铺式"木地板。

有龙骨"实铺式"木地板施工工艺流程为：基层处理→弹线、找平→安装龙骨→铺设垫层→试铺→预排→铺地板→铺踢脚板→清洗表面→安装踢脚板。

在铺贴木地板之前，应对其基层认真处理和清理。基层表面必须抄平、找直，清除泥浆、污渍和碎块，不符合要求的要进行修补、剔凿，同时基层应保持干燥。

龙骨截面尺寸、间距和稳固方法等均应符合设计要求，当设计无要求时，主次龙骨的间距应根据地板的长度模数确定，并注意地板的端头必须搭在龙骨上，木地板基层要求毛板下木龙骨间距尽量密一些，一般情况不宜大于 300mm。龙骨固定时，不得损坏基层和预埋管线。

铺设聚乙烯泡沫塑料薄膜的垫层，其宽多为 1m 卷材，铺设时按房间长度净尺寸加 100mm 裁切，横向搭接 150mm。垫层可增加地板隔潮作用，增加地板的弹性并增加地板稳定性，减少行走时地板产生的噪声。

在正式铺贴木地板前，应进行试铺预排，板的长缝隙应顺入射光方向沿墙铺放，槽口对墙，从左至右，两板端头企口插接，直到第一排最后一块板，切下的部分若大于 300mm，可以作为第二排的第一块板铺放，第一排最后一块的长度不应小于 500mm，否则可将第一排第一块板切去一部分，以保证最后的长度要求。木地板与墙体间留出 8～10mm 缝隙，用木模进行调直。拼铺三排进行修整、检查平整度，符合要求后，按编号拆下放好。

按照预排的地板顺序，企口对缝拼接，辅以木锤敲击挤紧。复验平直度，横向用紧固卡带将三排地板卡紧，每隔 1500mm 左右设置一道卡带，卡带两端有挂钩，卡带可调节长短和松紧度。从第四排起，每拼铺一排卡带移位一次，直至最后一排。每排最后一块地板端部与墙体间仍留 8～10mm 缝隙。在门洞口，地板铺至洞口外墙皮与走廊地板平接。

如果为不同材料时，留出 5mm 缝隙，用卡口的盖缝条进行盖缝。

每铺贴完一个房间，对地板表面进行认真清理，扫净杂物。

在安装踢脚板时，先按踢脚板的高度弹出水平线，清理地板与墙缝隙中杂物，标出预埋木砖的位置，按木砖位置钻孔固定踢脚板固定卡槽，孔径应比木螺钉直径小于 1～1.2mm，用木螺钉固定，再将踢脚板固定于固定块卡槽内，踢脚板的接头尽量设在不易看到的地方。

## 第八节　门　　窗

### 一、门窗框安装

无论是铝合金、塑钢、铝塑复合还是铝木复合门窗，各种门窗框的制作方法一致。选用窗扇一致的合格型材，按照荷载设计及洞口尺寸确定窗框型材、中梃间距等，型材的角部连接，分拼接和整体式两种。各种门窗框的安装方法也基本相同。

（1）根据设计要求，按照在洞口上弹出的门、窗位置线，将门、窗框立于墙的中心线部位或内侧，使门、窗框表面与饰面层相适应。

（2）安装前，门窗框应采用三面保护，框与墙体连接面不应有保护层，保护膜脱落的应补贴。铝合金门窗框湿法安装时当塞缝材料有腐蚀性时，需检查门窗框防腐处理是否已全面到位。

（3）根据设计图纸确定门窗框的安装位置及门扇的开启方向，当门窗框装入洞口时，其上下框中线应与洞口中线对齐，门窗的上下框四角及中横梃的对称位置用木楔或垫块塞紧做临时固定。

（4）安装时，应先固定上框的一个点，然后调整门框的水平度、垂直度和直角度，并用木楔临时定位。

（5）连接件与墙体的连接方式见表 5-2。

连接件与墙体的连接方式 表 5-2

| 连接件与墙体的连接方式 | 墙体结构 |
| --- | --- |
| 焊接连接 | 钢结构 |
| 预埋件连接 | 钢筋混凝土结构 |
| 金属膨胀螺栓连接 | 钢筋混凝土结构、砖墙结构 |
| 射钉连接 | 钢筋混凝土结构 |

（6）固定点的数量与位置应根据门窗的尺寸、荷载、重量的大小和不同开启形式、着力点等情况合理布置，固定点距门窗端角、中竖梃、中横梃应设置为 150～200mm，其余固定点的间距不大于 500mm 为宜。

（7）门、窗框与洞口墙体安装缝隙的填塞，宜采用隔声、防潮、无腐蚀性的材料，根据工程情况合理选用聚氨酯（PU）发泡剂和防水水泥砂浆结合填充法，窗框上部及两侧（两侧底部 200mm 以外）与墙体接触部位采用发泡剂填充，门窗底部及两侧底部 200mm 处采用防水水泥砂浆填充，填缝要饱满、不能使门窗框胀凸变形，临时固定用的木楔、垫块等不得遗留在洞口缝隙内。门窗边框四周的外墙结构面 300mm 立面范围内，增涂二道防水涂料，以减少雨水渗漏的机会。

（8）有预埋副框的部位，应与门窗框连接牢固，并采取可靠的防水密封处理措施。

（9）当外侧抹灰时，应做出排水坡度，抹灰面应超出窗框，并不得盖住排水孔。

（10）将窗框表面清理干净，用密封胶在门窗框外侧与洞口墙体间的密封槽内打注饱满，表面应平整、光滑，挂胶缝的余胶不得重复使用。铝合金密封材料应采用与基材相容并且粘结性能良好的中性耐候密封胶。

（11）搭设和捆绑脚手架时严禁踩蹬安装完毕的铝合金门、窗框，避免其受力损坏。

## 二、制作、安装普通木门窗框扇

### 1. 木门窗制作程序

放样→配料→截料→刨料→画线、打眼→开榫、裁口→整理线角→拼装→堆放。

### 2. 配料截料

（1）木料采用马尾松等易腐朽、虫蛀的树种时，整个构件应做好防腐处理。门窗框料顺弯不应超4mm，腐朽、斜裂或扭弯的木材，不应采用。

（2）配料要注意套裁，木材的缺陷、节子应避开榫头、打眼及起线部位。

（3）配料截料要预留宽度和厚度的加工余量，一面刨光者留3mm，两面刨光者留5mm。有走头的门窗框冒头，要考虑锚固长度，可加长240mm，无走头者，为防止打眼拼装时加楔劈裂，亦应加长20mm，其他门窗冒头梃均应按规定适当加长10～50mm。门框梃要加长20～30mm（底层应加长60mm），以便下端固定在粉刷层内。

### 3. 制作拼装

（1）门窗框及厚度大于50mm的门窗扇应采用双夹榫连接。门窗框的宽度超过120mm时，背面应推凹槽，以防卷曲。

（2）门心板应用竹钉和胶拼合，四边去棱。

（3）框、扇拼装时，榫槽应严密嵌合，应用胶料胶合，每个榫应用两个与榫同宽的胶楔打紧。

（4）窗扇拼装完毕，构件的裁口应在同一平面上。镶门心板的凹槽深度应与镶入后尚余2～3mm空隙。

（5）拼装胶合板门（包括纤维板门）时，边框和横楞必须在同一平面上，面层与边框及横楞应加压胶接。

### 4. 成品堆放

（1）门窗框制作完，应在梃与冒头交角处加钉八字斜拉条两根，无下坎的门框，下端应加钉水平拉条，防止运输安装过程中变形。在靠墙面处应刷防腐涂料。

（2）门窗框扇要编号，按不同规格整齐堆放，堆垛下面要用垫木垫平，露天堆放要加护盖，以防日晒雨淋导致变形。

### 5. 门窗框安装

（1）木门窗框安装前应校正规方，按设计标高和平面位置，在砌墙过程中尽心安装。

（2）立框时，要拉水平通线，垂直方向要用线坠找直吊正，以保证同一标高的门窗在同一水平线上，上下各层门窗框要对齐。立框要以临时支撑固定，撑杆下端要固定在木桩上。

（3）当需先砌墙后安装门窗框时，宜在预留门窗洞口的同时留出门窗框走头的缺口，在门窗框安装调整就位后，再封砌缺口。当受条件限制不留走头时，应采取可靠措施，将门窗框固定在墙内预埋木砖上。

（4）在砖石墙上嵌门窗框时，框四角应垫稳，垂直边应以钉子固定于预埋防腐木砖上，每边不少于两处，钉间距不大于1.2m。

**6. 门窗扇安装**

（1）门窗扇一般在抹灰工程完成后进行。安装前要检查门窗框、扇质量及尺寸，如框偏歪、变形或扇扭曲或尺寸不符，应校正后再行安装。

（2）安装时应根据框裁口尺寸，并考虑风缝宽度，在门窗扇上画线，再进行锯正、修刨。高度方向可修刨上冒头，宽度方向则应在梃两边同时修刨。宽度不够时，应在装铰链边镶贴板条。风缝大小一般为：门窗扇的对口处及扇与框间为1.5～2.5mm，厂房双扇大门扇的对口处为2～5mm，门窗与地面间的空隙为：外门5mm、内门8mm、卫生间12mm、厂房大门10～20mm。

（3）安装门窗小五金应避开木节或已填补的木节处。小五金均应位置正确，用木螺钉固定，不得用钉子代替，应打入1/3深度，然后拧紧、拧平，严禁打入全部深度。铰链距门窗上、下端宜取立梃高度的1/10，并避开上下冒头。木门窗扇必须安装牢固，并应开启灵活，关闭严密，无倒翘。

**三、安装五金件**

（1）五金件的安装位置应准确，数量应齐全，安装应牢固。

（2）五金件应满足门窗的机械力学性能要求和使用功能，具有足够的强度，易损件应便于更换。

（3）五金件的安装应采取可靠的密封措施，可采用柔性防水垫片或打胶进行密封。

（4）单执手一般安装在扇中部，当采用两个或两个以上锁点时，锁点分布应合理。

（5）铰链在结构和材质上，应能承受最大扇重和相应的风荷载，安装位置距离两端宜为200mm，框、扇安装后铰链部位的配合间隙不应大于该处密封胶条的厚度。

（6）五金件安装时，应考虑门窗框、扇四周搭接宽度均匀一致。

（7）门窗组装机械连接应采用不锈钢紧固件，不应使用铝及铝合金抽芯铆钉作门窗受力连接用紧固件。

（8）门窗用到的增强型钢应做防锈处理，壁厚不应小于1.5mm。

（9）门锁位置一般宜高出地面900～950mm，木质门窗门锁不宜安装在中冒头与立梃的结合处，以防伤榫。

（10）上、下插销要安在梃宽的中间，木质门窗如采用暗插销，则应在外梃上剔槽。

（11）五金件不宜采用自攻螺钉或铝拉铆钉固定。

# 第九节 木 结 构

**一、屋面檩条的制作、安装**

**1. 木檩条的制作要点**

（1）檩条的选择，必须符合承重木结构的材质标准。

（2）屋脊檩条可以选择圆木或方木，允许范围内的节疤、疤楞缺陷木料，可用作檐檩。

（3）材料挑选好以后，找平、找直，加工开榫，分类堆放。

**2. 木檩条的安装要点**

（1）檩条和屋架交接处，要用三角托木（爬山虎）承托。每个托木至少要用两个100mm长的钉子钉牢在屋架上。

（2）有挑檐木的，要在砌墙时放上，并用砖砌压稳固。

（3）安装时，檩条的长度方向应与屋架上弦相垂直，再安装上弦上檩条时要紧靠檩托。如果圆木有弯曲、弓形，其弓形应沿屋面斜面内向屋脊方向放置，其大小相搭接并用斧削成等厚，使屋面板铺钉平整。

（4）安装檩条应从檐口处开始逐渐向屋脊方向进行（一般屋脊檩条在吊装屋架时已经放好）。

（5）檩条装钉后，要求坡面基本平整，同一行檩条要求通直，拉通长麻线进行控制。

（6）遇有烟囱时，檩条距离烟囱不得小于300mm，必要时可做拐子，防火墙上的檩条不得通长设置。

## 二、屋面木基层操作

**1. 屋面木基层的用料**

屋面木基层是按屋顶的面积来计算的，计算时一般不扣除通风道、天窗、斜沟等面积。檩条按竣工木料计算，简支檩每根长度按房屋开间宽再增加100mm的搭头计算，连续檩长度按图纸设计尺寸计算，封檐板按檐口外围长度进行计算，封山板按照山墙部分斜长另加150mm，坡长加300mm。

**2. 屋面木基层的操作工艺顺序**

制作与安装木檩条→制作与安装木椽条→铺钉屋面板→铺钉油毡→铺钉挂瓦条→钉封山板。

## 三、木基屋面板、顶棚

**1. 屋面板**

屋面板按设计要求密铺或稀铺施工，屋面板的接头处不得全部钉在一根檩条上，木板的每块板宽不应大于150mm，接头处应分段错开，并在檩条中心线上，每段接头的长度不超过1.5m，板在檩条上至少钉两个圆钉，钉子的长度为板厚的2~2.5倍，屋面板在屋脊两侧对称铺钉，并逐段封闭。屋面板全部铺完后，应顺檐口弹线，待钉完三角条后锯齐。

**2. 顶棚**

室内空间上部的结构层或装修层，为室内美观及保温隔热的需要，多数设顶棚，把屋面的结构层隐蔽起来，以满足室内使用要求。顶棚又称天花、天棚、平顶。常用顶棚有两类：

① 明顶棚，屋顶或楼板层的结构直接表露于室内空间。现代建筑常采用钢筋混凝土井字梁或钢管网架，以表现结构美。

② 吊顶棚，在屋顶或楼板层结构下另挂一顶棚。可节约能源，并可在结构层与吊顶棚之间布置管线。

# 第十节　模　板

## 一、现浇模板工艺要点

### 1. 柱模板

（1）按图纸尺寸制作柱模板（外侧板宽度要加大两倍内侧模板厚）后，按放线位置钉好压脚板再安柱模板，两垂直向加斜拉顶撑，校正垂直度及柱顶对角线。

（2）安装柱箍：柱箍应根据柱模尺寸、侧压力的大小等因素进行设计选择（有木箍、钢箍、钢木箍等）。柱箍间距一般在 500mm 左右，柱截面较大时应设置柱中穿心螺栓，并计算确定螺栓的直径、间距。

（3）圆柱模板在制作时，要等分成二块或四块。分块数是由柱断面的大小以及材料的规格而确定的。当模板分为二块时，木带的拱高为圆柱半径加模板厚，弦长为圆柱直径加2 倍模板厚。当模板分为四块时，以圆柱半径加模板厚为半径画弧，再画圆内接四边形，即可量出拱高和弦长。

### 2. 梁、板模板

（1）在柱子上弹出轴线、梁位置和水平线，钉柱头模板。

（2）按设计标高调整支托的标高，然后安装梁底模板，并拉线找平、起拱。

（3）梁、板下支柱支承在基土面上时，应对基土平整夯实，满足承载力要求，并加木垫板或混凝土垫层等有效措施，确保混凝土在浇筑过程中不会发生支顶下沉。

（4）支顶在楼层高度 4.5m 以下时，应设两道水平拉杆和剪刀撑，若楼层高度在 5m 以上时，要另行设计施工方案；支模高度超过 8m 时，需做好专项专家论证。

（5）当梁高超过 750mm 时，梁侧模板宜加穿梁螺栓加固。

（6）根据模板的排列图搭设架体和龙骨，满堂架和龙骨的排列，应根据楼板的混凝土重量和施工荷载的大小，在模板设计中即确定，一般架体柱距为 800～1200mm，大龙骨间距为 600～1200mm，小龙骨间距为 400～600mm，柱距排列要考虑设置施工通道。

### 3. 阳台模板

阳台一般为悬臂梁、板结构，它由挑梁和平板组成。阳台模板有格栅、牵杠、牵杠撑、底板、侧板、桥杠、吊木、斜撑等。

（1）在垂直于外墙的方向安装牵杠，以牵杠撑支顶，并用水平撑和剪刀撑牵搭支稳。

（2）在牵杠上沿外墙方向布置固定格栅，以木楔调整牵杠高度，使格栅上表面处于同一水平面内。垂直于格栅铺阳台模板底板，板缝挤严固定于格栅上，使阳台左右外侧板紧夹底板，以夹木斜撑固定于格栅上。

（3）将桥杠木担在左右外侧板上，以吊木和斜撑将左右挑梁模板内侧板吊牢。

（4）以吊木将阳台外沿内侧模板吊钉在桥杠上，并将其与挑梁左右内侧板固定。

（5）在牵杠外端加钉同格栅断面一样的垫木，在垫木上用夹木和斜撑将阳台外沿侧板固定，如图 5-6 所示。

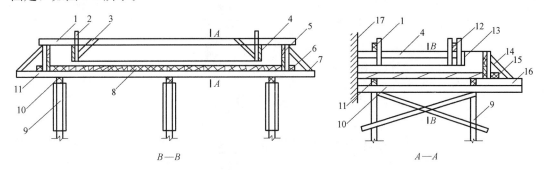

B—B

A—A

图 5-6　阳台模板支设

1—桥杠；2、12—吊木；3、7、14—斜撑；4、13—内侧板；5—外侧板；

6、15—夹木；8—底板；9—牵杠撑；10—牵杠；11—格栅；16—垫木；17—墙

### 4. 门窗洞口

为保证门窗安装尺寸的正确，在施工过程中必须严格控制门窗洞口的预留尺寸，一般门窗洞口顶模与侧模选用 50mm×100mm 木方作龙骨，模板固定其上以保证混凝土表面平整，内部支撑系统采用水平方向每 400mm 平行设置两道水平支撑（材料采用 50mm×100mm 木方），水平支撑与侧模交接处固定牢靠，以支撑混凝土侧压力；在水平支撑与顶模及底模之间分别设置一道小斜撑，斜撑与水平方向成 45°，上下锯成坡楂，以保证木套模方正，如图 5-7、图 5-8 所示。

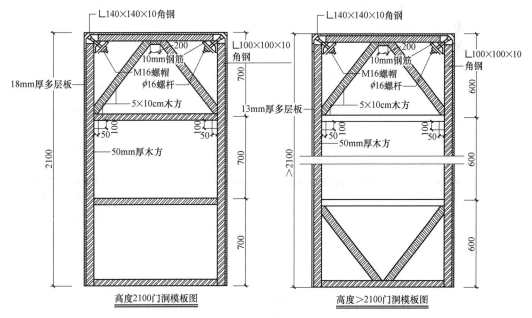

图 5-7　门洞模板支设

### 5. 后浇带

后浇带一般浇筑时间较晚，为防止已浇混凝土自由端下挠，后浇带模板必须单独支

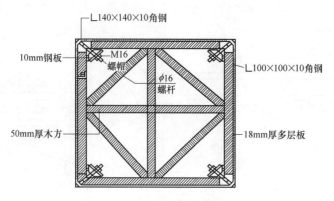

图 5-8　窗洞模板支设

设，不得与顶板或梁模板连成整体，在拆除顶板及其他模板时不得拆除后浇带模板，如图 5-9 所示。

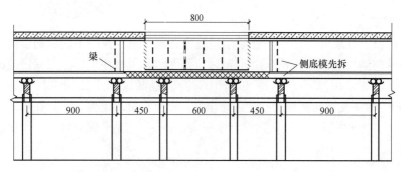

图 5-9　后浇带模板支设

## 6. 模板安装工程检验批质量验收记录表，见表 5-3 所示。

模板安装工程检验批质量验收记录表　　　　　　　　　表 5-3

| 检测内容 | | | | | 实测值 |
|---|---|---|---|---|---|
| 主控项目 | 1 | 模板支撑、主柱位置和垫板 | | 第 4.2.1 条 | |
| | 2 | 避免隔离剂沾污 | | 第 4.2.2 条 | |
| 一般项目 | 1 | 模板安装的一般要求 | | 第 4.2.3 条 | |
| | 2 | 用作模板的地坪、胎膜质量 | | 第 4.2.4 条 | |
| | 3 | 模板起拱高度 | | 第 4.2.5 条 | |
| | 4 | 预埋件、预留孔洞允许偏差 | 预埋钢板中心线位置 | | 3mm | |
| | | | 预埋管、预留孔中心线位置 | | 3mm | |
| | | | 插筋 | 中心线位置 | 5mm | |
| | | | | 外露长度 | +10,0mm | |
| | | | 预埋螺栓 | 中心线位置 | 2mm | |
| | | | | 外露长度 | +10,0mm | |
| | | | 预留洞 | 中心线位置 | 10mm | |
| | | | | 尺寸 | +10,0mm | |

| 检 测 内 容 | | | | 实测值 |
|---|---|---|---|---|
| 一般项目 | 5 | 模板安装允许偏差 | 轴线位置 | 5mm | |
| | | | 底模上表面标高 | ±5mm | |
| | | | 截面内部尺寸 基础 | ±10mm | |
| | | | 截面内部尺寸 柱、墙、梁 | +4,−5mm | |
| | | | 层高垂直度 不大于5m | 6mm | |
| | | | 层高垂直度 大于5m | 8mm | |
| | | | 相邻两板表面高低差 | 2mm | |
| | | | 表面平整度 | 5mm | |

## 二、滑模工艺

### 1. 滑模装置的制作与组装

滑模装置各种构件的制作应符合规定,见表 5-4 所示,构件表面,除支撑杆及接触混凝土的模板表面外,均应刷除锈涂料。

构件制作允许偏差 表 5-4

| 名　称 | 内　容 | 允许偏差(mm) |
|---|---|---|
| 钢模板 | 高度 | ±1 |
| | 宽度 | −0.7~0 |
| | 表面平整度 | ±1 |
| | 侧面平直度 | ±1 |
| | 连接孔位置 | ±0.5 |
| 围圈 | 长度 | −5 |
| | 弯曲长度≤3m | ±2 |
| | >3m | ±4 |
| | 连接孔位置 | ±0.5 |
| 提升架 | 高度 | ±3 |
| | 宽度 | ±3 |
| | 围圈支托位置 | ±2 |
| | 连接孔位置 | ±0.5 |
| 支撑杆 | 弯曲 | 小于 $L/1000$ |
| | $\phi25$ | −0.5~0.5 |
| | $\phi28$ | −0.5~0.5 |
| | $\phi48\times3.5$ | −0.2~0.5 |
| | 圆度公差 | −0.25~0.25 |
| | 对焊接缝凸出母材 | <0.25 |

注:$L$ 为支承杆加工长度。

滑模施工的特点之一,是将模板一次性组装好,一直到施工完毕,中途一般不再变化。因此,要求滑模基本构件的组装工作,一定要认真、细致,严格地按照设计要求及有关操作技术规定进行。否则,将给施工带来很多困难,甚至影响工程质量。

（1）模板组装的规定：

1）安装好的模板应上口小，下口大，单面倾斜度宜为模板高度的 0.2%～0.5%；

2）模板高 1/2 处的净间距应与结构界面等宽。

（2）模板倾斜度采用的两种方法：

1）改变围圈间距法。在制作和组装围圈时，使下围圈的内外围圈之间的距离大于上围圈的内外围圈之间的距离。这样，当模板安装后，即可得到要求的倾斜度。

2）改变模板厚度法。制作模板时，将模板背后的上横带角钢立边向下，使上围圈支顶在上横带角钢立边上，下横带的角钢立边向上，使下围圈支顶在横带的立肋上，则模板的上下围圈处即形成一个横带角钢立边厚度的倾斜度。当倾斜度需要变化或角钢立边厚度不能满足要求时，可在围圈与模板的横带之间加设一定厚度的垫板或铁片，采用这种方法时，每侧的上下围圈保持垂直，木模板的倾斜度也可通过在横带与围圈之间加垫板或铁片形成。

模板组装时，其倾斜度的检查，可用倾斜度样板。

滑升模板组装完毕，必须按各项质量标准进行认真检查，见表 5-5，发现问题立即纠正，并做好记录。

滑模装置组装的允许偏差 表 5-5

| 内　　容 | | 允许偏差（mm） |
| --- | --- | --- |
| 模板结构轴线与相应结构轴线位置 | | 3 |
| 围圈位置偏差 | 水平方向 | 3 |
| | 垂直方向 | 3 |
| 提升架的垂直偏差 | 平面内 | 3 |
| | 平面外 | 2 |
| 安放千斤顶的提升架横梁相对标高偏差 | | 5 |
| 考虑倾斜度后模板尺寸偏差 | 上口 | −1 |
| | 下口 | 2 |
| 千斤顶安装位置的偏差 | 提升架平面内 | 5 |
| | 提升架平面外 | 5 |
| 圆模直径、方模边长的偏差 | | −2～3 |
| 相邻两块模板平面平整偏差 | | 1.5 |

**2. 滑模拆除**

（1）拆除方法。

滑模装置的拆除，尽可能避免在高空作业，提升系统的拆除可在操作平台上进行，需先切断电源，外防护齐全（千斤顶拟留待与模板系统同时拆除）。

模板系统及千斤顶和外挑架、外调架的拆除，宜采用按轴线分段整体拆除。总的原则是先拆外墙（柱）模板（提升架、外挑架、外吊架一同整体拆下），后拆内墙（柱）模板。拆除过程如下：

将外墙（柱）提升架向建筑物内侧拉牢→外吊架挂好溜绳→松开围圈连接件→挂好起重吊绳，并稍稍绷紧→松开模板拉牢绳索→割断支承杆→模板吊起缓慢落下→牵引溜绳使模板系统整体躺倒地面→模板系统解体。

要求模板吊点必须找好，钢丝绳垂直线应接近模板段重心，钢丝绳绷紧时，其拉力接近并稍小于模板段总重。

若条件不允许，必须于高空中散拆时，除在操作下方设置平卧式安全网防护和必要的防护警戒外，必须编制好详细、可行的施工预案。

一般情况下，模板系统解体前，拆除提升系统及操作平台系统的方法与分段整体拆除相同，模板系统解体散拆的施工程序为：

拆除外吊架脚手板、护身栏（自外墙无门窗洞口处开始，向后退拆除）→拆除外吊架吊杆及外挑架→拆除内固定平台→拆除外墙（柱）模板→拆除外墙（柱）围圈→拆除外墙（柱）提升架→将外墙（柱）千斤顶从支承杆上端抽出→拆除内墙模板→拆除一个轴线段围圈、相应拆除一个轴线段提升架→千斤顶从支承杆上端抽出。

高空解体散拆必须掌握的原则：在模板解体散拆的过程中，必须保证模板系统的总体稳定和局部稳定，防止倾倒塌落，因此，制定方案、技术交底和实施过程中，务必由专人统一组织指挥。

（2）高层建筑滑模设备的拆除一般应做好下述工作：

1）根据操作平台的结构特点，制定拆除方案和拆除顺序；

2）认真核实所吊运件的重量和起重机在不同起吊半径内的起重能力；

3）在施工区域，划出安全警戒区，其范围应视建筑物高度及周围具体情况而定；禁区边缘应设置明显的安全标志，并配备警戒人员；

4）建立可靠的通信指挥系统；

5）拆除外围设备时必须系好安全带，并有专人监护；

6）使用氧气和乙炔设备应有安全防火措施；

7）施工期间应密切注意气候变化情况，及时采取预防措施；

8）拆除工作一般不宜在夜间进行。

# 第十一节　计　算

## 一、计量单位的换算

### 1. 公制（表 5-6）

长度公制单位　　　　　　　　　　　　　　　　　表 5-6

| 公制单位 | 表示符号 | 说　　明 | |
| --- | --- | --- | --- |
| 米（公尺） | m 或 M | 1米＝100厘米＝1000毫米<br>1公尺＝100公分＝1000公厘<br>（1m＝100cm＝1000mm） | 1毫米＝0.1厘米＝0.001米<br>1公厘＝0.1公分＝0.001公尺<br>（1mm＝0.1cm＝0.001m） |
| 厘米（公分） | cm 或 CM | | |
| 毫米（公厘） | mm 或 MM | | |

（1）公制是十进制，以整数或小数方式表示，如 105m、9.5cm、5.5mm 等。

（2）厘米是公分、毫米是公厘。

（3）米与厘米间还有分米（或叫公寸），但因不常用故不列出。

## 2. 英制（表 5-7）

**英制单位**　　　　　　　　　　　　　　　　　　　　　　　　　表 5-7

| 英 制 单 位 | 表 示 符 号 | 说 明 |
|---|---|---|
| 英呎（英尺） | ft 或 FT | |
| 英吋（英寸） | in 或 IN | |

（1）英制是二分制，以整数或分数方式表示，例如 30 英尺、15.5 英寸、3/4 英寸、1/32 英寸等。

（2）某些计算机输入法没有呎、吋二字，用英尺、英寸亦可。

（3）木料厚度为 2 英寸时，习惯上不讲 2 英寸，叫 8/4 英寸。

（4）范例：1 呎 3 吋 $=1'3''=12''+3''=15''$。

## 3. 换算

（1）基本换算

1 英寸 $=2.54$ 厘米 $=25.4$ 毫米（1in$=2.54$cm$=25.4$mm）

1 英尺 $=12$ 英寸 $=30.48$ 厘米 $=304.8$ 毫米（1ft$=12$in$=30.48$cm$=304.8$mm）

（2）长度换算（表 5-8）

**公、英制换算**　　　　　　　　　　　　　　　　　　　　　　表 5-8

| 英制 | 公制(mm) | 英制 | 公制(mm) | 英制 | 公制(mm) |
|---|---|---|---|---|---|
| 5 英寸 | 127 | 15/16 英寸 | 23.81 | 3/8 英寸 | 9.53 |
| 2.5 英寸 | 63.50 | 7/8 英寸 | 22.23 | 1/4 英寸 | 6.35 |
| 2 英寸 | 50.80 | 3/4 英寸 | 19.05 | 1/8 英寸 | 3.18 |
| 5/4 英寸 | 31.75 | 5/8 英寸 | 15.88 | 1/16 英寸 | 1.59 |
| 1 英寸 | 25.4 | 1/2 英寸 | 12.70 | 1/32 英寸 | 0.79 |

（3）体积换算

1）木料厚度常用单位 4/4，5/4，6/4，8/4 均为英吋，相等于 2.5cm，3.2cm，3.8cm，5.1cm。

2）1 板呎为 1 英尺平方 1 英寸厚的木材：

1 板呎（bf）$=1$ 英尺（ft）$\times1$ 英尺（ft）$\times1$ 英吋（in）$=0.3048$m$\times0.3048$m$\times2.54$cm$=0.00236$ 立方米（m³）

1 立方米 $=1/0.00236=423.77$ 板呎（bf）

## 二、施工材料规格、品名、数量的计算

### 1. 木胶合板

混凝土模板用的木胶合板具有高耐气候、耐水性的 I 类胶合板，胶粘剂为酚醛树脂胶，主要用克隆、阿必东、柳安、桦木、马尾松、云南松、落叶松等树种加工。

模板用的木胶合板通常由 5、7、9、11 层等奇数层单板经热压固化而胶合成形。相邻层的纹理方向相互垂直，通常最外层表板的纹理方向和胶合板板面的长向平行。因此，整张胶合板的长向为强方向，短向为弱方向，使用时必须注意。

混凝土模板用木胶合板尺寸见表 5-9。

| 模 数 制 | | 非 模 数 制 | | 厚 度 |
|---|---|---|---|---|
| 宽度 | 长度 | 宽度 | 长度 | — |
| 600 | 1800 | 915 | 1830 | 12.0 |
| 900 | 1800 | 1220 | 1830 | 15.0 |
| 1000 | 2000 | 915 | 2135 | 18.0 |
| 1200 | 2400 | 1220 | 2440 | 21.0 |

## 2. 竹胶合板

面板通常为编席单板，做法是将竹子劈成篾片，由编工编成竹席，表面板采用薄木胶合板。竹胶合板模板长、宽、厚及板厚与层数关系见表 5-10、表 5-11。

竹胶合板长、宽规格　　　　　表 5-10

| 长度（mm） | 宽度（mm） | 长度（mm） | 宽度（mm） |
|---|---|---|---|
| 1830 | 915 | 2440 | 1220 |
| 2000 | 1000 | 3000 | 1500 |
| 2135 | 915 | | |

竹胶合板厚度与层数对应关系参考表　　　　　表 5-11

| 层数 | 厚度（mm） | 层数 | 厚度（mm） | 层数 | 厚度（mm） | 层数 | 厚度（mm） |
|---|---|---|---|---|---|---|---|
| 2 | 1.4～2.5 | 8 | 6.0～6.5 | 14 | 11.0～11.8 | 20 | 15.4～16.2 |
| 3 | 2.5～3.5 | 9 | 6.5～7.5 | 15 | 11.8～12.5 | 21 | 16.5～17.2 |
| 4 | 3.5～4.5 | 10 | 7.5～8.2 | 16 | 12.5～13.0 | 22 | 17.5～18.0 |
| 5 | 4.5～5.0 | 11 | 8.2～9.0 | 17 | 13.0～14.0 | 23 | 18.0～19.5 |
| 6 | 5.0～5.5 | 12 | 9.0～9.8 | 18 | 14.0～14.5 | 24 | 19.5～20.0 |
| 7 | 5.5～6.0 | 13 | 9.8～10.8 | 19 | 14.5～15.3 | | |

混凝土模板用竹胶板的厚度为 9mm、12mm、15mm、18mm（表 5-12）。

竹胶合板模板的规格尺寸（mm）　　　　　表 5-12

| 长 度 | 宽 度 | 厚 度 |
|---|---|---|
| 1830 | 915 | |
| 1830 | 1220 | |
| 2000 | 1000 | 9,12,15,18 |
| 2135 | 915 | |
| 2440 | 1220 | |
| 3000 | 1500 | |

现以某工程楼梯为例，计算现场木工配模。

（1）楼梯踏步的高与宽构成的直角三角形，与楼梯底板和其水平投影所构成的直角三角形是相似三角形，每个踏步的坡度比例和坡度系数就是楼梯底板和其水平投影的坡度比例和坡度系数，如图 5-10 所示。

踏步高＝150mm，踏步宽＝300mm，

由勾股定理可得出踏步斜边长为：335.41mm，

坡度比例＝短边/长边＝150/300＝0.5，

坡度系数＝斜边/长边＝335/300＝1.118

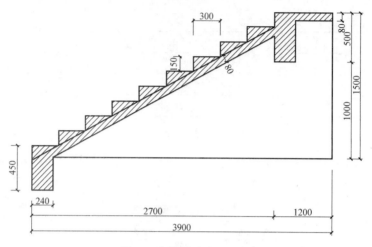

图 5-10　楼梯踏步计算图

（2）楼梯基础梁里侧模板的计算，如图 5-11 所示。

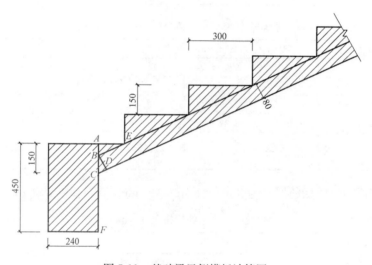

图 5-11　基础梁里侧模板计算图

外侧模板高度为 450mm，里侧模板高度（$CF$）＝外侧模板高度－$AC$＝$AB$＋$BC$

$AE$＝300－240＝60mm

$AB$＝60×0.5＝30mm

$BC$＝80×1.118＝90mm

$AC$＝30＋90＝120mm

里侧模板高（$CF$）＝450－120＝330mm

（3）基础梁与平台梁第一跑里侧模板的计算（楼梯剖面图三）（图 5-12）

$CD$＝$AD$－$AC$

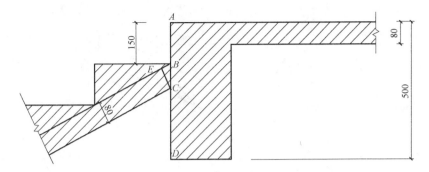

图 5-12　第一跑里侧模板计算图

$AD=500mm$

$AC=AB+BC$

$AB=150mm$

$BC=80\times1.118=90mm$

$CD=500-150-90=260mm$

（4）平台梁第一跑与第二跑里侧模板的计算（图 5-13）

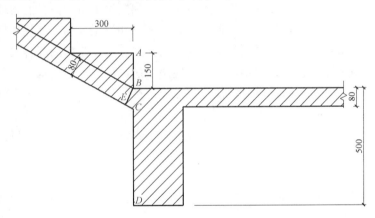

图 5-13　第一跑与第二跑里侧模板计算图

$CD=BD-BC$

$BD=500mm$

$BC=80\times1.118=90mm$

$CD=500-90=410mm$

（5）楼梯基础梁和第一个平台梁连接底模板长度计算（可参照楼梯剖面图 5-14）

底模长度＝底模水平投影长度×坡度系数

底模水平投影长度＝$2700-240-30-30=2400mm$（30mm 为模板厚度），底模长度＝$2400\times1.118=2683mm$

（6）楼梯侧模（俗称楼梯帮高）计算（楼梯剖面图 5-14）

$AC=AB+BC$

$BC=80mm$

$AB=150\div1.118=134mm$

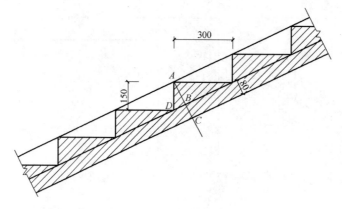

图 5-14　楼梯侧模计算图

$AC=134+80=214mm$

### 三、模板工程计算

#### 1. 模板投入量计算

现浇钢筋混凝土结构施工中的模板施工方案，是编制施工组织设计的重要组成部分之一。必须根据拟建工程的工程量、结构形式、工期要求和施工方法，择优选用模板施工方案，并按照分层分段流水施工的原则，确定模板的周转顺序和模板的配置量。模板工程量通常是指模板与混凝土相接触的面积，因此，应该按照工程施工图的构件尺寸，详细进行计算，但一般在编制施工组织设计时，往往只能按照扩大初步设计或技术设计的内容估算模板工程量。

模板投入量，是指施工单位应配置的模板实际工程量，它与模板工程量的关系可用下式表示：

模板投入量＝模板工程量/周转次数

所以，在保证工程质量和工期要求的前提下，应尽量加大模板的周转次数，以减少模板投入量，这对降低工程成本是非常重要的。

#### 2. 模板工程材料用量计算

（1）现浇混凝土工程模板面积计算，见表 5-13。

现浇混凝土工程模板面积计算　　　　　　　　　　　　　　　　表 5-13

| 项次 | 项目 | 说　　明 |
| --- | --- | --- |
| 1 | 基础 | 现浇混凝土基础模板工程量按不同模板材料、支撑材料，以基础混凝土与模板的接触面积计算。<br>(1)条形基础按基础各阶两侧面面积计算。<br>(2)独立基础按基础各阶四侧面面积计算。<br>(3)杯形基础按基础各阶四侧面面积及杯口四侧面面积之和计算。<br>(4)满堂基础按底板四周侧面面积及底梁侧面面积之和计算。<br>(5)设备基础按基础块体侧面面积之和计算。<br>(6)设备基础螺栓套工程量按不同长度，以螺栓套的个数计算。<br>(7)基础垫层按垫层四周侧面面积计算。<br>(8)挖孔桩井壁按井壁内侧面面积计算。<br>(9)桩承台按承台四周侧面面积计算。 |

| 项次 | 项目 | 说　明 |
|---|---|---|
| 2 | 梁、柱 | 梁、柱模板工程量按不同模板材料、支撑材料,以梁、柱混凝土与模板接触面积计算。<br>(1)梁按梁的底面积及侧面面积之和计算,其中圈梁按圈梁两侧面面积计算<br>(2)柱按柱的侧面面积之和计算,其中,构造柱计算外露面积 |
| 3 | 墙、板 | (1)墙模板工程量按墙的两侧面面积计算。墙上单孔面积在 0.3m² 以内的孔洞,不扣除孔洞面积,但洞侧壁面积也不增加;单孔面积在 0.3m² 以上时,应扣除孔洞面积,增加洞侧壁面积,计入墙模板工程量<br>(2)有梁板按板底面面积、梁底面面积及梁侧面面积(板以下部分)之和计算<br>(3)无梁板、平板按板底面面积计算<br>(4)拱形板按板底面的拱形面积计算<br>(5)板上单孔面积在 0.3m² 以内的孔洞,不扣除孔洞面积,但洞侧壁面积亦不增加;单孔面积 0.3m² 以上时,应扣除孔洞面积,增加洞侧壁面积,计入板模板工程量 |
| 4 | 其他 | (1)楼梯模板工程量按楼梯露明部分的水平投影面积计算,不扣除宽度小于 500mm 楼梯井所占面积。楼梯踏步、平台梁等侧面模板不另计算。楼梯平面形式不同应分别计算<br>(2)阳台、雨篷模板工程量按不同形式,以其挑出部分的水平投影面积计算,挑出墙外的挑梁及板边模板不另计算<br>(3)挑檐、天沟模板工程量按其水平投影面积计算,挑檐、天沟的立板模板不另计算<br>(4)台阶按台阶的水平投影面积计算,台阶端头两侧不另计算<br>(5)栏板按栏板的两侧面面积计算<br>(6)门框的模板工程量按门框三个侧面面积计算,靠墙的一面不计<br>(7)框架柱接头按接头混凝土的外围面积计算<br>(8)升板柱帽按柱帽的侧面斜面积计算<br>(9)暖气沟、电缆沟按沟内壁侧面面积计算<br>(10)小型池槽按池槽的外形体积计算,池槽内、外侧及底面模板不另计算<br>(11)扶手按扶手的长度计算<br>(12)小型构件按构件的外形体积计算 |

（2）预制混凝土工程模板工程量计算，见表 5-14。

**预制混凝土工程模板工程量计算**　　　　　　　　　　　　　　　表 5-14

| 项次 | 项目 | 说　明 |
|---|---|---|
| 1 | 桩、柱、梁 | (1)方桩模板工程量按不同桩形式、模板材料,以桩的混凝土体积计算<br>(2)桩尖按桩尖全断面积乘以桩尖高度计算<br>(3)柱按柱的混凝土体积计算<br>(4)梁按梁的混凝土体积计算 |
| 2 | 板 | (1)空心板模板工程量按不同板厚、模板材料,以空心板的混凝土体积计算<br>(2)平板按平板的混凝土体积计算<br>(3)槽形板、大型屋面板、天沟板、挑檐板、隔板、栏板、遮阳板、网架板、墙板天窗侧板等的模板工程量按其混凝土体积计算<br>(4)空心柱、叠合梁、楼梯段、缓台、阳台槽板、整间楼板等的模板工程量按不同模板材料、板宽,以其混凝土体积计算 |
| 3 | 其他 | (1)檩条、天窗上下档、封檐板、阳台、雨篷、烟道、垃圾道、通风道、花格、门窗框、楼梯段、栏杆、扶手、井盖、井圈等按不同模板材料,以其混凝土体积计算<br>(2)池槽模板工程量按池槽的外形体积计算 |

（3）混凝土构筑物工程模板工程量计算，见表 5-15。

| 项次 | 项目 | 说　　明 |
|---|---|---|
| 1 | 烟囱 | 烟囱液压滑升模板工程量按不同筒身高度,以烟囱筒身混凝土体积计算 |
| 2 | 筒仓 | 筒仓液压滑升模板工程量按不同筒仓高度、筒仓内径,以筒仓混凝土体积计算 |
| 3 | 水塔 | 水塔的塔身、水箱、塔顶、槽底、回廊及平台模板工程量按不同形式、部位,以其混凝土与模板的接触面积计算。<br>倒锥壳水塔的筒身液压滑升模板工程量按不同支筒滑升高度,以筒身的混凝土体积计算。水箱制作按水箱混凝土与模板接触面积计算。水箱提升的模板工程量按不同水箱重量、提升高度,以水箱的座数计算 |
| 4 | 贮仓 | 圆形贮仓的顶板、隔层板、立壁的模板工程量按其混凝土与模板接触面积计算<br>矩形贮仓的立壁模板工程量按立壁混凝土与模板接触面积计算 |
| 5 | 贮水<br>(油)池 | 贮水(油)池的池底、池壁、池盖、盖柱、沉淀池等的模板工程量按其混凝土与模板接触面积计算 |

**3. 模板面积计算参考表**

(1) 混凝土柱,见表 5-16、表 5-17。

**正方形或圆形柱每立方米混凝土模板面积** 　　表 5-16

| 柱横截面尺寸<br>$a \times a$(m) | 模板面积<br>$U=4/a$(m²) | 柱横截面尺寸<br>$a \times a$(m) | 模板面积<br>$U=4/a$(m²) |
|---|---|---|---|
| 0.3×0.3 | 13.33 | 0.9×0.9 | 4.44 |
| 0.4×0.4 | 10.00 | 1.0×1.0 | 4.00 |
| 0.5×0.5 | 8.00 | 1.1×1.1 | 3.64 |
| 0.6×0.6 | 6.67 | 1.3×1.3 | 3.08 |
| 0.7×0.7 | 5.71 | 1.5×1.5 | 2.67 |
| 0.8×0.8 | 5.00 | 2.0×2.0 | 2.00 |

注: $a$ 为正方形柱的边长,或圆形柱的直径。

**矩形柱每立方米混凝土模板面积** 　　表 5-17

| 柱横截面尺寸<br>$a \times b$(m) | 模板面积(m²)<br>$U=2(a+b)/ab$ | 柱横截面尺寸<br>$a \times b$(m) | 模板面积(m²)<br>$U=2(a+b)/ab$ |
|---|---|---|---|
| 0.4×0.3 | 11.67 | 0.8×0.6 | 5.83 |
| 0.5×0.3 | 10.67 | 0.9×0.45 | 6.67 |
| 0.6×0.3 | 10.00 | 0.9×0.60 | 6.56 |
| 0.7×0.35 | 8.57 | 1.0×0.50 | 6.00 |
| 0.8×0.40 | 7.50 | 1.0×0.70 | 4.86 |

(2) 矩形梁,见表 5-18。

**矩形梁每立方米混凝土模板面积** 　　表 5-18

| 梁截面尺寸<br>$h \times b$(m) | 模板面积(m²)<br>$U=2h+b/hb$ | 梁截面尺寸<br>$h \times b$(m) | 模板面积(m²)<br>$U=2h+b/hb$ |
|---|---|---|---|
| 0.30×0.20 | 13.33 | 0.80×0.40 | 6.25 |
| 0.40×0.20 | 12.50 | 1.00×0.50 | 5.00 |
| 0.50×0.25 | 10.00 | 1.20×0.60 | 4.17 |
| 0.60×0.30 | 8.33 | 1.40×0.70 | 3.57 |

（3）楼板，见表5-19。

**楼板每立方米混凝土模板面积**　　　　　　表5-19

| 板厚 $d$(m) | 模板面积(m²) $U=1/d$ | 板厚 $d$(m) | 模板面积(m²) $U=1/d$ |
|---|---|---|---|
| 0.06 | 16.67 | 0.14 | 7.14 |
| 0.08 | 12.50 | 0.17 | 5.88 |
| 0.10 | 10.00 | 0.19 | 5.26 |
| 0.12 | 8.33 | 0.22 | 4.55 |

（4）墙体，见表5-20。

**墙体每立方米混凝土模板面积**　　　　　　表5-20

| 墙厚 $d$(m) | 模板面积(m²) $U=2/d$ | 墙厚 $d$(m) | 模板面积(m²) $U=2/d$ |
|---|---|---|---|
| 0.06 | 33.33 | 0.18 | 11.11 |
| 0.08 | 25.00 | 0.20 | 10.00 |
| 0.10 | 20.00 | 0.25 | 8.00 |
| 0.12 | 16.67 | 0.30 | 6.67 |
| 0.14 | 14.29 | 0.35 | 5.71 |
| 0.16 | 12.50 | 0.40 | 5.00 |

### 4. 模板及模板材料估算参考

（1）按建筑类型和面积估算模板工程量，见表5-21。

**模板估算表**　　　　　　表5-21

| 项目　　　结构类型 | 模板面积(m²) | | 各部位模板面积(%) | | | | |
|---|---|---|---|---|---|---|---|
| | 按每立方米混凝土计 | 按每平方米建筑面积计 | 柱 | 梁 | 墙 | 板 | 其他 |
| 工业框架结构 | 8.4 | 2.5 | 14 | 38 | — | 29 | 19 |
| 框架式基础 | 4.0 | 3.7 | 45 | 10 | — | 36 | 9 |
| 轻工业框架 | 9.8 | 2.0 | 12 | 44 | | 40 | 4 |
| 轻工业框架（预制楼板在外） | 9.3 | 1.2 | 20 | 73 | | | 7 |
| 公用建筑框架 | 9.7 | 2.2 | 17 | 40 | | 33 | 10 |
| 公用建筑框架（预制楼板在外） | 6.1 | 1.7 | 28 | 52 | | | 20 |
| 无梁楼板结构 | 6.8 | 1.5 | 14 | 柱帽15 | 25 | 43 | 3 |
| 多层明用框架 | 9.0 | 2.5 | 18 | 26 | 13 | 38 | 5 |
| 多层明用框架（预制楼板在外） | 7.8 | 1.5 | 30 | 43 | 21 | | 6 |
| 多层剪力墙住宅 | 14.6 | 3.0 | — | — | 95 | | 5 |
| 多层剪力墙住宅（带楼板） | 12.1 | 4.7 | — | — | 72 | 20 | 8 |

注：1. 本表数值为±0.00m以上现浇钢筋混凝土结构模板面积表。

　　2. 本表不含预制构件模板面积。

（2）按工程概、预算提供的各类构件混凝土工程量估算模板工程量，见表5-22。

**各类构件每立方米混凝土所需模板面积表**　　　　　　表5-22

| 构件名称 | 规格尺寸 | 模板面积（m²） |
|---|---|---|
| 带形基础 | — | 2.16 |
| 独立基础 | — | 1.76 |
| 满堂基础 | 无梁 | 0.26 |
| 满堂基础 | 有梁 | 1.52 |
| 设备基础 | 5m³ 以内 | 2.91 |
| 设备基础 | 20m³ 以内 | 2.23 |
| 设备基础 | 100m³ 以内 | 1.50 |
| 设备基础 | 100m³ 以外 | 0.80 |
| 柱 | 周长 1.2m 以内 | 14.70 |
| 柱 | 周长 1.8m 以内 | 9.30 |
| 柱 | 周长 1.8m 以外 | 6.80 |
| 梁 | 宽 0.25m 以内 | 12.00 |
| 梁 | 宽 0.35m 以内 | 8.89 |
| 梁 | 宽 0.45m 以内 | 6.67 |
| 墙 | 厚 10cm 以内 | 25.60 |
| 墙 | 厚 20cm 以内 | 13.60 |
| 墙 | 厚 20cm 以外 | 8.20 |
| 电梯井壁 | — | 14.80 |
| 挡土墙 | — | 6.80 |
| 有梁板 | 厚 10cm 以内 | 10.70 |
| 有梁板 | 厚 10cm 以外 | 8.07 |
| 无梁板 | — | 4.20 |
| 平板 | 厚 10cm 以内 | 12.00 |
| 平板 | 厚 10cm 以外 | 8.00 |

（3）模板材料用量参考资料，见表5-23。

**每 100m² 木模板木材消耗量**　　　　　　表5-23

| 序号 | 结构名称 | 木材消耗量（m³） | |
|---|---|---|---|
| | | 使用一次 | 周转五次 |
| 1 | 基础及大块体结构 | 4.2 | 1.2 |
| 2 | 柱 | 6.6 | 1.9 |
| 3 | 梁 | 10.66 | 1.5 |
| 4 | 墙 | 6.4 | 1.8 |
| 5 | 平板及圆顶 | 9.15 | 1.3 |

（4）每 100m² 木模板木料用料比例，可参照表5-24估算。

**每 100m² 木模板木料用料比例（%）**　　　　　　表5-24

| 结构类别 | 木材规格 | | | | | |
|---|---|---|---|---|---|---|
| | 薄板 | 中板 | 厚板 | 小方 | 中方 | 大方 |
| 框架结构 | 54.8 | 5.8 | — | 33.8 | 4.25 | 1.5 |
| 混合结构 | 38 | 21 | 4 | 31.1 | 5.5 | — |
| 砖木结构 | 54.5 | 6 | — | 35.5 | 2 | — |

（5）每 $100m^2$ 55 型组合钢模板所需配套部件，可参照表 5-25 估算。

**每 $100m^2$ 55 型组合钢模板所需各部件配套表**　　　　表 5-25

| 名称 | 规格（mm） | 每件 | | 件数 | 面积比例（%） | 总重（kg） |
| --- | --- | --- | --- | --- | --- | --- |
| | | 面积（m²） | 重量（kg） | | | |
| 平面模板 | 300×1500×55 | 0.45 | 14.90 | 145 | 60～70 | 2166 |
| 平面模板 | 300×900×55 | 0.27 | 9.21 | 45 | 12 | 415 |
| 平面模板 | 300×600×55 | 0.18 | 6.36 | 23 | 4 | 146 |
| 其他模板 | (100～200)×(600～1500) | — | — | — | 14～24 | 700 |
| 连接角模 | 50×50×1500 | — | 3.47 | 24 | — | 83 |
| 连接角模 | 50×50×900 | — | 2.10 | 12 | — | 25 |
| 连接角模 | 50×50×600 | — | 1.42 | 12 | — | 17 |
| U 形卡 | $\phi12$ | — | 0.20 | 1450 | — | 290 |
| L 形插销 | $\phi12×345$ | — | 0.35 | 290 | — | 101 |
| 钩头螺栓 | M12×176 | — | 0.21 | 120 | — | 25 |
| 紧固螺栓 | M12×164 | — | 0.20 | 120 | — | 24 |
| 3 形扣件 | 25×120×22 | — | 0.12 | 360 | — | 43 |
| 圆钢管 | $\phi48×3.5$ | — | 3.84 | — | — | 4500 |
| 管扣件 | — | — | 1.25 | 800 | — | 1000 |
| 共计 | | | | | | 9535 |

注：木材拼补面积约为配板面积的 5%，支撑件全部采用钢管。

**【例 4-1】** 某工程设有钢筋混凝土柱 20 根，柱下基础形式如图 5-15 所示。试计算该工程独立基础模板工程量。

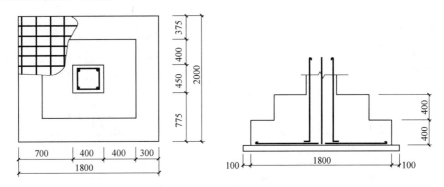

图 5-15　柱下基础设计图

**解**：根据图示，该独立基础为阶梯形，其中模板接触面积应分阶计算：

$$S_上=(1.2m+1.25m)×2×0.4m=1.96m^2$$

$$S_下=(1.8m+2.0m)×2×0.4m=3.04m^2$$

所以独立基础模板工程量：

$$S=(S_上+S_下)×20=(1.96+3.04)×20=100m^2$$

**【例 4-2】** 某工程设有 20 根钢筋混凝土矩形单梁 L1，如图 5-16 所示。试计算该工程现浇单梁模板工程量。

**解**：根据图示，计算如下：

梁底模：6.3m×0.2m＝1.26m²

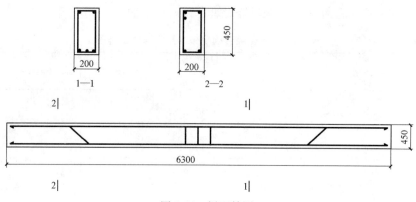

图 5-16 梁配筋图

梁侧模：$6.3m \times 0.45m \times 2 = 5.67m^2$

所以现浇单梁模板工程量：

$$S = (S_底 + S_侧) \times 20 = (1.26 + 5.67) \times 20 = 138.60m^2$$

**【例 4-3】** 某 48m 隧道工程，截面形式如图 5-17 所示。试计算该工程现浇钢筋混凝土拱板模板工程量（计算中跨度板）。

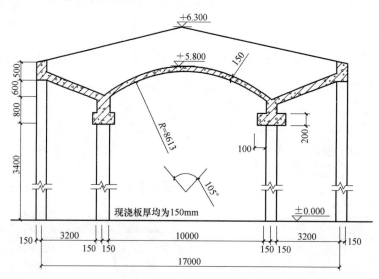

图 5-17 隧道截面图

**解：** 根据图示，计算如下：

拱板支模板接触面积是其内拱面积。

工程量 $= Ra\pi/180 \times 48.00 = 8.613 \times 105 \times 0.01745 \times 48.00 = 757.50m^2$

# 第十二节 编制方案和组织施工

## 一、制定工程进度方案

本工种进度计划需根据施工合同工期目标、总进度计划、施工组织总设计以及本工种施工工艺方案为依据来进行编制，编制步骤如下：

**1. 分解工作目标**

本工种进度计划为施工总进度计划的基本组成单元，是项目进度目标能否实现的众多因素之一。本工种进度计划的编制，首先要能够保证总进度目标的实现。因此，在编制本工种计划之前，应将总进度目标进行分解，了解本工种的合理穿插时间。

**2. 确定本工种各工艺施工顺序**

确定施工顺序是为了按照施工的技术规律和合理的组织关系，解决各工作项目之间在时间上的先后和搭接问题，以达到保证质量、安全施工、充分利用空间、争取时间、实现合理安排工期的目的。

**3. 工程量的计算**

应根据施工图和工程量计算规则，针对所划分的每一个工作项目进行。计算工程量时应注意以下问题：工程量的计算单位应与现行定额手册中所规定的计量单位相一致，以便方便计算；要结合具体的施工方法和安全技术要求计算工程量；应结合施工方案的要求，按已划分的流水分层分段进行计算。

**4. 计算劳动量和机械台班数**

根据木工工种的时间及工程量，计算出本工种所需要的劳动量和机械台班数。零星项目所需要的劳动量可结合实际情况，由经验推算。

**5. 确定本工种各施工工艺持续时间**

根据各工艺所需要的台班数及劳动力，以及该项目每天安排的人数及台班，来推算出各阶段工序需要的持续时间。

**6. 绘制施工进度计划图**

绘制施工进度计划图，首先应选择施工进度计划的表达形式。目前，常用来表达建设工程施工进度计划的方法有横道图和网络图两种形式。横道图比较简单，而且非常直观，多年来被人们广泛地用于表达施工进度计划，并以此作为控制工程进度的主要依据。但是，采用横道图控制工程进度具有一定的局限性，随着计算机的广泛应用，网络计划技术日益受到人们的青睐。

**7. 施工进度计划的检查与调整**

当施工进度计划初始方案完成后，需要对其进行修编，以便使其更加合理，进度计划检查的主要内容包括：

（1）各工程项目的施工顺序、平行搭接和技术间歇是否合理。

（2）总工期是否满足合同规定。

（3）主要工艺的工人是否能满足连续、均衡施工的要求。

（4）主要机具、材料等的利用是否充分。

**二、编写材料采购、用工、机具选用方案**

**1. 材料采购计划的编制**

材料供应计划是对建设工程施工及安装所需材料的预测和安排，是指导和组织工程材料采购、加工、储备、供货和使用的依据。其根本作用是保障建设工程的材料需要，确保按计划组织施工。

根据项目的用料与供料目标，通常分为一次性需用计划用量和计划期需用量两种。

（1）一次性需用量计划反映整个项目及各个分部、分项材料的需用量，亦称工程项目材料分析。

编制依据：主要用于组织资源和专用特殊材料、制品的落实，其编制依据为设计文件和施工方案、技术措施计划、有关材料消耗定额。

基本计算公式：材料需用量＝工程量×材料单方消耗定额

其中材料消耗定额包含净用量和损耗量。净用量是指材料的有效消耗，构成产品实体；损耗量为材料有效消耗过程中不可避免的损耗。

（2）计划期材料需用量一般是指年、季、月度用量计划，主要用于材料的采购、订货及供应。其主要编制依据为：工程项目一次性计划、计划期的施工进度计划及有关材料消耗量定额。编制方法有两种：一是计算法，一是分段法。

**2. 劳动用工计划的编制**

劳动力是工程管理不可或缺的部分，也是保障进度、完成生产的重要因素，劳动用工计划主要根据工程进度计划和施工方案进行编制，具体步骤如下：

（1）根据施工方案、施工进度、施工合同计算，确定分部分项工程量。

（2）套用相关资源消耗定额，并结合项目特点，求得各分部分项工程劳动力需求量。

（3）根据已经确定的进度计划，分解各个时段劳动力使用量。

（4）汇总各个时段劳动力使用量，形成总需用量，并以表格形式进行表达。

**3. 机具选用方案的编制**

机具选用步骤与劳动力配置计划相同，为了满足合同对质量、工期、安全的要求，各种测量检测仪器与施工机具的配置与选用必须满足以下条件：

（1）各种木工施工用仪器和机具要功能齐备，新旧程度必须满足施工的需求。

（2）在数量上要充足，不同类的仪器和机具要配置合理。

（3）在施工高峰期，一方面要考虑满足数量的因素，另一方面要考虑有效的周转使用。

（4）要保证重要工序和重要部位的施工仪器。

（5）配置必要的维修工具，在施工期间对各种仪器和设备进行合理的保养和维修。

**三、材料进场取样的鉴定**

**1. 锯材类**

（1）检验标准

GB/T 153—2009《针叶树锯材》。

GB/T 4817—2009《阔叶树锯材》。

GB/T 4823—2013《锯材缺陷》。

GB/T 17659.1—1999《原木锯材批量检查抽样、判定方法　第 1 部分：原木批量检查抽样、判定方法》。

采购订单规定的规格尺寸及相应要求。

（2）检验工具

钢卷尺、水分测试仪。

（3）尺寸检量

长度以米为单位，量至厘米，不足 1cm 舍去，宽度以厘米为单位，四舍五入量取厚度以毫米为单位，不足 1mm 舍去

（4）各种缺陷计法

1）节子：锯材中的节子个数是在检尺长内任意选择节子最多的 1m 中查定。

2）腐朽：在一个材面中存在数块腐朽时，不论其间距大小，均按实际面积相加计算。

3）裂纹、夹皮（欠边）：彼此接近的裂纹，相隔不足 5mm 的按整条裂纹计算；相邻或相对的贯通裂纹，宽度在 2mm 内不计，2mm 以上的检量裂纹全长。夹皮（欠边）按裂纹计算。

4）虫洞：按虫洞最多的板面计算。

5）其他：板面弯曲或扭曲，只有同一面曲度不超过 5° 的可视为合格，反之，应为不良。整批锯材颜色不能有太大差异，色差太深太明显都应视为不合格品。

（5）抽样方法

样本数量及评定见表 5-26。

样本数量及评定

表 5-26

| 锯材批量 | 样本 | 样本数量 | 累计样本数量 | 合格水平（AQL） | | | |
| --- | --- | --- | --- | --- | --- | --- | --- |
| | | | | 2.5 | | 4.0 | |
| | | | | 合格数量 | 不合格数量 | 合格数量 | 不合格数量 |
| 91～150 | 第一 | 13 | 23 | 0 | 2 | 0 | 3 |
| | 第二 | 13 | 26 | 1 | 2 | 3 | 4 |
| 151～280 | 第一 | 20 | 20 | 0 | 3 | 1 | 3 |
| | 第二 | 20 | 40 | 3 | 4 | 4 | 5 |
| 281～500 | 第一 | 32 | 32 | 1 | 5 | 2 | 5 |
| | 第二 | 32 | 64 | 4 | 5 | 6 | 7 |
| 501～1000 | 第一 | 50 | 50 | 2 | 5 | 3 | 6 |
| | 第二 | 50 | 100 | 6 | 7 | 9 | 10 |
| 1001～1500 | 第一 | 80 | 80 | 3 | 6 | 5 | 9 |
| | 第二 | 80 | 160 | 9 | 10 | 12 | 13 |

**2. 原木类**

（1）检验标准

GB/T 144—2013《原木检验》。

GB/T 155—2006《原木缺陷》。

GB/T 4812—2006《特级原木》。

（2）检量工具

卷尺、水分测试仪。

（3）尺寸检量与计算

1）检量：以米（m）、厘米（cm）和立方米（m³）为计量单位。

材长检量：原木的长度是在大小头两端断面之间最短距离处检量。

直径检量：通过小头断面中心，先量短径，再通过短径中心垂直量取长径，不带皮检量，如短径不足 26cm，其长短径之差 2cm 以上或短径 26cm 以上，其长短径之差 4cm 以上的，以其长短径平均数，经进舍后为检尺径。长短径之差小于上述规定的，均以短径进舍后为检尺径。

2）计算：

检尺径自 4～12cm 的小径原木材积由公式 $V=0.7854L(D+0.45L+0.2)^2÷1000$ 确定；

检尺径自 14cm 以上的原木材积由公式 $V=0.7854L[D+0.5L+0.005L^2+0.000125L(14-L)^2(D-10)]^2÷10000$ 确定；

式中　$V$——材积（$m^3$）；

　　　$L$——检尺长（m）；

　　　$D$——检尺径（cm）。

（4）品质标准及检验方法

纵裂长度、外夹皮长度、弯曲水平长度、弯曲拱高、扭转倾斜高度、环裂半径、弧开裂拱高、外伤深度、偏枯深度均量至厘米止（以下均以 cm 表示），不足 1cm 者舍去；其他各种缺陷均量至毫米止（以下均以 mm 表示），不足 1mm 者舍去。检尺长范围外的缺陷，除漏节、腐朽外，其他缺陷不予计算。

① 节子。

节子尺寸的检量是与树干纵长方向或垂直检量的最大节子尺寸与检尺径相比，以百分率表示。

② 偏枯。

偏枯是检量其径向深度与检尺径相比，以百分率表示。

③ 边材腐朽。

边材腐朽的检量：断面上边材腐朽（包括不正形）以通过腐朽部位径向检量的最大厚度与检尺径相比，以百分率表示。材身、断面均有边材腐朽（含材身贯通到断面的）应以降等最低一处为评定依据。断面上边材腐朽与心材腐朽相连的，按边材腐朽评定；断面边材部位的腐朽未露于材身外表的，按心材腐朽评定。心材腐朽的检量是以腐朽面积与检尺径断面面积相比，以百分率表示。

④ 虫眼。

在材身检尺长范围内，任意选择虫眼最多的 1m 中查定个数。

⑤ 裂纹。

纵裂是以其裂纹长度与检尺相比，比百分率表示。材身有两条或数条纵裂，彼此相邻的木质宽度不足 3mm 的，应合并为一条计算长度，自 3mm 以上的，应分别计算长度。

⑥ 弯曲。

检量弯曲应从大头至小头拉一直线，其直线贴材身两个落线点间的距离为内曲水平长，与该水平直线或垂直量其弯曲拱高与该内曲水平相比，以百分率表示。

⑦ 扭转纹。

扭转纹是检量原木小头 1m 长范围内的纹理扭转起点至终点的倾斜高度（小头断面上表现为弦长）与检尺相比，以百分率表示。

⑧ 外夹皮。

外夹皮：径向深度不足 3cm 的不计，自 3cm 以上的，则检量其夹皮全长与检尺长相比，以百分率表示。

⑨ 外伤。

外伤包括割脂伤、摔伤、烧伤、风折、刀斧伤、材身磨伤、锯口伤和其他机械损伤（刨沟眼不计），外伤除折定个数外，其他各种外伤均量其损伤径向深度与检尺径相比，以百分率表示。

⑩ 其他。

原木材身树包和树瘤外表完好的，不按缺陷计算。如树包、树瘤上有空洞或腐朽的，按死节计算；已引起内部木质腐朽的按漏节计算。

注：分等级，将原木本身存在的各种缺陷，按缺陷不同的类别、缺陷尺寸的大小和缺陷轻重程度去划分三个等级，圆圈表示 1 级，三角表示二级，叉叉表示不良品。

# 第十三节　施　工　配　合

## 一、立体交叉作业的衔接

立体交叉作业是指前后内外、多工种、多工序相互穿插，紧密衔接，同时进行施工作业、充分利用时间和空间、尽量减少甚至消除施工停歇，从而加快施工进度。

它是一种快速施工的方法，对于规模大、结构复杂、工序和专业繁多、工期紧的工程，立体交叉作业尤为重要和必要。

以下为进行立体交叉作业的工作安排：

（1）全面准确分析工程的全部施工内容，明确全过程中的各种工序和专业。

要根据施工图纸及现场情况，细致分析并列出所有工序和工种的工作内容，并确定其种类和数量。

（2）明确各工序和各专业之间的关系和施工顺序。

对所确定的工序和专业需理顺之间的联系，是平行关系还是先后关系，是时间关系还是空间关系，要确定本工序的上一道和下一道工序分别是什么，最大限度地为下道工序提供条件，以便提前实现下道工序的穿插施工。

（3）确定工程总进度计划和关键路线，根据总进度计划调整本工序的进度计划及合理穿插时间。

（4）将调整后的进度计划进行分解，并层层落实。明确各阶段所需的人力、材料、机具等资源，提前做好准备，和其他工序进行衔接交叉施工。

由于交叉作业中大都为群塔作业和上下垂直作业等，所以要采取有效的防护措施，防止高空坠落、机械伤人等情况，并编制专项安全施工方案。

## 二、处理、协调工序间的相互配合

### 1. 施工协调原则

（1）各施工区间组织分段流水，既能使周转材料周转灵活，又能使下道工序工作尽早开展，大大加快施工进度。

（2）各班组长应组织每日工作例会，着重解决第二天的工作安排和工序协调问题。

（3）向班组成员进行交底，灌输正确思想，形成统一目标。

（4）当各班组成员遇到协调难题时，应及时上报寻求帮助。

**2. 各专业施工班组的协调**

（1）各施工班组认真熟悉施工图，针对施工图上相互矛盾之处，及时提交设计部门落实解决。

（2）为防止各工序交叉频繁，应做好统一的施工安排，减少彼此之间的相互影响，加快施工进度。

（3）各工序、各专业要注意彼此之间的成品及半成品保护工作。

（4）各专业班组必须遵守施工现场的管理制度，服从统一规划管理，在生产、生活、施工用电、用水等方面划分区域，由专职人员统一协调各班组的工作。

（5）各专业班组必须按照施工进度计划安排，按时入场施工，并按时完成施工任务。

**3. 协调安排注意事项**

（1）在每天的施工工序安排时，应分清主次、先后，注意工序之间的衔接、穿插。

（2）从每天的劳动力安排上考虑。首先应清楚现场每个工人的生产能力，安排时注意搭配，其次对每道工序的工程量及每天的计划完成量应计算准确，然后根据各个工序每天需完成的工程量，再结合工人的生产能力，确定每天的劳动力的安排，做到当日事当日完成，不影响第二天的工作安排。

（3）工料、机具应配备充足，严格按材料、设备供货计划供货。

（4）施工安排应科学、合理，做到紧前不紧后，使现场的各种人力、物力资源都能得到充分发挥。

# 第六章　安全生产与创新指导

第 一 节　安 全 生 产

**一、遵循安全操作规程**

（1）按规定穿戴好劳动防护用品。

（2）每台木工机械都应有独立的电源开关，并在操作方便的部位装设紧急停车和重新启动的开关。

（3）操作者应熟悉设备的生产能力，不得超负荷使用设备。

（4）熟悉消防器材的存放位置和使用方法，工作前后均应对作业现场进行整理。

（5）木工机械起动前，操作者应仔细检查刀轴、锯片是否固定，防护罩、制动装置等是否处于完好状态，木料上有无铁钉、钢丝头或其他硬杂物，均无问题后方可开机，开机应空转 2min 然后正式工作。

（6）木材加工产生的尘屑量大，应及时清理，以免堵塞工作地点的通道，发生火灾。

（7）机械周围要经常清理，防止滑倒。

（8）工作完毕或临时停止工作进行维护检修或更换刀具时，应切断电源，等待锯条、锯片完全停止，以免机床意外转动。

（9）木制品及坯料应堆放整齐、稳妥。

**二、防止触电、机械伤害的自我保护**

触电、机械伤害是我国实际发生事故率较高的两类安全隐患，需要在加强日常教育的同时，不断强化现场的规范操作和流程管理。

**1. 防触电的自我保护**

（1）根据安全用电"装的安全，拆的彻底，用的正确，修的及时"的基本要求，来执行施工过程用电。

（2）用电应制定独立的施工组织设计，线路必须按施工组织设计进行铺设。

（3）一切线路铺设必须按技术规程进行，按规范保持安全距离，距离不足时，应采取有效措施进行隔离防护。

（4）非电工严禁接拆电气线路、插头、电器设备等。

（5）在有触电危险的处所或容易产生误判断、误操作的地方，以及存在不安全因素的现场，设置醒目的文字或图形标志，提醒人们识别、警惕危险因素。

（6）采取适当的绝缘防护措施将带电导体隔离起来，使电器设备及设备正常工作，防止人身触电。

**2. 防机械伤害的自我保护**

（1）机械加工工作中操作人员必须熟悉加工设备的性能和正确的操作方法，严格执行安全操作规程。

（2）各种机械的传动部分必须要有防护罩和防护套，不得随意拆卸。机械在运转中不得进行维修、保养、紧固、调整等作业。

（3）在清理碎屑时，必须等转动设备停转才可清理，并选择专用工具。

（4）作业前应认真进行作业风险预控分析，工程负责人根据作业内容、作业方法、作业环境、人员状况等去分析可能发生危及人身或设备安全的危险因素，并采取有针对性的措施。

（5）机器设备不得超负荷运转，转动部件上不要放置物件，以免开车时物件飞出打击伤人。

（6）正确使用和穿戴个人劳动防护用品。

**三、防火、防电、防机械伤害**

我国消防工作的方针是"以防为主，防消结合"。"以防为主"就是要把预防火灾的工作放在首要的地位，健全防火组织，严密防火制度，进行防火检查，消除火灾隐患，贯彻建筑防火措施。"防消结合"就是在积极做好防火工作的同时，在组织上、思想上、物质上和技术上做好灭火战斗的准备。当前木工的操作准入门槛较低，操作者素质参差不齐，操作人员缺乏基本的安全认知和系统培训已成为现阶段木工行业安全管理的"硬伤"。下面就对防火、防电、防机械伤害的具体表现作简要归纳。

**1. 火灾事故特征**

（1）事故特征：用电设施、线路老化或故障、雷击、人为因素等。

（2）发生区域：生活区、食堂、配电区、木工棚、现场木工施工区、易燃物品堆放区。

（3）危害程度及表现：人员伤亡及财产损失。

**2. 触电事故类型及危害程度**

（1）事故类型：电击事故和电伤事故。

（2）危害程度：触电事故高发频率在于空气湿度较大的7、8、9月份，当流经人体的电流大于10毫安时，人体将产生危险的病理生理效应，随着电流的增大，会使人体窒息，产生假死状态，在瞬间就能夺去人的生命，当人体触电时，人体与带电体接触不良的部分发生电弧灼伤、电烙印，会给人体留下伤痕，严重时可能致人死亡。

**3. 机械伤害的表现**

（1）机械伤害的事故类型：被高温烫伤，脚被压伤，手进入机械设备被轧伤，严重的发生到人员被大型机械（挖机、铲车、塔吊吊钩等物件）撞伤等。

（2）机械伤害事故大多发生的区域：木工棚、钢筋棚及施工现场塔吊行车过程。

（3）事故多发季节：夏季人员睡眠不好，多出汗，精神不易集中，对周围的反应较为迟钝。

### 四、制定防止机械伤人、触电、火灾的具体措施

**1. 机械伤人的防范**

（1）认真按标准做好机具使用前的验收工作，做好机具操作人员的培训教育，严把持证上岗关。

（2）作业前必须检查机具安全状态，使用前必须检查机具安全状态，使用时必须严格执行操作规程，定机定人，严禁无证上岗，违章操作。

（3）必须保证必要的机具维修保养时间，做到专人管理、定期检查、例行保养，并做好维修保养记录。

（4）各种机具一经发现缺陷、损坏，必须立即维修，严禁机具"带病"运转。

**2. 触电伤害规范**

（1）强化用电安全管理，制定并严格执行用电规章制度和安全操作规程，严格执行特种作业上岗证制度。

（2）抓教育，提高职工素质。

（3）做好临时用电施工设计并组织使用前的验收交底工作。

（4）使用中做好用电保护及用电检查。

（5）推广电气安全新技术。

**3. 火灾的防范**

（1）易燃材料施工前，制定相关的安全技术措施。

（2）明火作业前应履行批准手续。

（3）易挥发装饰材料的使用场所应采取必要的通风措施并应远离火源。

（4）对作业人员进行培训交底，及时制止违章作业。

（5）专业管理人员对作业环境进行检查和配备必要的消防器材等。

### 五、制定防止高空坠落和登高作业的具体措施

**1. 防止高空坠落措施**

（1）加强从事高处作业人员的身体检查和高处作业安全教育，不断提高自我保护意识。

（2）科学合理地安排施工作业，尽量减少高处作业并为高处作业创造良好的作业条件。

（3）加强临边防护措施，并使其处于良好的防护状态。

**2. 登高作业的安全防范措施**

（1）在施工组织设计中应确定用于现场施工的登高和攀登设施。

（2）攀登的用具结构构造上必须牢固可靠。供人上下的踏板其使用的荷载不应大于1100N。当地面上有特殊作业，重量超过上述荷载时，应按实际情况加以验算。

（3）移动式梯子，均应按现行的国家标准验收其质量。

（4）梯脚底部应坚实，不得垫高使用。

（5）梯子如需接长使用，必须有可靠的连接措施，且接头不得超过1处，连接后梯梁的强度不应低于单梯梯梁的强度。

（6）折梯使用时，上部夹角以 35°～45°为宜，铰链必须牢固，并应有可靠的拉撑。

（7）固定式直爬梯应用金属材料制成，梯宽不应大于 500mm，支撑应采用不小于 L70 的角钢，埋设与焊接均必须牢固，梯子顶端的踏棍应与攀登的顶面齐平，并架设 1～1.5m 高的扶手。使用直爬梯进行攀登作业时，攀登高度以 5m 为宜。超过 2m 时宜加设护笼，超过 8m 时，必须设置梯间平台。

（8）作业人员应从规定的通道上下，不得在阳台之间等非规定通道攀登，也不得任意使用吊车臂架等施工设备进行攀登。

### 六、制定本工种的安全措施

通过建立安全生产责任制，制定安全管理制度和操作规程，排查治理隐患，建立预防机制，规范生产行为，使各生产环节符合有关安全生产法律法规和标准规范的要求，人、机、物、环境处于良好的生产状态，并持续改进，从而实现最大限度地防止和减少伤亡事故发生。

**1. 木工机械的安全措施**

（1）按照有轮必有罩、有轴必有套和锯片有罩，锯条有套，刨（剪）切有挡，安全器送料的要求，对各种木工机械配置相应的安全防护装置，尤其徒手操作接触危险部位的，一定要有安全防护措施。

（2）对产生噪声、木粉尘或挥发性有害气体的机械设备，要配置与其机械运转相连接的消声、吸尘或通风装置，以消除或减轻职业危害，维护职工的安全和健康。

（3）木工机械的刀轴与电气应有安全联控装置，在装卸或更换刀具及维修时，能切断电源并保持断开位置，以防误触电源开关或突然供电启动机械而造成人身伤害事故。

（4）针对木材加工作业中的木材反弹危险，应采用安全送料装置或设置分离刀、防反弹安全屏护装置，以保障人身安全。

（5）在装设正常启动和停机操纵装置的同时，还应专门设置遇事故需紧急停机的安全控制装置，按此要求，对各种木工机械应制定与其配套的安全装置技术标准，供货时，必须带有完备的安全装置，并供应维修时所需的安全配件，以便在安全防护装置失效后予以更新。对缺少安全装置或失效的木工机械，应禁止或限制使用。

**2. 支模拆模**

（1）模板支撑不得使用腐朽、扭裂、劈裂的材料。顶撑要垂直，底端平整坚实，并加垫木。木楔要钉牢，并用横顺拉杆和剪刀撑拉牢。

（2）采用桁架支模应严格检查，发现严重变形、螺栓松动等应及时修复。

（3）支模应按工序进行，模板没有固定前，不得进行下道工序，禁止利用拉杆、支撑攀登上下。

（4）支设 4m 以上的立柱模板，四周必须顶牢，操作时要搭设工作台；不足 4m 的，可使用可靠马凳操作。

（5）支设独立梁模应设临时工作台，不得站在柱模上操作和在梁底模上行走。

（6）拆除模板应经施工技术人员同意。操作时应按顺序分段进行，严禁猛撬、硬砸或大面积撬落和拉倒。工完前，不得留下松动和悬挂的模板。拆下的模板应及时运送到指定地点集中堆放，防止钉子扎脚。

（7）拆除薄腹梁、吊车梁、桁架等预制构件模板，应随拆随加顶撑支牢，防止构件倾倒。

### 3. 木构架安装

（1）在坡度大于 25°的屋面上操作，应有防滑梯、护身栏杆等防护措施。

（2）木屋架应在地面拼装。必须在上面拼装的应连续进行，中断时应设临时支撑。屋架就位后，应及时安装脊檩、拉杆或临时支撑。吊运材料所用索具必须良好，绑扎要牢固。

（3）在没有望板的屋面上安装石棉瓦，应在屋架下弦设安全网或其他安全设施。并使用有防滑条的脚手板，勾挂牢固后方可操作。禁止在石棉瓦上行走。

（4）安装二层以上外墙窗扇，如外面无脚手架或安全网，应挂好安全带。安装窗扇中的固定扇，必须钉牢固。

（5）不准直接在板条天棚或隔声板上通行及堆放材料。必须通行时，应架设脚手板通道。

（6）钉房檐板，必须站在脚手架上，禁止在屋面上探身操作。

### 七、编制防止安全事故的预案

安全管理以预防为主，其基本出发点源自生产过程中的事故是能够预防的观点。除了自然灾害以外，凡是由于人类自身的活动而造成的危害，总有其产生的因果关系，探索事故的原因，采取有效的对策，原则上就能预防事故的发生。

事故预防包括两个方面：（1）对重复性事故的预防，即对已发生事故的分析，寻求事故发生的原因及其相互关系，提出预防类似事故重复发生的措施，避免此类事故再次发生；（2）对预防可能出现事故的预防，此类事故预防主要只对可能将要发生的事故进行预测，即要查出有哪些危险因素组合，并对可能导致什么类型事故进行研究，模拟事故发生过程，提出消除危险因素的办法，避免事故发生。

### 1. 事故预防的基本原则

（1）偶然损失事故产生的后果（人员伤亡、健康损害、物质损害等），以及后果的大小如何，都是随机的，都是难以预测的。无论事故是否造成了损失，为了防止事故的发生，唯一的办法就是防止事故再次发生。这个原则强调，在安全管理实践中，一定要重视各类事故，包括险肇事故，只有将险肇都控制住，才能真正防止事故的发生。

（2）因果关系原则。事故是许多因素互为因果连续发生的最终结果。应用数理统计方法，收集尽可能多的事故案例进行统计分析，就可以从总体上找出带有规律性的问题，为改进安全工作指明方向，从而做到"预防为主"，实现安全生产，从事故的因果关系中认识必然性，发现事故发生的规律性，变不安全条件为安全条件，把事故消灭在早期起因阶段，这就是因果关系原则。

（3）3E 原则。造成人的不安全行为和物体的不安全状态的主要原因可归结为四个方面：①技术的原因，其中包括：作业环境不良（照明、温度、湿度、通风、噪声、震动等），物料堆放杂乱，作业空间狭小，设备工具有缺陷并缺乏保养，防护与报警装置的配备和维护存在的技术缺陷。②教育的原因，其中包括：缺乏安全生产的经验和知识，作业技术，机能不熟练等。③身体和态度的原因，其中包括：生理状态或健康状态不佳，如听力、视力不良，反应迟钝，疾病、醉酒、疲劳等生理机能障碍；急慢、反抗、不满等情绪，消极或亢奋的工作状态等。④管理的原因，其中包括：企业主要领导人对安全不重视，人事配备不完善，操作规程不合适，安全规程缺乏或执行不力等。

针对这四个方面的原因，可采取三种防止对策，即工程技术（Engineering）对策、教育（Education）对策和法制（Enforcemengt）对策。这三种对策就是所谓的3E原则。

（4）本质安全化原则。是指从一开始就从本质上实现了安全化，从根本上消除了事故发生的可能性，从而达到预防事故发生的目的。本质安全化是安全管理预防原理的根本体现，也是安全管理的最高境界。本质安全化的含义也不仅局限于设备、设施的本质安全化，而应扩展到诸如新建工程项目，交通运输，新技术、新工艺、新材料的应用，甚至包括人们的日常生活等各个领域中。

**2. 事故的预防对策**

根据事故预防的"3E"原则，目前普遍采用以下三种事故预防对策。

（1）技术对策。技术对策是运用工程技术手段消除生产设施设备的不安全因素，改善作业环境条件、完善防护与报警装置，实现生产条件的安全与卫生。

（2）教育对策。教育对策是提供各种层次的、各种形式和内容的教育和训练，使职工牢固树立"安全第一"的思想，掌握安全生产所必须的知识和技能。

（3）法制对策。法制对策是利用法律、规程、标准以及规章制度等必要的强制性手段约束人们的行为，从而达到消除不重视安全、违章作业等现象的目的。

**3. 安全生产事故应急预案编制**

（1）各施工生产单位应根据施工项目实施性施工方案、施工环境、施工季节，以及施工项目的结构、类型、规模、高度等情况和特点，全面分析项目实施过程中存在的危险因素、可能发生的事故类型及事故的危害程度；确定事故危险源，进行风险评估；针对事故危险源和存在的问题，确定相应的防范措施。组织编制安全生产事故专项应急预案，并报送公司总工程师（室）审查批准。

（2）专项应急预案的主要内容：

1）事故类型和危害程度分析。在危险源评估的基础上，对其可能发生的事故类型和可能发生的季节及其严重程度进行确定。

2）应急处置基本原则。明确处置安全生产事故应当遵循的基本原则。

3）组织机构及职责：

① 应急组织体系。明确应急组织形式，构成单位或人员，并尽可能以结构图的形式表示出来。

② 指挥机构及职责。根据事故类型，明确应急救援指挥机构总指挥、副总指挥以及各成员单位或人员的具体职责。应急救援指挥机构可以设置相应的应急救援工作小组，明确各小组的工作任务及主要负责人职责。

4）预防与预警：

① 危险源监控。明确施工现场对危险源监测监控的方式、方法，以及采取的预防措施。

② 预警行动。明确具体事故预警的条件、方式、方法和信息的发布程序。

5）信息报告程序：

① 确定报警系统及程序；

② 确定现场报警方式，如电话、警报器等；

③ 确定 24 小时与相关部门的通信、联络方式；

④ 明确相互认可的通告、报警形式和内容；

⑤ 明确应急反应人员向外求援的方式。

6）应急处置：

① 响应分级。针对事故危害程度、影响范围和单位控制事态的能力，将事故分为不同的等级。按照分级负责的原则，明确应急响应级别。

② 响应程序。根据事故的大小和发展态势，明确应急指挥、应急行动、资源调配、应急避险、扩大应急等响应程序。

③ 处置措施。针对施工项目施工过程中可能发生的事故类别和可能发生的事故特点、危险性，制定应急处置措施，如：铁路既有线施工铁路行车事故应急处置措施；交通、火灾事故应急处置措施；危险化学品火灾、爆炸、中毒等事故应急处置措施等。

7）应急物资与装备保障。明确应急处置所需的物资与装备数量、管理和维护、正确使用等。

8）附件：

① 有关应急部门、机构或人员的联系方式。列出应急工作中需要联系的部门、机构或人员的多种联系方式，并不断进行更新。

② 重要物资装备的名录或清单。列出应急预案涉及的重要物资和装备名称、型号、存放地点和联系电话等。

（3）现场处置方案的主要内容

1）事故特征。主要包括：

① 危险性分析，可能发生的事故类型。

② 事故发生的区域、地点或装置的名称。

③ 事故可能发生的季节和造成的危害程度。

④ 事故前可能出现的征兆。

2）应急组织与职责。主要包括：

① 施工现场应急自救组织形式及人员构成情况。

② 应急自救组织机构、人员的具体职责。应同人员的工作职责紧密结合，明确相关岗位和人员的应急工作职责。

3）应急处置。主要包括以下内容：

① 事故应急处置程序。根据可能发生的事故类别及现场情况，明确事故报警、各项应急措施启动、应急救护人员的引导、事故扩大及同企业应急预案的衔接的程序。

② 现场应急处置措施。针对可能发生的火灾、爆炸、危险化学品泄漏、坍塌、水患、机动车辆伤害等，从操作措施、工艺流程、现场处置、事故控制，人员救护、消防、现场恢复等方面制定明确的应急处置措施。

③ 报警电话及上级管理部门、相关应急救援单位联络方式和联系人员，事故报告的基本要求和内容。

（4）注意事项

1）佩戴个人防护器具方面的注意事项。

2）使用抢险救援器材方面的注意事项。

3）采取救援对策或措施方面的注意事项。

4）现场自救和互救注意事项。

5）现场应急处置能力确认和人员安全防护事项。

6）应急救援结束后的注意事项。

7）其他需要特别警示的事项。

## 八、文明施工

文明施工作为安全管理的一部分，不仅可以体现环境保护理念，为参建人员提供一个舒心、文明的工作环境，还可以体现对企业和工人的形象尊重，更可以通过文明施工管理，避免不必要的安全隐患，为工程的正常运营提供环境保障。

**1. 现场文明施工管理的内容**

（1）抓好项目文化建设。

（2）规范场容，保持作业环境整洁卫生。

（3）创造文明有序的安全生产条件。

（4）减少对居民和环境的不利影响。

**2. 现场文明施工管理的基本要求**

建设工程施工现场应当做到围挡、大门、标牌标准化、材料码放整齐化（按照平面布置图确定的位置集中码放）、安全设施规范化、生活设施整洁化、职工行为文明化、工作生活秩序化。

建筑工程施工要做到工完场清、施工不扰民、现场不扬尘、运输无遗撒、垃圾不乱弃，努力营造良好的施工作业环境。

**3. 现场文明施工管理的控制要点**

（1）施工现场出入口应标有企业名称或企业标识，主要出入口明显处应设置工程概况牌，大门内应设置施工现场总平面图和安全生产、消防保卫、环境保护、文明施工和管理人员名单及监督电话牌等制度牌。

（2）施工现场必须实施封闭管理，现场出入口应设门卫室，场地四周必须采用封闭围挡，围挡要坚固、整洁、美观，并沿场地四周连续设置。一般路段的围挡高度不得低于1.8m，市区主要路段的围挡高度不得低于2.5m。

（3）施工现场的场容管理应建立在施工平面图设计的合理安排和物料器具定位管理标准化的基础上，项目经理部应根据施工条件，按照施工总平面图、施工方案和施工进度计划要求，进行所负责区域的施工平面图的规划、设计、布置、使用和管理。

（4）施工现场的主要机械设备、脚手架、密目式安全网与围挡、模具、施工临时通路、各种管线、施工材料制品堆场及仓库、土方及建筑垃圾堆放区、变配电间、消防栓、警卫室、现场的办公、生产和临时设施等的布置，均应符合施工平面图的要求。

（5）施工现场的施工区域应与办公、生活区划分清晰，并采取相应的隔离防护措施。施工现场的临时用房应选址合理，并应符合安全、消防要求和规定，在建工程内严禁住人。

（6）施工现场应设置办公室、宿舍、食堂、厕所、淋浴间、开水房、文体活动室、密闭式垃圾站（或容器）等临时设施，临时设施使用的建筑材料应符合环保、消防要求。

（7）施工现场应设置畅通的排水沟渠系统，保持现场道路干燥坚实，泥浆和污水未经处理不得直接排放。施工场地应硬化处理，有条件时，可对施工现场进行绿化布置。

（8）施工现场应建立现场防火制度和火灾应急响应机制，落实防火措施，配备防火器材。明火作业应严格执行动火审批手续和动火监护制度。高层建筑要设置专用的消防水源和消防立管，每层留设消防水源接口。

（9）施工现场应设置宣传栏、报刊栏，悬挂安全标语和安全警示标示牌，加强安全文明施工宣传。

（10）施工现场应加强治安综合治理和社区服务工作，建立现场治安保卫制度，落实好治安防范措施，避免失盗事件和扰民事件的发生。

# 第二节　新工艺、新材料

## 一、铝模板

我国工程中使用的周转材料，先前以木质模板最多，随着倡导低碳、节能越来越被社会所重视，人们便把目光投向了前景很好的金属模板，如全钢模板、全铝模板等，全钢模板解决了对木材的损耗并在一定程度上加快了施工速度，但全钢模板的自重相比起木质模板来说重很多、对垂直运输体系的依赖程度大，由于操作不方便等缺点影响了全钢模板的推广。全铝合金模板的出现很好地解决了这个问题，因其自重比全钢的模板轻，装配与周转方便，结构成形的效果也很好，在欧美等国家铝模板已成功推广十多年，在我国的港、澳地区和内地一些工程上铝模板也得到了应用。如在深圳东海国际施工中，引进并得到了充分的运用，取得了良好的效益。通过工程的实践与不断的总结完善，形成了一套完整的全铝合金模板施工技术。

### 1. 铝模技术上的优点

由于铝板的自重轻，且模板承受压力的条件好，很方便混凝土机械化、快速施工的作业；以标准板加上局部非标准板的配置板，并在非标准板上采用编号的技术，相同构件的标准板是可以混用的，这使拼装的速度更快；铝合金模板在拆装的时候操作也更加的简便，拆卸和安装的速度更快；模板与模板之间是用销钉进行固定，安装也方便多了。因为采用了早拆的设计，水平构件模板在36小时后便可拆除。模板在安装的时候，设有便于移动的多级操作的平台，确保模板安装、拆卸时作业人员施工的安全；铝合金模板在拆除后混凝土表面质量是很好的。按照计划施工，可确保模板安装平整、牢固，确保混凝土的表面达到清水混凝土的效果（图6-1）。

### 2. 铝模板经济上的优点

（1）铝制的模板不像木质模板那样只能使用一次就变形，相比之下铝制模板使用的次数多，全铝合金模板施工中使用的次数明显高于钢模板、木模板、组合大模板等，在层数高的超高层建筑施工中优势显著。经过核算，一套全铝合金模板只要使用的次数超过50次，成本即与传统的木模板摊销单价持平。

图 6-1　铝模板

（2）另一个就是节约工期，减少大型设备租金，与其他模板相比，全铝合金模板具有方便、快捷等诸多优点。铝合金模板在东海项目结构层施工过程中，每层平均节约工期两天。应用铝合金模板的工程在面层上免抹灰，成本降低了很大一部分，结构面的效果可以达到清水混凝土的效果，到了装修阶段，内墙面可以省去抹灰和找平的工序，从质量上直接杜绝了室内墙面抹灰空鼓和裂缝的通病。

## 二、集成材

集成材是指经集合而成的用材，是一种新型的木制品。它是经锯材加工脱脂、烘蒸干燥后，根据需求的不同规格，由小块板材经胶粘、挤压、拼接而成，含水率一般稳定在12％左右。有一次定形、不易变形、外形美观、返归自然等优点。在原料的使用上，可采集小材、小料、边角料、下脚料，对其进行拼接，充分实施木材的综合利用，既能变废为宝，提高经济效益，又可节约我国有限的森林资源。在成品的使用上，由于其体积较大，取舍极其随意，可根据生产家具的需求，任意裁切，勿需拼接，具有一次复合定性、坚固牢靠的优点，且工艺简单，操作方便，易流水作业，加快了家具制作的速度，提高了劳动生产率，从而减少了工时，降低了劳动生产成本。

早在几年前，集成材就在美国、欧洲、日本和我国台湾地区兴起，被广泛地应用到家具、房屋的构造中。据有关资料分析，仅日本、美国和欧洲一些国家年需求合成材、集成材在40余万立方米以上。而我国合计年出口量约为1.2立方米，缺口量很大，在几次大的交易会上，外商纷纷争相订购。近年来，我国在家具行业开始应用。用橡胶木、云杉、松木、水曲柳等为原料集成材做成的各类组合家具、室内分隔墙、餐桌、椅子，因表面光洁、花纹美观，不易变形等优点，颇受消费者欢迎，在家具市场上已占有一定份额。集成材在家装中用其取代大芯板，降低了人们对大芯板甲醛高含量的忧虑。集成材使用国际上通用的环保胶粘剂后，其甲醛含量最高值仅为大芯板含量的1/8，随着人们对它的认识的加深和使用习惯上的接受，预计其有着良好的发展趋势，将成为木制品中的主要产品。

集成材可以是杉木、松木、柞木、水曲柳或竹等植物加工制作而成。集成材的制备方法为：取植物原材，压扁或者开片，去除杂质，蒸煮漂白、脱脂、脱糖处理，干燥、浸胶、压制成集成材，固化处理。浸胶是将浸胶池连同池内的植物原料和胶液推入可密闭的压力罐中增压处理，增压处理的压力为0.1～0.4MPa，时间为1～3h。每一束植物原材成为集成材整体中牢不可分的一部分，增强了集成材的防水、防火性能，提高了集成材的牢固度、密度、强度和硬度，完全消除了崩裂、脱落的现象。集成材结构接头主要为指接，以小径材为主要原料，经过板方料制备、干燥、指接、胶接、后期处理等工序加工而成的具有一定长度、宽度、厚度的板材。它的用途有两类：一种是用作非结构用，用于建筑装饰和家具业，如护墙板、天花板、地板等；一种是结构集成材，用于建筑行业的柱、桁、梁等承重构件，或桥梁行业。指接集成材料材性稳定，强度为实木材的1～1.5倍，强重比大，具有耐燃烧性的特点（图6-2）。

图6-2　集成材

把小径原木切割成长300～700mm，宽40～80mm，厚30～60mm的木条，浸入水池进行蒸煮，然后进行铣齿指接，四面刨光，按色泽和纹理进行配板，配板后涂上拼板胶并用拼板机拼制成板材，再经过砂光、涂胶、层积成一定厚度的大方，把层积的方材用刨切机进行加工，制成0.2～0.4mm微薄木单板，就是指接集成材微薄木。

指接集成材微薄木的优点是：可节省资源、提高木材利用率、微板材质细腻、棕孔小、不易透胶、实木效果逼真，是人造板深加工和家具生产的理想饰面材料。

竹材集成材家具是把原竹先加工成小料（竹条），通过组坯胶合成竹材集成材的板材，再进行锯裁、刨削、镂铣、开槽、钻孔、砂光、装配、表面装饰等加工而成。竹材集成材材质细密，不易开裂、变形，具有抗压、抗拉、抗弯等优点，各项性能指标均高于常用木材，竹材具有特殊的颜色和结构，所以胶合而成的竹材集成材的板面具有特殊的纹理。竹材集成材的胶合方式分为平压和侧压两种：平压是指将每个竹条的径面涂胶加压胶合，板面表面可见的是竹材的弦面，保留竹节的天然纹理，由于竹材弦面较宽，所以竹节纹理清晰可见；侧压是将每个竹条的弦面涂胶加压胶合，板的表面可见的是竹条的径面，由于竹材径面宽度有限，要达到同等宽度需要竹条数量较多，板面显示的是径向的竹节纹理，所以板面纹理细密。平压竹材集成材常用于桌面、柜门等部位，纹理清晰大方，充分表现了竹材集成材的外观特点。竹材集成方材常用侧压方式，用于加工椅腿、桌腿等外观纹理要求不高的部位。竹材集成材常见的颜色有本色和炭化两种，本色是指竹材集成材保持竹材竹肉的部分天然的浅黄颜色；炭化是指采用高温、高压饱和蒸汽处理技术使竹片炭化后，竹材呈现的类似于浅咖啡色的颜色。本色自然亲切，但是材性和颜色经长时间使用后易改变；经炭化处理的竹材色彩稳重、深沉、材性稳定且表面硬度略高。竹材集成材家具为保持其天然材质，一般采用透明清漆涂饰。竹材集成材家具的结构类型主要分为板式家具和框式家具两类。竹材集成材色泽淡雅、自然，具有东方古典的文化韵味，而框式家具造型又有仿古家具和现代家具之分，家具种类多为餐桌椅、休闲椅及衣柜等。仿古家具多为深色，即常用炭化集成材。

新工艺、新材料的不断出现，必将引起行业的广泛关注，它为本行业带来市场效益的同时，也引起了积极的社会效应，因此，作为从业人员必须关注市场动态，积极采用新材料、新工艺与新技术，以促进行业的可持续发展。

# 参 考 文 献

1.《建筑施工手册》(第五版)编委会. 建筑施工手册(第五版). 北京：中国建筑工业出版社，2013：803-804，879-882.

2. 行业标准. 建筑施工模板安全技术规范（JGJ 162—2008）. 北京：中国建筑工业出版社，2008.

3. 赵西平，霍小平. 房屋建筑学. 北京：中国建筑工业出版社，2006.

4. 朱慈勉. 结构力学. 北京：高等教育出版社，2009

5. 贾洪斌，雷光明，王德芳. 土木工程制图. 北京：高等教育出版社，2006.

6. 韩旭. 木模板施工工艺浅析. 科技创业家，2013（9）：51-53.

7. 徐伟，吴水根. 土木工程施工基本原理. 上海：同济大学出版社，2012：97-116.

8. 张朝春. 木工模板工工艺与实训. 北京：高等教育出版社，2009：70-107.

9. 丛传书. 实用木工. 哈尔滨：黑龙江科学技术出版社，1982：138-162.

10. 田永复. 中国古建筑知识手册. 北京：中国建筑工业出版社，2013.

11. 宋魁彦，郭明辉，孙明磊. 木制品生产工艺. 北京：化学工业出版社，2014.

12. 朱树初. 装修装饰木工操作技巧. 北京：中国建筑工业出版社，2003.

13. 刘树江. 模板工长速查. 北京：化学工业出版社. 2010.